石油天然气及化工设施
防火防爆工程手册

(第三版)

HANDBOOK OF FIRE AND EXPLOSION PROTECTION ENGINEERING PRINCIPLES

Third Edition

[美]丹尼斯·P·诺兰(Dennis P. Nolan) 著

袁纪武　王　正　赵祥迪　等译

中国石化出版社

著作权合同登记　图字 01-2016-9237

The third edition of *Handbook of Fire and Explosion Protection Engineering Principles* (ISBN9780323313018) by Dennis P. Nolan is published by arrangement with ELSEVIER INC a Delaware corporation having its principal place of business at 360 Park Avenue South, New York, NY 10010, USA if required by the Proprietor, a statement naming the Author and asserting the Author(s)' moral rights to be named as author(s) of the Work in all publications of the Work.

中文版权为中国石化出版社所有。版权所有，不得翻印。

图书在版编目(CIP)数据

石油天然气及化工设施防火防爆工程手册：第三版／（美）丹尼斯·P.诺兰（Dennis P. Nolan）著；袁纪武，王正，赵祥迪译.—北京：中国石化出版社，2020.6
ISBN 978-7-5114-5844-5

Ⅰ.①石… Ⅱ.①丹… ②袁… ③王… ④赵… Ⅲ.①石油化工-防火-手册②石油化工-防爆-手册 Ⅳ.①TE687-62

中国版本图书馆 CIP 数据核字（2020）第 088923 号

未经本社书面授权，本书任何部分不得被复制、抄袭，或者以任何形式或任何方式传播。版权所有，侵权必究。

中国石化出版社出版发行
地址：北京市东城区安定门外大街 58 号
邮编：100011 电话：(010)57512500
发行部电话：(010)57512575
http://www.sinopec-press.com
E-mail：press@sinopec.com
北京科信印刷有限公司印刷
全国各地新华书店经销

*

710×1000 毫米 16 开本 18.75 印张 358 千字
2020 年 9 月第 1 版　2020 年 9 月第 1 次印刷
定价：85.00 元

译者序

石油、天然气及化工设施的安全不仅关乎企业的长期安全运行,而且直接影响着国家的安全与经济稳定。石化设施一旦发生火灾、爆炸等事故,不仅会造成严重的人员伤亡和经济损失,还会产生一定的社会影响。为更加深入地了解国外在石化设施防火和防爆方面的最新技术进展,并为有兴趣的安全技术人员提供有价值的参考资料,中国石化青岛安全工程研究院与中国石化出版社合作,选择并引进了国外新近出版的防火和防爆技术专业图书,由中国石化青岛安全工程研究院负责组织编译,中国石化出版社出版发行。《石油天然气及化工设施防火防爆工程手册》(第三版)便是其中一部值得向读者推荐的佳作。

本书以石化设施有害物质特点、火灾爆炸特征和防火防爆技术方法的编排方式,系统全面地介绍了石化设施火灾爆炸特征以及防火防爆涉及的风险分析、风险隔离、风险控制、防火防爆系统等技术方法。书中分析了生产装置和周围环境的相互影响,旨在将火灾、爆炸、蒸汽释放和石油泄漏等事故的风险降至最低。该书既可以作为石油石化装置集中的化工园区或石油石化企业的培训教材,也可以供管理者参考。本书介绍的内容完全符合国际监管需求,相对简洁但覆盖全面。

本书由袁纪武、王正组织编译,执笔翻译本书的人员有王正、赵祥迪、张日鹏、杨帅、赵桂利、陈国鑫、郑毅、徐银谋、姜春雨、赵永华。全书由王正、赵祥迪、杨帅统稿、审校。

限于译者的水平,不妥和错误之处在所难免,敬请读者批评指正。

作者简介

本书作者 Dennis P. Nolan 博士长期从事消防工程、风险工程、损失预防工程、系统安全工程等相关工作。他获得了美国伯尔尼大学工商管理博士学位、佛罗里达理工学院系统管理学硕士学位和马里兰大学消防工程学士学位，同时也是美国加利福尼亚州注册消防工程师和高级工程师。

Dennis P. Nolan 目前担任沙特阿拉伯国家石油公司（沙特阿美石油公司）防灾顾问/消防总工程师。沙特阿美石油公司位于沙特阿拉伯达哈兰，是世界上最大的石油和天然气业务总部。另外，他也曾在波音公司、洛克希德公司、马拉松石油公司以及西方石油公司从事消防工程、风险分析和安全管理等工作。作为他职业生涯的一部分，他审查了包括非洲、亚洲、欧洲、中东地区、俄罗斯、南北美洲等区域内的各种恶劣条件及独特地形地貌下的石油生产、炼油和销售设施。他同时参与了 NASA 航天飞机发射工程、肯尼迪航天中心设施（以及范登堡、加利福尼亚空军基地）和"星球大战"防御系统等航空航天领域相关工作。

Dennis P. Nolan 获得了众多安全奖项，也是美国安全工程师学会、国家消防协会、石油工程师协会以及消防工程师学会会员，是英国海上作业者协会（UK-OOA）消防工作组成员。他发表了多篇火灾安全技术论文，出版了《HAZOP 应用》（Application of HAZOP）《石油石化行业 What-If 安全方法回顾（第一、第二、第三、第四版）》[What - If Safety Reviews to the Petroleum, Petrochemical and Chemical Industries（1st, 2nd, 3rd, and 4th Editions）]《工业设施消防泵系统》（Fire Fighting Pumping Systems at Industrial Facilities）《火灾保护百科全书（第一、第二版）》[Encyclopedia of Fire Protection（1st and 2nd Editions）]等多部书籍。

Nolan 博士被列入美国加利福尼亚《名人录》多年，包括第 16 期世界名人录，同时也被列入英国剑桥国际传记出版的《生活传奇》（2004）。

目 录

第一篇 历史背景、法律影响、管理责任和安全文化 …………（ 1 ）
  1.1 历史背景 …………………………………………………（ 2 ）
  1.2 法律影响 …………………………………………………（ 6 ）
  1.3 危害及预防 ………………………………………………（ 9 ）
  1.4 系统方法 …………………………………………………（ 10 ）
  1.5 消防工程/设计团队 ………………………………………（ 10 ）
  1.6 高级管理层的责任和问责制 ……………………………（ 12 ）
  1.7 卓越运营 …………………………………………………（ 15 ）

第二篇 石油、天然气和石化设施概述 ……………………（ 18 ）
  2.1 勘探 ………………………………………………………（ 18 ）
  2.2 生产 ………………………………………………………（ 19 ）
  2.3 提高原油采收率 …………………………………………（ 21 ）
  2.4 二次开采 …………………………………………………（ 21 ）
  2.5 三次开采 …………………………………………………（ 21 ）
  2.6 运输 ………………………………………………………（ 22 ）
  2.7 炼油 ………………………………………………………（ 22 ）
  2.8 典型炼油工艺流程 ………………………………………（ 24 ）
  2.9 销售 ………………………………………………………（ 25 ）
  2.10 化工过程 ………………………………………………（ 25 ）

第三篇 保护原则的哲学 ……………………………………（ 27 ）
  3.1 法律义务 …………………………………………………（ 27 ）
  3.2 保险推荐 …………………………………………………（ 28 ）
  3.3 公司和行业标准 …………………………………………（ 28 ）
  3.4 最坏事故情景 ……………………………………………（ 30 ）
  3.5 独立保护层（ILP） ………………………………………（ 31 ）
  3.6 设计原则 …………………………………………………（ 32 ）
  3.7 问责制和审核 ……………………………………………（ 34 ）

第四篇 碳氢化合物和石化产品的物理性质 ………………（ 37 ）
  4.1 碳氢化合物的总体概述 …………………………………（ 37 ）
  4.2 烃类的特点 ………………………………………………（ 39 ）
  4.3 闪点（FP） ………………………………………………（ 39 ）

4.4 自燃温度（AIT） …………………………………………（40）
   4.5 蒸气密度比 ………………………………………………（42）
   4.6 蒸气压 ……………………………………………………（42）
   4.7 相对密度 …………………………………………………（42）
   4.8 易燃性 ……………………………………………………（42）
   4.9 可燃性 ……………………………………………………（43）
   4.10 燃烧热 …………………………………………………（43）

第五篇 危险物质泄漏、火灾和爆炸特性 ………………………（53）
   5.1 危险物质泄漏 ……………………………………………（53）
   5.2 气体泄漏 …………………………………………………（54）
   5.3 烃类燃烧的性质和化学过程 ……………………………（55）
   5.4 灭火方法 …………………………………………………（68）
   5.5 事件场景开发 ……………………………………………（69）
   5.6 烃类爆炸和火灾的术语 …………………………………（70）

第六篇 石化行业重大火灾和爆炸事故 …………………………（72）
   6.1 石化行业事故数据库和分析的缺乏 ……………………（72）
   6.2 保险行业的角度 …………………………………………（73）
   6.3 石化行业的角度 …………………………………………（73）
   6.4 影响石化行业安全管理的重大事故 ……………………（74）
   6.5 相关事故资料 ……………………………………………（76）
   6.6 事故资料 …………………………………………………（77）
   6.7 结语 ………………………………………………………（89）

第七篇 风险分析 …………………………………………………（91）
   7.1 风险识别和评估 …………………………………………（91）
   7.2 定性评价 …………………………………………………（92）
   7.3 定量评价 …………………………………………………（96）
   7.4 专项评估 …………………………………………………（96）
   7.5 风险可接受标准 …………………………………………（98）
   7.6 相关的精确数据资源 ……………………………………（99）
   7.7 保险风险评估 ……………………………………………（99）

第八篇 隔离、分离和布局 ………………………………………（102）
   8.1 隔离 ………………………………………………………（102）
   8.2 分离 ………………………………………………………（103）
   8.3 载人设施和位置 …………………………………………（105）
   8.4 生产装置 …………………………………………………（106）
   8.5 存储设备——油罐 ………………………………………（107）
   8.6 火炬和燃烧坑 ……………………………………………（107）
   8.7 重要的公用设施和辅助系统 ……………………………（108）

8.8 布局 …………………………………………………………………（109）
8.9 厂区道路——卡车通道、起重机通道和应急响应 …………………（110）

第九篇 分级、遏制和排水系统 ………………………………………（111）
9.1 排水系统 ……………………………………………………………（111）
9.2 工艺和区域排水，包括密闭式排水系统 ……………………………（111）
9.3 地面排水 ……………………………………………………………（113）
9.4 明渠和明沟 …………………………………………………………（114）
9.5 泄漏防护 ……………………………………………………………（114）

第十篇 过程控制 …………………………………………………………（118）
10.1 人的观察 …………………………………………………………（118）
10.2 电子过程控制 ……………………………………………………（118）
10.3 仪器仪表、自动化和报警管理 …………………………………（119）
10.4 系统可靠性 ………………………………………………………（121）
10.5 完整性保护系统 …………………………………………………（123）
10.6 转移和存储控制 …………………………………………………（125）
10.7 燃烧炉管理系统（BMS） ………………………………………（125）
10.8 上锁挂牌（LOTO）隔离 ………………………………………（126）

第十一篇 紧急停车 ………………………………………………………（128）
11.1 定义和目的 ………………………………………………………（128）
11.2 设计原理 …………………………………………………………（128）
11.3 激活机制 …………………………………………………………（128）
11.4 关闭等级 …………………………………………………………（129）
11.5 可靠性和故障安全逻辑 …………………………………………（129）
11.6 ESD/DCS 接口 …………………………………………………（131）
11.7 激活点 ……………………………………………………………（131）
11.8 硬件激活功能 ……………………………………………………（132）
11.9 紧急关停阀门（ESDV） …………………………………………（132）
11.10 紧急隔离阀门（ELV） …………………………………………（133）
11.11 海底隔离阀（SSIV） …………………………………………（133）
11.12 保护要求 ………………………………………………………（133）
11.13 系统相互作用 …………………………………………………（133）

第十二篇 泄压，排污，排气 ……………………………………………（135）
12.1 过程余料的紧急隔离和处理系统 ………………………………（135）
12.2 分离器（卧式） …………………………………………………（137）
12.3 原油稳定塔 ………………………………………………………（138）
12.4 排污 ………………………………………………………………（140）
12.5 排气 ………………………………………………………………（140）
12.6 火炬和燃烧坑 ……………………………………………………（141）

第十三篇 超压和散热 …………………………………………………（144）
- 13.1 引起超压的原因 ……………………………………………（144）
- 13.2 泄压阀 …………………………………………………………（145）
- 13.3 散热 ……………………………………………………………（145）
- 13.4 太阳热辐射 ……………………………………………………（146）
- 13.5 泄压设备位置 …………………………………………………（147）

第十四篇 点火源控制 …………………………………………………（148）
- 14.1 明火、热加工、切割和焊接 …………………………………（148）
- 14.2 电气布置 ………………………………………………………（148）
- 14.3 电气区域分类 …………………………………………………（148）
- 14.4 电气区域分类 …………………………………………………（150）
- 14.5 表面温度限制 …………………………………………………（150）
- 14.6 位置分类和泄漏源 ……………………………………………（151）
- 14.7 保护措施 ………………………………………………………（152）
- 14.8 静电 ……………………………………………………………（153）
- 14.9 特殊静电点火情况 ……………………………………………（155）
- 14.10 闪电 …………………………………………………………（156）
- 14.11 杂散电流 ……………………………………………………（156）
- 14.12 内燃机 ………………………………………………………（157）
- 14.13 热表面点火 …………………………………………………（157）
- 14.14 自燃材料 ……………………………………………………（157）
- 14.15 火花抑制器 …………………………………………………（158）
- 14.16 手工工具 ……………………………………………………（158）
- 14.17 移动电话、笔记本电脑和便携式电子现场设备 …………（158）

第十五篇 消除工艺泄漏 ………………………………………………（160）
- 15.1 减少库存 ………………………………………………………（160）
- 15.2 通风口和泄压阀 ………………………………………………（161）
- 15.3 取样点 …………………………………………………………（161）
- 15.4 排水系统 ………………………………………………………（161）
- 15.5 储存设施 ………………………………………………………（161）
- 15.6 泵密封 …………………………………………………………（162）
- 15.7 管道振动应力失效 ……………………………………………（162）
- 15.8 旋转设备 ………………………………………………………（162）

第十六篇 灭火和防爆系统 ……………………………………………（164）
- 16.1 爆炸 ……………………………………………………………（164）
- 16.2 爆炸潜力的定义 ………………………………………………（164）
- 16.3 防爆设计安排 …………………………………………………（166）
- 16.4 蒸气扩散增强 …………………………………………………（167）

16.5 耐火材料……（168）
16.6 防火措施布置……（174）
16.7 阻燃性……（176）

第十七篇 火灾和气体探测报警系统……（179）
17.1 火灾和烟雾探测方法……（179）
17.2 气体探测器……（187）
17.3 校准……（192）

第十八篇 疏散警报与设置……（197）
18.1 应急预案……（197）
18.2 警报和通知……（197）
18.3 疏散路线……（198）
18.4 应急门、楼梯、出口和逃生……（199）
18.5 现场避难所（SIP）……（199）
18.6 海上撤离……（200）

第十九篇 灭火方法……（203）
19.1 手提式灭火器……（203）
19.2 水灭火系统……（204）
19.3 供水……（205）
19.4 消防泵……（207）
19.5 消防水分配系统……（209）
19.6 消防水控制阀和隔离阀……（210）
19.7 喷淋系统……（210）
19.8 雨淋系统……（211）
19.9 水喷雾系统……（211）
19.10 水淹没……（211）
19.11 蒸汽灭火法……（211）
19.12 水幕……（212）
19.13 井喷注水系统……（212）
19.14 消防炮、消防栓和水管卷盘……（212）
19.15 泡沫灭火系统……（214）
19.16 手动消防应用……（217）
19.17 气体灭火系统（二氧化碳灭火系统）……（217）
19.18 清洁药剂系统……（220）
19.19 化学灭火系统……（222）
19.20 双制剂系统……（222）

第二十篇 特殊环境下的设施和设备……（229）
20.1 北极环境……（229）
20.2 沙漠干旱环境……（229）

20.3　热带环境……………………………………………………………（230）
　20.4　地震带……………………………………………………………（230）
　20.5　勘探作业（陆上和海上）…………………………………………（230）
　20.6　管线………………………………………………………………（232）
　20.7　储罐………………………………………………………………（234）
　20.8　装卸设施…………………………………………………………（236）
　20.9　海上设施…………………………………………………………（237）
　20.10　电气设备和通信室………………………………………………（237）
　20.11　油浸式变压器……………………………………………………（238）
　20.12　电源室……………………………………………………………（239）
　20.13　封闭涡轮机或气体压缩机………………………………………（239）
　20.14　应急发电机………………………………………………………（239）
　20.15　换热系统…………………………………………………………（240）
　20.16　冷却塔……………………………………………………………（240）
　20.17　检测实验室（包含油或水检测、暗室等）………………………（241）
　20.18　仓库………………………………………………………………（241）
　20.19　自助餐厅和食堂…………………………………………………（241）
第二十一篇　人为因素和人体工程学的考虑……………………………（244）
　21.1　人员态度…………………………………………………………（245）
　21.2　控制室的控制台…………………………………………………（246）
　21.3　现场设备…………………………………………………………（247）
　21.4　说明、标记和识别…………………………………………………（247）
　21.5　颜色和标识………………………………………………………（248）
附录A　消防系统测试……………………………………………………（253）
　附录A-1　消防泵系统测试……………………………………………（253）
　附录A-2　消防给水管网系统测试……………………………………（257）
　附录A-3　喷头和喷淋系统测试………………………………………（259）
　附录A-4　泡沫灭火系统的测试………………………………………（260）
　附录A-5　消防水软管卷轴和消防水炮测试…………………………（261）
　附录A-6　消防水压试验要求…………………………………………（262）
附录B………………………………………………………………………（263）
　附录B-1　防火测试标准………………………………………………（263）
　附录B-2　防爆与防火等级……………………………………………（265）
　附录B-3　美国电气制造商协会（NEMA）分类………………………（267）
　附录B-4　水力数据……………………………………………………（270）
　附录B-5　选择转换因数………………………………………………（271）
专用缩略语…………………………………………………………………（277）
术语…………………………………………………………………………（281）

第一篇　历史背景、法律影响、管理责任和安全文化

火灾、爆炸和环境污染事故会造成严重且不可预测的人员伤亡和经济损失，对当代石油、石化行业的发展具有重要影响。从20世纪中期出现达到工业规模的石油化工产业之后，这个问题就一直存在。这些事故的发生不仅会影响经济发展，同时会引发社会舆论，增加社会和政府的关注度。要避免这些事故的发生，必须加强管理。尽管事故的发生是不可避免的，但实际上所有的事故，更准确地说是意外事故，都是可以预防的。这本书主要介绍工艺设施的检查防护和预防事故发生的措施。

通过对历史事故的深入研究和分析发现，事故或故障的主要原因可以分为如下几个方面：

1）认知原因：

管理人员的责任，对风险认识不足；

监督人员或维修人员没有充分预判风险；

设计不完整、施工或检查不完善；

缺乏足够的初步资料；

未向雇佣人员进行预防事故发生的知识和经验培训；

未将最先进的安全管理技术和操作方法推广应用或提供给管理层。

2）经济原因：

操作、维修或者损失预防不足；

安全措施初始建设投入不足。

3）监管和忽视：

工作人员和公司监督人员忽视高风险；

未进行综合和及时的安全评估或安全管理系统及设施的审计；

缺乏职业道德或操作不专业；

技术、操作或安全管理人员在工程设计以及变更管理过程的参与或协调不够；

专业工程师和设计师出错。

4）异常事件：

自然灾害——地震、洪水、海啸、极端天气等，这些都超出了正常安装设计范围；

政治动乱——恐怖袭击；

劳工骚乱、破坏公物等。

这些原因通常被称作"根原因"。事故的根原因一般被定义为"通过合理的管理方法，可以阻止事故再次发生的最基本原因"。有时因为管理系统的缺乏、疏忽或缺陷而导致"致灾因子"产生或存在。最重要的一点是要记住根原因是指管理系统的失败。因此，如果一个事故的调查没有涉及管理行为或系统，那我们就会怀疑它没有涉及根原因。很多事故报告中只给出直接原因，或一般认为的间接原因。如果事故只是定义了直接原因和间接原因，那么它很有可能再次发生，因为事故发生的根原因还没确定。

保险行业评估得出的结论认为80%的事故与所涉及人员直接相关或可以归因于所涉及人员。大多数人员都有正确执行某一项功能的良好意向，但我们也应该清楚地认识到，当快捷、简单的方法或可观的经济效益呈现在面前时，人类难抵诱惑的弱点就会暴露。因此，在任何企业中，尤其是操作高风险设施时，必须有一个合适的系统对操作、维修、设计和建设安装进行独立检查、监测和安全审计。几十年来，安全专业人员意识到好的安全习惯和安全文化对商业收益至关重要。

本书全部是关于识别和阻止碳氢化合物及化工设备事故的工程原则和理念。所有的工程活动都有人参与，他们容易犯错。完全认可的工程设计和之后的变更可能会引入一些错误。这些错误有些是无关紧要的，可能永远不会被发现。然而，有些错误可能导致灾难性事故的发生。最近的事故显示，设施和操作工程未经过"全面系统设计"的工厂可能会遭到彻底的损坏。最初的概念设计和操作理念必须考虑大事故发生的可能性，并提供措施来阻止事故发生或减小事故损失。

1.1 历史背景

1859年8月，美国第一个商业意义上成功的油井，由艾德文·德雷克（Edwin Drake）上校在宾夕法尼亚州的Titusville（Oil Creek）钻出。很少有人知道德雷克上校的第一口油井在建好之后的不久也发生过火灾。之后在1861年，靠近德雷克的油井的另一口油井起火并且引发当地的大火，大火持续了3天，导致19人死亡。作为该地区最早的炼油厂之一，Acme石油公司在1880年经历了一场巨大的火灾损失之后就再也没有恢复过来。1863年，宾夕法尼亚州通过了第一个石油行业的反污染法。通过制定这些法律来阻止石油泄漏到石油生产区域附近的水域。得克萨斯州Beaumont镇内一个名为纺锤顶（Spindle top）的地方是早期美国著名的石油产地，在发现油藏之后的第三年，一个人吸烟引发灾难性火灾事故，火灾持续了一周。在纺锤顶生产的最初阶段，几乎每年都有大型火灾发生。大量的证据表明烃类火灾在早期的油田开发中是相当普遍的。这些火灾要么源于人为或自然灾害，要么源于故意和大量的滞销天然气存储。烃类火灾已成为早期工业的一部分，但却很少有办法防止它们发生，（见图1-1、图1-2）。

图1-1　Spindletop井喷

图1-2　早期的石油行业火灾事故

在1859年艾德文·德雷克钻出的第一口井之后38年，近海钻井出现了。威廉姆斯（H. L. Williams）在加利福尼亚州的圣巴巴拉海峡的一处木堤上钻了一口井。他使用木堤来支撑靠近陆地的钻机。五年以后，在该地区已有150口近海井。在1921年以前，加利福尼亚州的Rincon和Elwood采用铁堤来支撑陆地型的钻机。在1932年，一个小型石油公司（印度石油公司）在离岸边半英里处建立了一个铁堤岛（60ft×90ft，并带有25ft的防护距离），用于支持另一个陆地类型的钻机。虽然井场并不尽如人意，铁堤岛也在1940年的一场风暴中被摧毁，但这却是今天钢结构钻井平台的先驱。

海上超深水油井花费一般会超过5000万美元，有一些油井甚至超过1亿美元。由于钻井风险的未知性，很难对这些耗资巨大油井的价值进行评估。海上石油钻井公司面临安全和经济的双重挑战，这就是"技术经济学"——即安全、环境、防护和个人健康都在经济中扮演重要角色。

1851年，苏格兰化学家詹姆斯·杨（James Young，1811~1883）在苏格兰的Bathgate创办了世界上第一个石油炼油厂，该炼油厂通过提炼当地开采的煤块、页岩和烟煤中的油，得到石脑油和润滑油，可以用来点灯或者润滑机械。不久以后，在1854~1856年之间，药剂师伊格纳齐·武卡谢维奇（Ignacy Lukasiewicz，1822~1882）开办了一个石油提炼油厂，这是世界上第一个工业化的石油炼油厂，炼油厂靠近Jaslo，那时是奥地利帝国的Galicia，现在位于波兰境内。由于当时对炼油需求量并不大，因此这些炼油厂规模都很小。该炼油厂最初生产的大部分产品都是人造石油沥青、机油和润滑油。当武卡谢维奇的煤油灯变得流行时，炼油行业才在该地区得到发展。不幸的是该炼油厂在1859年的一场火灾中被毁。

在1856~1857年之间，世界上第一个大型炼油厂在罗马尼亚的Ploiesti投入运营，并由美国投资。在19世纪，美国的炼油厂处理原油主要是为了获得煤油。

具有更高挥发性的组分比如汽油没有市场,并被认为是废物而被直接排入河中。汽车的发明将需求转向汽油和柴油,汽油和柴油至今为止汽油和柴油仍然是主要的石油炼制产品。

自从石油行业出现之后,火灾、爆炸和环境污染事故的数量也随着石油行业的发展直线上升。事故的规模也随着行业的发展而增大。以美元作为价值评价标准,石油的生产、分布、炼制和销售作为一个整体,代表着世界上最大的行业。相对近期的几个重大事故,例如 Flixborough(1974),Seveso(1976),Bhopal(1984),Shell Norco(1988),Piper Alpha(1988),Exxon Valdez(1989),Phillips Pasadena(1989),BP Texas City(2005),Buncefield UK(2005),Puerto Rico(2009),都充分证明事故可能导致人员伤亡、财产损失、极大的财务花费,影响环境以及企业的声誉。

公元 64 年,一场灾难性大火将古罗马烧毁,之后尼禄皇帝组织重建了有防火措施的城市,包括修建宽阔的公共道路来阻止火传播,对建筑物高度进行限制来阻止燃烧灰烬传播到远处。防火建筑的规定可以降低发生大规模火灾事故的可能性,改进城市供水可以帮助灭火。因此,可以明显看出:从文明社会开始,基本的防火要求例如限制燃料供应、消除点火源(宽阔街道和建筑物高度限制)、提供火灾控制和抑制(水供应)已经广为人知。

令现代的我们感到惊奇的是,海伦(大约公元 100 年)——一本古代技术著作的作者,在他的日志里,描述了一个由两圆柱和一个喷嘴构成的灭火抽吸机械。这与伦敦大英博物馆展示的罗马水供应抽吸机械的残骸相似。在 18 世纪和 19 世纪欧洲和美国也用类似的装置来为村庄和城市提供消防水。足够的证据表明社会通常在重大事故发生之后,会试图采取措施阻止或减小火灾规模及其后果影响。

从传统意义上讲,石化行业和其他商业企业一样,不愿意对回报率不明显的方向进行投资。此外,一直到 20 世纪 50 年代,石化行业的火灾损失还都相对较小。这主要是因为都是小型设施,油、气以及化学品的价格相对较低。一直到 1950 年,在美国的炼化行业损失超过 500 万美元的火灾或爆炸事故都没有发生过。也就是在这个时期,投资密集的海上石油开采行业刚刚开始起步。在 20 世纪早期油气的使用受到限制,通常生产的油气会被立即处理(例如通过燃烧处理)或者利用墙体封闭,这样开采极不经济。由于油气的开采受限,大型蒸气云爆炸就相对较少,源于石油事故导致的灾难性损害也就很少听到。过去石油行业安全措施方面的花费在政府规定中是最少的。直到 20 世纪 80 年代和 90 年代,重大灾难性的和有经济影响的事故发生,预防损失的理念和实践才得以真正发展。

在石油行业发展初期,针对火灾或爆炸的安全防护措施很少,对井喷和火灾同样如此。虽然当时大家对这些安全(生命和财产损失)和环境影响的理解还不够深入,但是大家普遍认为石油行业是一个风险性和投资性并存的行业。

第二次世界大战以后，工业设施的扩张，大型综合性石油和石油化工体系的建设，增加了储藏气的开发和使用，伴随着20世纪70年代以来石油和天然气价格的增加，石油产品和设备的价值急剧上升。这也意味着该行业可能会遭受由于重大事故造成的巨大经济损失。事实上，在1974～1977年之间，很多国家第一次报道了损失超过5000万美元的火灾事故（例如Flixbourough，英国，卡塔尔，沙特阿拉伯）。据报道，在1992年，仅为了使Piper Alpha平台恢复生产的花费就超过10亿美元。在2005年，邦斯菲尔德事故的花费超过12.21亿美元（在保险报告中是7.5亿英镑）。一些案例中，法律规定的罚款是毁灭性的，例如，埃克森·瓦尔迪兹石油泄漏事故的罚款和赔偿金是50亿美元。2009年，职业安全和健康管理总署（OSHA）对英国石油公司（BP）开出了史上最大的罚款——8700万美元，因为英国石油公司在得克萨斯炼油厂2005年的爆炸事故之后，没有遵从安全规定及采取安全改进措施，另外还支付出了超过200万美元的事故诉讼费。

我们也应该牢记，一个重大事故可能导致一个公司从业界消失，因为人员的死亡，企业可能会引起公愤、遭受偏见和背负污名。随着全球卫星网络、手机、相机、短信以及因特网、邮件和博客等24小时新闻媒介的普及，在石化行业重大事故发生之后的短暂时间内，事故的信息就会在全球范围内被传播，进而立即产生公众反应和诉讼的想法。

只有在过去的几十年中，大多数行业才理解并且意识到火灾和爆炸防护措施不仅可以作为操作改进措施，也可作为保护设备免受毁坏的一种措施。良好的安全习惯等同于良好的操作习惯，例如在设备进料和出料管道安装紧急隔离阀。在紧急情况下，它们可以隔断事故的燃料供应并起到防止损坏的作用。在设备维修或需对主要设备进行隔离时（如测试和检查、转型、新过程/项目配套等），它们也可以作为一种辅助的隔离方法。通过以往的事故可以确定，在设施建设和经费开支中的实践经验不足会限制火灾防护措施的实际应用。

现在安全防护应该在石化设施的设计和布置中都要实施。事实上，在高度工业化的国家，有三点必须向监管机构证明：设备在被允许建造之前，在设计上已经足够安全。因此，这些措施必须在设计初期进行确定，这样可以避免由于项目变化或者后期监管机构要求的事故补救措施造成的巨大花费。行业经验已经证明在概念和准备阶段为了安全和火灾防护而修订的项目设计比在设计已经完成之后实施修改更划算。任一项目的成本影响曲线表明：开始的25%的设计决定了项目成本的75%。平均而言，总体项目成本的前15%经常用于工程设计的90%。工厂建好之后的改进或修改花费大约是这个花费的10倍，在事故发生之后的花费则是100倍。我们也应该意识到火灾防护安全准则和实践对于改变设备的操作效率也是不错的选择。然而管理层没有意识到这对事故最终发生的根原因是有帮助的。大多数措施都是通过一个系统和全面的风险分析原则进行确定和评估的。

1.2 法律影响

在1990年以前,美国工业界和联邦政府很少注重工人的安全。只有在1908年至1948年间美国工人赔偿法颁布后,企业才开始提高工业安全标准。人们发现,使工作环境安全比支付伤害、死亡赔偿金、政府罚款和高额保险费花费更少。第二次世界大战期间,为了给战争提供足够的支持,劳动力的缺乏使人们的注意力重新集中到工业安全和工业事故导致的损失上来。在20世纪50年代到70年代,由于提高劳动者安全和健康的社会和政治压力不断增加以及政府方面技术上过时的标准,执法力度不够和效率低下的表现,美国颁布了大量的工业特别安全法,包括煤矿健康和安全条例(1952年和1969年)、金属和非金属矿安全条例(1966年)、施工安全条例(1969年)、矿产安全和健康条例(1977年)。上述法律强制公司对雇佣工人采用安全和火灾防护措施。

1.2.1 职业安全和健康管理总署

1970年,美国提出了一个工业安全措施为主的政策,那是第一次涵盖所有与州际贸易有关的工业工作者的职业健康和安全条例(1970年)(29 CFR Part 1910)。在这个条例下,国家职业安全和健康研究所(NIOSH)负责职业健康和安全标准研究的工作,职业安全和健康管理总署(OSHA)负责在工业界制定、推广和强制执行合适的安全标准。

美国劳动部下属的职业安全和健康管理总署,出版了包括一般行业和特殊行业(如石油和化学行业)的安全标准。职业安全和健康管理总署规定包括石化行业在内的所有行业进行事故调查和编制事故报告。职业安全和健康管理总署也发布了高度危险化学品的过程安全管理标准(29 CFR 1910.119)。过程安全管理(PSM)的特殊标准也在一般和建设行业中得到解决。职业安全和健康管理总署的标准特别强调有关高危化学品的危险管理,建立了技术、程序和管理实践相结合的综合性管理项目。

1.2.2 化学安全和风险调查委员会(CSB)

1990年,美国清洁空气法批准独立的化学品安全和危害调查委员会(CSB)成立,但该委员会一直到1998年才开始运作。就像在标准(40 CFR Part 1600)里定义的,它的主要责任是调查化学事故来确定导致事故发生的确切情形、条件和环境,并且确定原因或可能原因等,这样可以避免类似的化学事故发生。CSB的职能明显与普通强制执行机构不同,它不仅调查是否存在与强制要求不符的违规,而且要确定事故的原因。CSB根据统计结果提出一个假设:每年大约有330个灾难性事件,其中10~15个是有生命损失的巨大灾难事故。这对工业界而言是一个令人震惊的预测,十分需要采取措施进行改善。

很有趣的是,CSB并没有建立一个综合性的事故数据库或对国家石化事故数据进行汇编，也没有对事故根原因或趋势进行分析总结。现在，在美国联邦政府内也没有对由 CSB 调查完成的石化严重事故进行汇集或分析。环境保护署（EPA）、职业安全和健康管理总署（OSHA）、国家应急中心（NRC）、有毒物质和疾病注册总局（ATSDR）和其他机构都拥有自己特定的事故数据库，这些数据库在范围、完整性和详细程度上有所不同。因此，尽管 CSB 专攻个体事故调查方面，但它对事故根原因或趋势方面的建议也将对工业和安全方面有巨大的帮助。

1.2.3 DOT/PIPA 指导方针

2010 年，管道和信息规划联盟（Pipeline and Informed Planning Alliance，PIPA）发布了一个报道，"通过风险评估土地使用规划来进一步增强管道安全"，该报道提出了接近 50 个建议措施来帮助社区人员、开发人员和管道操作人员降低靠近社区的管道带来的安全风险。美国 DOT 指出，这些建议指出土地使用规划和开发中应怎样保护现存的管道。他们也提供了其他建议，如社区人员如何收集当地管道信息；在整个开发阶段，当地的开发者和管道操作人员应该如何沟通，如何在地址准备和建设过程中使管道损失降到最少。

1.2.4 BSEE，安全和环境管理系统

2010 年，安全和环境执法局（Bureau of Safety and Environmental Enforcement，BSEE）——美国内政部的一部分，颁布了 30 CFR Part 250 子部分的最终规定——安全和环境管理系统（75 FR 63610）。BSEE 对 17 亿英亩的美国外大陆架强制执行安全和环境保护，这就影响了海上石油和油气发展。这个最终规定包含了美国石油学会推荐的针对海上操作和设施的安全和环境管理方面的措施（API RP75），是强制性标准，在 2004 年 5 月出版了第三版，2008 年 5 月又重新出版。这些建议措施，包括它的附录，组成了完整的安全和环境管理系统（SEMS）。

API RP75 包括 13 部分，其中一部分是一般要求部分。这个与 ANPR 定义的 12 要素相关并且陈述了针对 SEMS 的总规则，建立了要求保障系统成功运转的管理者的责任。常规要素对于 API RP75 中 SEMS 的成功实施至关重要，并且 BSEE 通过借鉴 BSEE 的规定要求以及参照来整合这个标准。BSEE 认为 API RP75 的采用从总体上与国家技术转让和 1996 年的发展行动方向一致，这个指导机构在可能的情况下采用私有标准，最终规定在 2010 年 11 月 15 日开始生效。最终规定适用于全美大陆架外缘（OCS）的石油、天然气以及硫黄操作和 BSEE 管辖范围内的设备，包括钻井、生产、建设、修井、完井、油井服务和内部管道活动设备。

1.2.5 国家职业安全和健康委员会（NIOSH）

按照国家职业安全和健康委员会的下属机构疾病控制中心所说，在由国家职业研究议程（NORA）准备的一份报道中，在 2003～2008 年，美国石油和天然气开

采行业有 648 名工人在工作过程中受到致命的伤害，职业死亡率为 29.1/100000，比全美工人死亡率高 8 倍。NORA 设定的两个目标是，到 2020 年为止，石油和天然气开采行业工人的职业死亡率降低 50%，非致命职业伤害率降低 50%。

1.2.6 安全漏洞评估（SVA）条例

2003 年 3 月，美国实施"自由盾行动"（Operation Liberty Shield）来应对来自非政府自杀式的政治和宗教团体的国际威胁，从而确保安全。这个行动的其中一个目标是实施综合过程安全管理计划与现存的 OSHA、EPA 和 FDA 法律一致来处理恐怖分子和破坏分子的恐怖行为。2007 年 4 月，国土安全部（DHS）颁布了化学设施反恐标准（CFATS）。DHS 的目的是鉴别高风险化工设备并确保其安全有效。此职责包括要求处理超过临界值的化学品的化工设备所在企业投交安全漏洞评估报告和现场安全计划（SSP）供 DHS 审查和批准。DHS 针对检查或审计并对不服从的企业做出停工判决，还可以对其作出每天 25000 美元的罚款。需要提交筛选审查和安全漏洞评估的化学品类型和数量在 DHS 的网站上已经公布。此外，即使公司内部安全程序是可靠的，也需进行充分的安全审查来鉴定和评价这种风险。既然进行过程安全评估的方法与现存的过程风险分析评估相似，我们就可以采用过程风险分析评估来获得为开展这些分析而建立的现存程序参数。API 和 AIChE 各自发布了帮助公司来进行过程安全评估的指导书。一位知名过程安全咨询师近期指出，在过去 5 年里，有资料显示使用外部过程专家进行保护性服务咨询的数量增加了 2 倍。这主要是因为对这些工作场所可能会遭受到的暴力恐怖分子的威胁，导致对安全问题的关注逐渐增加起来。过程安全评估不是为了鉴定小的盗窃或灾祸，而是要建立并和其他财政审计工具结合的检查，这是公司常规的安全要求。

1.2.7 美国总统行政命令（13605 和 13650）

2012 年 4 月 13 日，奥巴马总统发布了行政命令 13605，题为支持非常规国内天然气资源安全负责任的开发。它提供了一个机制，通过建立高级别机构间的工作组使正在进行的机构间协调正规化并得到促进，以支持安全以及非常规国内天然气发展。

2013 年 8 月 1 日，奥巴马总统签署了行政命令 13650，题为改善化工设施的安全和保障。通过这个命令以及联邦机构的努力，可以提升它们的效力和效率，进而阻止和减小化学灾害。清洁空气法下的环境保护署的事故释放预防项目和劳动部的职业安全和健康总署的化学过程安全管理标准（PSM）之间的重叠和空白可能导致管理和设施操作人员的混乱，DHS 最近的化学设施反恐怖主义标准增加了另外一层规定。这个行政命令的主要目标是：

建立化学设施安全和可靠的工作小组，由 DHS、EPA 和 DOL，包括 DOT、司法部（DOJ）、农业部共同主持，直接咨询其他安全和环境机构和白宫。

工作组要在 DHS、EPA 和 DOL 之间建立一个试点计划来验证最佳实践以及测试针对化学设施安全和可靠性的联邦机构联合的新方法。

DHS 要评估共享 CFATS 信息与国家应急委员会/部落应急委员会和当地应急计划委员会的可行性。

DOJ 的烟酒和枪支弹药办公室要评估与 SERC/TEPC 和 LEPC 交流关于爆炸材料数据分享的可行性。

工作组要与联邦化学安全委员会商议来确定是否要修订与过去事故调查相关的特定机构间谅解的备忘录。

工作组要找到提高机构数据收集和信息共享的方法。

工作组要满足相关者利益需求，提出改进机构和设施风险管理(包括公共和个人导则和规定)的方法。

牵头机构要分别对 ARP 下的推荐额外化学品目录进行检阅，CFATS、PSM 和 DOL 要对 PSM 下现存的条款进行检阅。

对于硝酸铵的改进处理，工作组要制定监管和立法议案。

工作组要制定一个计划来支持州和地方监管人员、应急救援人员和化工设施，从而提高化学设施的安全性和可靠性。

对于机构的资料收集和信息共享，工作组要提出优化和改进的建议。

对于鉴定和对化学设施存在的风险反应的一种统一的联邦方法，工作组要创立综合性和完整性的标准操作程序。

毫无疑问，这个行业需要更安全的信息和分析来支持这些要求。

1.3 危害及预防

与石油化工相关的危害可能源于石油化工工作环境中的可燃物或有毒的液体、气体、迷雾或粉尘。常见的物理危害包括环境热、燃烧、噪声、振动、压力突变、辐射和电击。各种各样的外源因素如化学、生物和物理危害可能导致与工作相关的伤害和死亡。危害也可能源于工人和他们工作环境之间的相互作用。这主要与人体工程学相关。如果在生理、心理和环境方面对工人的要求超过了他们的承受能力，就会存在危害，这会导致工人生理和心理的压力。在工厂运营的关键时期，这些可能导致更大的事故，因为在压力之下，工人不能正确进行操作。尽管所有危害都会引起人们的关注，本书主要集中在能够导致巨大灾害的火灾和爆炸危险方面。通过识别危害、分析风险以及给管理人员提供合适的安全措施，行业火灾保护和安全工程师推荐了消除、阻止、减缓和降低事故后果的方法。保护的程度通常取决于组织机构的安全级别要求(比如内部公司标准)、识别的风险，主要风险的成本效益分析。典型的防护实例包括使用替代物或者不易燃的材料、改变工艺或程序，改变防护间距、改进通风、泄漏控制、使用防护服、降低库存和主动的火灾爆炸防护措施，等等。

1.4 系统方法

现在，大多数行业安全管理机构的事故预防规划或安全应用程序都是基于系统分析方法来捕获和检查可能导致事故的所有方面。由于事故源于工人以及工作环境的相互作用，因此这两方面必须仔细检查。例如，伤害可能源于程序缺乏或不充分、设施设计不当、工作条件不完备、使用设计不当的工具或设备、疲劳、注意力分散、缺乏技能或培训不到位和轻易冒险。系统方法需要检查系统中所有的区域来确保已经检查和分析了所有可能导致事故发生的路径。

一般情况下，系统方法要检查以下主要的预防因素：
1) 公司安全政策和责任；
2) 通讯；
3) 风险管理；
4) 标准和程序；
5) 机械完整性；
6) 操作；
7) 维修和建设；
8) 培训；
9) 应急响应和事故调查；
10) 安全检查和审计。

事故以及近似事故调查是一个关键因素，通过学习以往的事故，可以消除导致相似事故的危险因素。

系统方法也承认劳动者的能力和局限性。它指出，工人之间在生理和心理能力方面存在很大的个体差异。因此，如果可能的话，不同的工作要匹配合适的工人。

设施的安全和风险不能仅根据消防系统的需要进行评估，例如，企业有消防水系统，或以往的损失历史过程中过去 25 年在这里从来没有发生过火灾，因此我们希望以后也不会，这样是不行的。只有通过对设施进行彻底的风险分析和组织高级管理人员采用风险理念，才能对设施的全面风险进行总体评估。

由于烃类及相应的化学设施处理不当时的有害性，火灾和爆炸保护原则应该是设施管理人员必须采用的主要风险原则。无视保护措施或系统的重要性，最终在灾难事故中，将会付出生命的代价和财产损失。

1.5 消防工程/设计团队

消防工程不是一门独立的学科，它可以在项目设计过程的任意时刻或在一个项目完工并审查之后引入。防火原则应该是烃类或者化工项目的一个综合方面，涉及设施如何计划、选址、设计、建设、操作和维修的所有方面。最初由于重大影响，在最初提议、布局和流程安排中，它们通常是出发点和关注点。一旦这些参数被设定，它们几乎不可能随着项目进行改变，必须考虑昂贵或受损的功能以减轻存在的高风险问题。

消防工程师应该与所有设计团队的所有成员结合，如结构、法律、电气、过程、HVAC等方面。消防或风险工程师可以作为项目团队的一员或工程技术人员被雇佣，他主要还是扮演顾问的角色。他可以建议采用最明智和实际的方法保护火灾防护目标。因此，消防和风险工程师必须在这些学科的消防应用方面拥有渊博的知识。除此之外，他必须在石油、化学和其他相关行业中，具有危险、安全、风险和消防原理方面的专业知识和实践经验。

应该意识到风险管理科学除了提供一种风险的技术解决方案之外，还提供了其他途径的保护。保险和风险管理行业确定了风险管理的四种可能方法，这四种方法，按照优先次序，包括：

1）风险规避；
2）风险降低；
3）风险保险；
4）风险接受。

本书主要集中在风险规避和风险降低上。风险接受和风险保险是依赖于组织机构提供的财政费用的金融措施。它们是基于机构在使用市场上保险措施和可用的保险政策的政策和偏好。如果采用风险接受和风险保险，它们依赖于机构的金融措施来提供事故发生时的财政安全。尽管这些措施适用于金融损失，所有的机构总是各有各自的保险形式，但对于事故当中声誉和威望的影响(也就是消极的社会反应)，它们确实毫无办法。这也是在大规模的过程工业和产业园当中，对于高风险的问题，大家更喜欢采用风险规避和风险降低的原因。

风险规避包含消除产生危害的原因。这是通过改变工艺或设施的内部风险特征来实现的，例如，使用不燃液体作为传热介质(也就是热油系统)代替燃烧液体(例如柴油)。风险降低涉及提供减小特定事故后果的预防或保护措施，包括防火墙、消防水喷淋、紧急停车系统等。大多数设施包含风险降低措施的某些方面只是因为规定甚至是基于性能的法规要求。

当接受风险的损失太大和阻止或避免风险发生的代价太大时，就选用风险保险方法。然而，即使是风险承保方，也就是保险公司，也想要对他们担保的设施采取充分的预防措施，这些经常作为政策条款的一部分。因此，他们会对所承保设施安装过程进行仔细检查。感觉有高于行业正常水平的风险或者在行业内部有高损失发生的地方，他们会特别检查。因此，保险工程师除了测试固定的保护措施之外，在对过程性能的理解方面更有经验，并且将会为了足够的风险管理措施而巡回检查，使用事故计算机模型来评估可能的损失。保险行业本身也擅长将事件的根原因告知它的成员，并在下次对设施的预定风险检查时将会重点验证这些方面。

通常作为惯例，保险评估想去验证火灾保护系统是否会像预定的那样执行工作，重要系统有没有被忽略，先前的建议有没有被执行。缺陷存在的地方，风险就会提高，保险政策就会进行适当修改（例如覆盖范围下降、保险费用提高、排除部分注明等）。

当行业变得更庞大和昂贵的时候，即便想要获得保险，在市场中也没有可用的。因此，在这种情况下，管理层可能要采取更复杂的降低风险的措施以替代保险。

大多数海上装置、国际陆上生产共享合同和大量石油由几个公司或国家政府所拥有。大多数所有者和有经验的公司经常是现场操作者，并且对此负责。目标是分享启动和操作基金及发展和操作设备的财务风险。在石油勘探的过程中，如果探井被证实为干井，也就是没有经济效益并且必须堵塞和放弃，这就代表了对某个地区勘探预算对他们造成过度经济影响。然而，拥有几个合伙人，每个个体的损失都降低了。如果事故发生时也是这样，就降低了每个成员的财务影响。如果某个公司在过去有与安全操作相关的不良记录，其他公司在与其合伙投资的时候就会犹豫，因为他们认为这样整体风险过高，将会寻求其他投资机会。或者，他们会要求进行设施的管理，因为他们感觉自己更有资格，设施的风险也会更低。

装置也可能发生商业中断造成损失，因为在事故发生的大多数情况下，工艺设施不会像预先设定那样运行而被紧急关闭。保险行业分析数据表明商业间断损失一般是物质财产损失的三倍。尽管可以获得业务中断的保险费用（有可能忽视的规定和条款），但安全改进的原因可能不是财产损失本身，而是总体业务中断对操作的影响和收入损失。

1.6 高级管理层的责任和问责制

在石油行业中，大多数石油公司起源于19世纪末和20世纪初的钻井公司。此外，必须注意到公司管理层历来很尊敬钻井工人，因为这些人通过成功钻井或发现石油或天然气储藏而给公司提供了真正的资源或利益。在石油行业的早期，勘探活动都被认为多少有点鲁莽和危险，特别是野猫井（wildcat）（也就是高度投机和风险）的钻井操作。它们通常是完全独立于主要一体化石油活动的作业。钻井工人的印象或"继承"特点历来是在安全措施或要求上较为冷漠。因为偶然井喷的戏剧性事故，这个印象现在都难以消除。这个想法也存在于一般公众当中。在一些公司当中，钻井工人受到尊敬，他们最终会被升职到高级管理人员的位置。因为他们的工作背景，他们独立的态度依然存在或者下级先入为主对他们形成了不考虑安全问题的印象。但也不能说公司内其他的部门或个人工作职位没有问题。

按照要求完成有关石油生产、炼制或化工过程的项目越早越好。因此，对钻井、建设和项目管理的要求，尽快获取操作设施的操作在某些情况下与谨慎的安全习惯或措施直接矛盾，特别是在项目开始之前它们还没有被计划或提供的时候。仅仅因为建设人员感觉它已经完成，操作管理人员不应该被错误的引导从而认为所有设施已经具备操作条件，因为对于提早开工可能有其他的财务激励，这个可能导致一些安全启动和操作需要注意的问题被忽略。

然而不幸的是，一方面，在无数场合，钻井工人历来就和石油行业重大事故直接相连，这个印象有意和无意的依然存在。另一方面，预防损失的专业人员提拔到公司的高级管理人员级别的人数是很少或不存在的（就像公司年度声明管理传记那么明显），即使他们必须谨慎地建议，如何阻止灾难性事故发生而对公司保持高的经济收益。

安全成果是所有团队成员努力的结果。所有的参与者都要参与和作出贡献。没有团队合作、承诺、负责，目标就不能实现。团队的领导是至关重要的，在运营企业中就是高级管理人员。如果高级管理人员不认可安全，安全就不会是公司文化的一部分。

高级管理人员的责任和义务是对于任何设施或操作，提供有效的火灾和爆炸安全措施。管理人员对安全的实际态度将达到在定性或定量的安全效果。允许把安全留给下属或阻止损失的人员将不会有领导力，并且不会产生好的效果。对安全措施漠不关心或缺乏关心的效应在任意公司的结构上总是自上而下的反映出来，并且发展成公司文化。为了达到满意的结果，行政管理人员必须表示并且致力于有效的安全项目。所有的事故都应该被当作是可以阻止的。事故阻止和消除应该被当作任何一个公司的最终目标。对事故设定任意的年度事故可记录性限制可以理解为允许一些事故发生。当安全文化被培育之后，持续的经济利益由此可以得来。过去几十年的150个大型石油和化工事故表明，许多都涉及过程安全管理的故障及缺乏公司安全文化，这些事故原本是可以避免的。

有几个模型可以评价公司内部的安全文化。其中两个被应用最广的是杜邦布拉德利曲线（Dupont Bradley Curer）和哈德森/帕克HSE文化阶梯（Hudson/Parker HSE Culture Ladder）（见21篇）。

杜邦布拉德利曲线（见图1-3）模型强调通过使用管理方法来提升安全文化，以及如何达到世界级的安全表现。在成熟的安全文化当中，安全是可以实现可持续发展的，受伤率可以接近零。个体允许视情况需要采取行动，从而来保证工作安全。他们相互之间支持和挑战。在合适的位置作出决定，人们依靠这些决定而生活。公司作为一个整体，意识到高质量、高生产率带来的巨大经济效益，并且增加了利益。

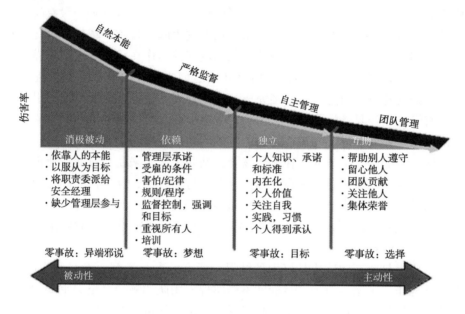

图 1-3　杜邦布拉德利曲线

这四个阶段进一步描述如下：

1）被动阶段：

人们不承担责任。他们认为天有不测风云，安全更靠运气而非靠管理。随着时间的推移，他们也是这样做的。

2）依赖阶段：

人们把安全当作由某些人制定的规则。事故率下降，管理人员认为只有人们遵从这些规则，安全才可以管理。

3）独立阶段：

个人对他们自己负责。人们意识到安全是个人的，由于他们自己的行动，他们可以做出不同反应。这个进一步降低了事故。

4）相互依赖阶段：

雇员们对安全有主人翁的感觉，为他们自己和其他人负责。人们不接受低标准和风险。他们积极与其他人交流来理解他们的观点。他们相信真实的改进只能由团队才能达到，零伤亡率是一个可实现的目标。

由哈德森和帕克在五步"HSE 文化阶梯"中提出了一个相似的方法，见表 1-1。

表 1-1 HSE 文化阶梯

步骤认定	特 性
生产性	安全在如何处理业务方面是一个整体； 机构的持续改进； 安全被视为可以为公司提供利润； 鼓励新的安全想法和建议
主动性	关注我们发现的问题； 资源可以用来改正事故发生之前出现的问题； 需要关注管理，但是安全数据也非常重要； 程序由工人拥有
计算性	我们在合适的位置由系统来处理所有的问题和危险； 众多的安全审计； HSE 群体处理大多数安全数据
被动性	每次发生事故我们会做很多； 安全是重要； 我们是认真的，但是为什么他们不做他们预定要做的事情？ 合理的讨论来重新对事故分级； 在事故之后的安全非常重要
病理性	谁关心？只要我们没有发现； 我们的律师说这是可以接受的； 当然我们有事故，这个行业是有风险的； 解雇导致事故的白痴

在病理层面上，组织表现出失败和缺乏认识和解决这些问题的意愿，可能导致较差的安全性。在最高层次上，安全的工作方法被视为本组织任何业务活动必要的一部分。随着公司的发展，员工越来越了解情况，信任度也越来越高。

1.7 卓越运营

卓越运营(OE)是公司领导力的一部分，它强调使用不同的原理、系统和工具对关键绩效指标的可持续改进。这个过程包括集中在客户所需、使雇员积极和获得授权、工作场所活动的持续改进。大多数重要加工行业已经向卓越运营概念靠近。按这样，安全管理系统必须进化和卓越运营的理念结合，而且大多数安全管理系统已经这样了。把安全管理(就像每一个重叠的一些元素)与卓越运营进行结合和匹配的关键是要重视财产损失的预防，并把它作为机构的核心目标。而且卓越运营也承认领导力是一个机构中成功所需要的唯一的最大因素。领导定下总体方向并且设定目标，这些挑战使机构取得世界级的成果。

尽管卓越运营的一系列元素过程与安全管理系统相似，卓越运营通常需要进行组织。这些元素经常包括以下一些方面：

领导部门、管理部门和问责部门：管理部门制定政策、策略、设定期望，并且提供资源。保证操作的完整性需要管理层的，和对组织提供可见的承诺和责任。

人力资源和训练：操作过程的控制取决于人。达到卓越运营需要合适的筛选、选择、安置、持续的评估和员工培训。

资产管理(设计、建设、操作、维修、检查)：内在的安全和保障可以达到，健康和环境的风险最小化，通过使用一致的工程标准、程序和管理系统来进行设施设计、建设、操作、维修和检查活动。

变更管理：操作、程序、位置，设施和机构的变更必须进行评估，然后确保源于这些改变的风险保留在可以接受的水平。

风险管理：风险管理可以降低安全、健康、环境以及安全风险，并且通过提供重要信息来减缓事故后果影响。

可靠性和有效性：确认和解决设施、业务工作过程中可能导致巨大事故或安全性能缺口的人员可靠性和效率问题。

产品监管：通过一个产品的生命周期，管理公司产品潜在的健康、环境、安全和完整性风险。

遵守保险：验证是否适应公司政策和政府规定，确保雇员和承包商意识到各自相关责任。

应急响应和事故调查：在事故发生的时候，应急预案和准备可以确保采取所有必要行动来保护公众、环境、公司人员和财产的安全。有效的事故调查、报道和后续跟进对采取正确行动和阻止根原因已确定的事故重演具有重要意义。

外部服务：第三方的工作代表着其经营和声誉，采取与公司政策以及项目目标相一致或协调的行为方式是至关重要的。

社会责任：在道德方面和建设性方面的工作影响已经存在的法律和规定，讨论新出现的问题。

持续改进：持续改进操作和问责来达到更高水平的安全文化、技术、管理和公司业绩。

延 伸 阅 读

[1] Center for Chemical Process Safety(CCPS). Guide lines for risk based process safety. New York, NY: Wiley-American Institute of Chemical Engineers(AIChE); 2007.

[2] Crowl DA, Louvar JF. Chemical process safety: fundamentals with applications. 3rd ed. Prentice Hall International Series in the Physical and Chemical Engineering Sciences; 2011.

[3] Ellis WD. On the oil lands. Willard, OH: R. R. Donnelly & Sons; 1983.

[4] Gibbens PH. Early days of oil, a pictorial history of the beginnings of the industry in Pennsylvania. Princeton, NJ: Princeton University Press; 1948.

[5] Head GL, Horn II S. In: Essentials of the risk management process, vols. I and II. Malvern, PA: Insurance Institute of America; 1985.

[6] Knowles RS. The first pictorial history of the American oil and gas industry 1859–1983. Athens, OH: Ohio University Press; 1983.

[7] MacDonald D. Corporate risk control. New York, NY: John Wiley and Sons, Co. ; 1990.

[8] National Academy of Engineering and National Research Council. Macondo well deepwater horizon blowout, lessons for improving offshore drilling safety. Washington, DC: The National Academies Press; 2012.

[9] National Occupational Research Agenda(NORA). National oil and gas extraction agenda for occupational safety and health research and practice in the US oil and gas extraction industry. Washington, DC: NORA Oil and Gas Extraction Council/Center for Disease Control/NIOSH; 2011.

[10] Pipelines and Informed Planning Alliance(PIPA). Partnering to further enhance pipeline safety through risk-informed land use planning. Washington, DC: US Department of Transportation, Pipelines and Hazardous Material Safety Administration; 2010.

[11] Roaper RB. The economic significance of safety, drilling and production practice. American Petroleum Institute, Conference Paper 40-231. API, Washington, DC; 1940.

[12] Rundell Jr W. Early Texas Oil, a photographic history, 1866–1936. College Station, TX: Texas A&M University Press; 1977.

[13] Sanders RE. Chemical process safety, learning from case histories. Oxford, UK: Butterworth Heinemann; 1999.

[14] Sedwick Energy, Limited. An introduction to energy insurance. London, UK: Sedgwick Energy; 1994.

[15] Sprague De Camp L. The ancient engineers. New York, NY: Dorset Press; 1963.

[16] Swiss Reinsurance Company(Swiss Re). Petroleum risks: a burning issue. Switzerland: Swiss Re, Zurich; 1992.

第二篇 石油、天然气和石化设施概述

石油和天然气自然储藏遍布于世界上的每一块陆地和海洋中。大部分储藏在地下几千米深处。石油工业的任务就是发现、开采、加工以及销售这些资源,然后拥有者或投资者可以获得最高的经济利益,确保运营中的固定投资可以收回。

现在的石油和天然气行业几乎已经形成了连续工艺操作,其中的一些过程可能使用间歇工艺。一旦石油和天然气被发现并开发,将会立即被不间断地从一个过程运送到另一个过程。这提升了经济效益,但同时也会增加库存资产,因此运营中固有风险也会增加。除此之外,随着对效率和高经济回报要求的增加,在自然资源充足的地方就会出现更大型的设施,获得更高的经济回报,同时也会带来更高的安全风险。

石油和天然气工业主要的业务是勘探、开发、加工、运输和销售。每一个过程都在该章节中进行了简单描述,这样可以提供给读者关于本书后面强调的火灾和爆炸相关的背景知识。尽管一些石油公司是综合的(也就是有上面提到的所有业务),带有所有的上述操作过程,其他的是独立的,仅仅在他们特别专业或者能得到高经济效益的方面作业。

石化和化工过程设施主要是从石油和天然气中收集原料,并且通过各种化工过程和制作技术把原料变成大量的成型的产品。

2.1 勘探

主要通过地球物理测试方法和钻井勘探或"野猫井"来证实石油和天然气储量及其经济可行性。为了找到原油和天然气储藏,地质学家一般会寻找沉积盆地,因为沉积盆地中含有埋藏时间较长的富含有机质的页岩,足以保证形成石油。石油必须有机会进入能容纳大量的液体和气体的多孔岩层。原油和气体的出现不仅受这些条件限制,它们必须同时经历几千万年到几亿年才能形成。沉积岩层的地表测绘使地表特征解释成为可能,通过钻孔进入地壳,获取岩石层或岩石层的样本,获得补充信息。

地震技术、声音和冲击波在地壳传播的反射和折射,也可用来揭示地下结构和相互关系的详细情况。声音或冲击波记录了地球表面的密度,可能表明是否有石油和天然气储藏。需要的冲击波可以通过爆炸装置或振动装置产生。

最终证明石油存在于地下的唯一方法是钻一口勘探井。世界上大多数石油区块最初都是通过表面渗出的原油发现的，大多数实际的储藏都是由所谓的投机分子发现，他们可能主要依赖于科学上的直觉。术语"野猫井(wildcatter)"来源于美国得州西部，20世纪20年代早期，钻井人员在为勘探井清理位置时碰到了很多野猫(wildcat)。被捕获的野猫悬挂在石油钻台上，因此这些井作为野猫井而出名。野猫井钻出钻孔，测试并验证石油及天然气储藏藏量和质量以及经济效益。因为在实际钻井之前，野猫井的绝对特性是未知的，高压易挥发烃类储藏就极易发现。随着钻井深度的增加，井内流体压力的影响就会随之增加。如果在勘探钻井当中，这些储藏通过监测压力和使用钻井泥浆和流体作为平衡量没有完全控制，他们可能导致烃类物质失控释放。无论是否被点燃，这个现象通常被称为井喷。防喷装置(BOPs)也就是固定在地表的快速液压剪断系统，当启动的时候通过立即阻止地表管道中的压力来控制和阻止井喷事故。不受控制的液压是钻井井喷的主要原因(很显然潜在的根本原因是人为错误，由于对钻井操作控制不足)。既然井喷是灾难性事故，勘探井的位置选择需要进行仔细规划和风险评估，确保这种事故导致的火灾、爆炸和有毒气体不会影响相邻的周边区域(例如高密度人口区)。或经当地的管理机构允许，增设适当的应急措施(例如周边气体探测/警报，应急计划和钻井)和程序，由风险评估确定其后果降至可接受的水平。

被证明没有经济效益的勘探井必须封堵或放弃(一般被称为P&A)。这些工作必须仔细地完成以避免后续出现泄漏或渗流。在早期钻井时期，几个油井因为没有被堵塞，导致小孩掉入了井场钻孔。这些事故导致戏剧性的营救以及对该行业的不利宣传。

一个油田可能包括一个以上储层，即不止一个单一连续有界石油积累区块。确实几个储藏可能存在于不同的深度，实际上一个在另一个的上方，通过界入页岩和不透水岩层而隔离。这种储藏在尺寸上有变化，在厚度上从几米到几百米甚至更多。世界上大多数被发现和利用的石油都集中在几个相当大的储藏区。例如，在美国，大约10000个油田中的60个贡献了整个国家产能和储能的一半。

2.2 生产

石油和天然气是通过油井钻穿石油和天然气的承载岩层以及储层进行生产的。世界上几乎所有的石油井都通过旋转钻井法钻得。在旋转钻井过程中，钻柱是一系列相连接的钻杆，由井架(结构支撑塔)和顶部相连的提升装置支撑。实际的钻井设施或钻柱底部的钻头一般为焊接有坚硬齿形的三锥形。钻杆的额外长度被添加到钻柱上，因为钻头要插入地壳。需要切入地层的力来源于钻杆自身的质量，通过固定在钻台顶部的提升装置来控制。地层岩石的钻屑通过循环流体系统而持续地被携带出地面，这使用了一种"泥浆"，泥浆是膨润土(一种黏土)和一些添加剂的混合物。钻井泥浆不断地循环(也就是泵入)进入钻杆，通过钻头表面的喷嘴出来，然后通过钻杆和井筒的空间而返回到地面。钻头的直径在某种程度上大于钻柱从而允许循环进行。通过改变钻头上的力和动量，孔可以倾斜或者定向钻进，从而可以从任意角度穿透储层。由于地形或者其他人工障碍物使钻台无法竖直放置在储层上部时，或者储层在海里时，使用海上钻井平台费用昂贵，这时就可以采用定向钻井，但是需要钻井操作人员具有精湛的技术。

一旦钻井成功，石油在自然压力的作用下被释放或由泵抽出。正常原油处于压力之下；如果不是被致密岩石困住，可能已经在微分压力引起的浮力作用下持续向上迁移并且在很久以前就已经渗出。当石油井钻到压力聚集区时，石油扩散到由石油井和地表面连通而建立的低压储槽。当液体充满井时，回压就施加到储藏上，流入井孔的额外流体将会很快停止流动，不涉及其他情况。然而，大多数原油在开采过程中包含相当数量的天然气。天然气由于储层的高压保存在石油中。当井中出现低压，天然气就会从石油中出来，一旦被释放，将会立即开始扩散。扩散伴随着石油中低密度原油的稀释，结果把石油推进到地球表面。随着流体从储藏中持续被抽出，储藏的压力逐渐降低，溶解的天然气的量也逐渐降低，导致流入井筒中的石油的流速降低，释放出的天然气减少。

石油可能无法直接到达地表，所以必须在井中安装一个泵(人工提升)来持续生产原油。电潜泵足够可靠，所以在需要人工提升进行生产的地方，电潜泵被广泛应用。天然气储藏本身就是高压，因此可以轻易开采来获得储藏。

油井产量也会因重油储藏(焦油、蜡等)或其他颗粒嵌入岩石孔隙、地层坍塌等而降低。采油工程师评估生产问题后，通常建议"修复油井"恢复活力或基于油井特性和遇到的问题采用不同方法来刺激生产。

生产的油和天然气通过井口抽油机或表面调节阀汇总汇入到地表管线，通常这种管线被称作"圣诞树"，因为它的排列从剖面图看起来像一棵小树。这些流程将石油和天然气收集到当地储罐或中心生产设施，可以用来进行石油、水和天然气分离。

主要的分离设备处理产生的天然气、石油和水，使其进入各自管道。这些设备通常为集中处理设备或油气分离装置或近海生产钻井平台(PDQs)。这些海上平台或者浮在海上或者由固定在海底的钢筋和混凝土支撑，因此可以抵抗海浪、风以及在北极地区的冰流。在某些情况下，剩余的油轮也会被转换成为海上生产和储存设施。

生产的石油和天然气一般直接进入主分离容器，在重力、压力、高温、停留时间，有时还有电场的作用下，分离成不同相态的气、油和水，使它们可以相互分离进入分料流，像沉积物或盐之类的悬浮固体也会被移除。在石油生产过程中，有时会遇到致命气体 H_2S。含有 H_2S 的原油可以通过管道输送用作炼油厂原料，但这对于罐体和长距离管道运输不可取。销售原油中的杂质浓度通常少于

0.5% BS&W(基本的沉积物和水)和10Ptb(每一百桶原油中盐的磅数)。生产的天然气也可能有不同的杂质需要分离、收集和处理,例如CO_2(一种温室气体)。这些中的一些可以分为危险材料,例如汞,必须处理并通过危险废物机制来处理。生产的石油和天然气要通过卡车、有轨电车、轮船或管道输送到天然气工厂和炼化厂。大的石油和天然气生产区域一般都跟公共运输或国家管道有联系。

2.3 提高原油采收率

大多数石油储藏都是通过大量的生产井来进行开采。当最初的生产量达到其经济极限时,表明某个特定的储藏量约25%的原油已经被抽出。石油行业已经开发出独特的方案,以利用储藏能量和地下结构的几何形状来补充气液碳氢化合物的生产。这些补充的方案,被称为提高原油采收率(EOR)技术,可以增加原油的采收率,但仅以为储藏提供多余的能量为代价。用这种方式,原油的平均采收率可增加到33%。随着产业的成熟和储藏的枯竭,石油价格会随之上升,这证明需要更多应用 EOR,最终会变得很普遍。这将会给原油储藏带来更高的采收率。

2.4 二次开采

注水:在一个完全开发的原油和天然气田,根据储藏特性的不同,井之间的水平距离从 60m 到 200m 不等。如果将水注入该区域的备用井(也就是注水井),储藏的压力总体上将会被保持甚至会增加。通过这种方式,原油每天的生产速率将会增加。除此之外,水取代了石油,因此增加了采收效率。在伴随有高度的不均匀性和少量黏土的储藏,注水可以增加采收率到60%甚至更多。在19世纪晚期,宾夕法尼亚的油田使用注水开采纯属偶然,现在已经在全世界被广泛使用。

注蒸汽:在原油非常黏稠,也就是原油密度很大并且流动缓慢的储藏,要采用注蒸汽的方法。蒸汽不仅驱动石油提供一种能量来源,而且还会使原油的黏度降低(通过提升储藏的温度),所以原油在特定的压力差下会流动加快。

注气:一些石油和气形成时含有大量的生成的天然气和CO_2。在生产原油的时候,这些气体也会同时产生。这些天然气或CO_2可以被收集和压缩,并且被重新注入储藏中的气孔。重新注入的天然气或CO_2使储藏压力保持稳定,帮助推动额外的石油从储藏中的孔隙流出。

2.5 三次开采

当第二种提高采收率的方法失效时,为了获取更多的石油,人们测试和开发了更多的技术。这些方法被称为第三种方法,一般与气态或化学回收方法相关联。现场热力采收的一些方法也已经被使用,但并不成规模。

化学药剂注入:注入化学清洁剂到石油储藏中增加现存石油储藏的孔隙度的

专业方法已经被采用。在化学清洁剂注入之后,加入聚合物增稠剂来推动石油进入生产井。

热力采收:地下烃类被点燃,产生火焰锋或热障来推动石油进入井中。

循环气驱动:天然气或者 CO_2 可以重新被注入和地下的原油混合,并且将其从地下岩石中进行释放。气体可以被回收并被重新注回储藏直至它没有经济效益(也就是达到采收率的极限)。

也曾尝试过一些其他提高采收率的实验方法,并在技术上证明了可行性,但是在商业上不可行,它们就是就地燃烧、电磁充电和其他类似的方法。

2.6 运输

运输是指岸上和海上的石油和天然气产品运输到炼化厂,然后炼化厂产品输送到批发和零售中心。

从资源配置到收集和加工设备,石油商品(石油和天然气)一般通过管道进行运输。管道按照预定路线从开采、分离和炼制区域输送未加工或炼制产品至加工中心和销售处。当无管道系统可用时,经常采用货车运输。

从大陆到大陆之间的运输通过航空运输或船舶完成,其中船舶是运输当中最经济的方法。这种方式产生了世界上最大的轮船,一般命名其为巨型油轮,油轮分为两种,一种是超级油轮(VLCC),其大小从160000t到320000t;一种是超大型油轮(ULCC),其大小从320000t到550000t。精制石油品经常采用大于40000t级别的轮船运输。LNG 或 LPG 轮船一般具有大于 $100000m^3$(838700桶)的运送能力。因为 VLCC 和 ULCC 的巨大体积,它们不能使用常规的港口设备,一般需要利用固定在深水区特别的装载和卸载装备。这些设备定义为单点系泊设备(SPMS)、海上平台[例如美国路易斯安那州的海上平台港口(LOOP)],或相似的结构。油轮上烃类的运输面临着与陆上储存设备相似的火灾和爆炸风险。

为了实现完整的运输系统,需要许多其他的支持子系统补充运输操作。装载设备、抽吸和压缩设备、罐区、计量和控制设施对于完成石油和气态烃类商品的完整运输是至关重要的。

2.7 炼油

在自然状态,在去除从生产井中一起流出的挥发性气体后,原油除了作为燃料燃烧之外,没有实际的应用。因此,为了获取更大的经济回报,要把原油在炼油厂中"拆解"成主要成分如天然气、液化石油气、航空和汽车汽油、喷气燃料、煤油、柴油、燃料油和沥青。炼制操作一般分为三个基本的化学过程:①精馏;②分子结构改变,例如热裂解、重整、催化裂化、催化重组、聚合、烃化等;③净化提纯。

现在可以采用多种炼制方法来提取石油和天然气的成分。某个特定的炼制设计主要取决于初始原料特性(例如原油和产生的天然气的自然技术参数)和想要达到的市场需要(例如航空或汽车汽油)。

炼油在表面上跟烹饪类似。按照预先设定的一系列参数,例如时间、温度、压力和成分,准备和处理原料。以下是在炼制过程中包括的基本工艺过程的总结。

目前,世界上最大的炼油厂是贾姆讷格尔炼油厂,它包括相邻的两个炼油厂,由在贾姆讷格尔的所属的产业有限公司运营,具有1240000bbl/d的联合产品产量。

世界上最大的炼油厂见表2-1。

表2-1 世界上最大的石油炼油厂

炼油厂	位置	生产能力/(bbl/d)
信实产业炼油厂	印度,古吉拉特邦,贾姆讷格尔	1240000
SK能源有限公司	韩国,蔚山	1120000
PDVSA炼油厂	委内瑞拉,Falcon,Parguana	940000
GS加德士炼油厂	韩国,丽水	730000
埃克森美孚国际公司	新加坡	605000
Motiva公司	美国,得州,阿瑟港	600000
埃克森美孚国际公司	美国,得州,贝城	572500
沙特阿拉伯国际石油公司	沙特阿拉伯,拉斯坦努拉	550000
马拉松原油公司	美国,LA,Garyville	522000
埃克森美孚国际公司	美国,LA,巴吞鲁日	502500

2.7.1 蒸馏

基本的炼制工具是通用的蒸馏装置。这是原油炼制的第一个过程。正常条件下,原油在低于水的沸点的温度下蒸发。最低相对分子质量的烃类在最低温度下蒸发,随后更高温度可以用来分离和提取大分子。

从原油中最先提取到的液体材料是汽油组分,随后是石油脑和煤油。中间和较低的蒸馏产生柴油、燃料油和重质燃料油。

2.7.2 热裂解

为了提高蒸馏产量,研发了热裂解方法。在热裂解过程中,原油中的重质成分承受高温和高压,使大的烃类分子被撕裂成小分子,所以一桶原油产生汽油的产量就会增加。由于使用高温和高压,这个过程的效率是有限的。经常会有大量的烟(固体、富含碳的残渣)沉积进入反应器中。这就需要较高的温度和压力来压裂原油。流体循环往复的一个焦化过程发展起来,这个过程会持续更长的时间,伴随有少量的焦炭累积。

2.7.3 烷基化和催化裂化

为了增加一桶原油的汽油产量在20世纪30年代又引入了两种基本工艺,即烷基化和催化裂化。在烷基化过程中,由热裂解产生的小分子在催化剂的作用下重新组合。这会在汽油馏程中产生分枝状分子,该分子具有优良的特性,例如,作为大功率内燃机的燃料具有高抗爆特性,在今天的汽车行业被广泛使用。

在催化裂化过程,原油在精细分裂的催化剂,特别是铂的作用下发生裂解。这使得炼油厂可以生产许多不同的烃类,它们可以通过烷基化、异构化和重新组合来生产高抗爆发动机燃料和专用化学品。这些化学品导致了化学加工行业(CPI)的产生。

化学加工行业生产乙醇、洗涤剂、合成橡胶、甘油、肥料、硫黄、溶剂、药物、尼龙、塑料、油漆、多元酯、食品添加剂和补充品、炸药、燃料和绝缘材料的原料。美国石化行业约使用了其石油和天然气总产量的5%。

2.7.4 净化

移除例如亚硫酸盐、水银、树胶和蜡等杂质的过程称为净化过程。这个过程包括吸收(主要在过滤材料中)、分离、溶剂萃取和热扩散。

2.8 典型炼油工艺流程

在炼油厂中,原油一般首先进入原油蒸馏单元。原油在管道中流动,在它流入分馏塔之前,原油进入高温炉,这会使它部分蒸发。这些高挥发成分在塔中上升,在一系列"泡罩"塔板中被冷却和液化。冷却和液化作用由一种冷流(从原油中炼制出的粗汽油流的称谓)液体协助,液体被注入塔的顶部从而从一个泡罩塔板流到下一个进而流下来。在不同泡罩板上的流体浓缩了蒸汽的重质部分,使轻质组分蒸发。

释放的气体从塔的顶部被抽出。这些气体可以被重新回收来制作冷冻液化石油气(LPG)。压缩粗汽油被分为轻质汽油,可以用来调和汽油;重质轻油,可以用来继续炼制。煤油和柴油流体在塔中的不同位置脱离,温度使产品凝结。中间馏分可以被提取进入不同的工艺,例如加氢脱烃。来自原油底部的重质油可以用来进行石油混合或在减压蒸馏装置中进一步进行处理,从而得到轻馏分油,在混合柴油中使用。

在产品通过炼制产生之后,它们在混合单元中被进一步炼制。例如,对于汽油而言,为了达到其技术指标,常在其中加入染色染料或特别的添加剂。混合完后要进行测试然后输送到储罐区进一步储存或运输。

在过去的时间里,对于汽油和喷气燃料等轻蒸馏产品的需求增加了炼油设施过程的危险等级。从1920年到现在的成品油的对比揭示了轻质或更易燃产品百分比的增加。具体见表2-2。

通过生产更多的轻质油，产品百分比提高，工厂自身的风险更高了。在这几十年当中，除了足够的保护措施，这些设施的相应扩张与更多爆炸性产品结合提高了风险等级。

表2-2 炼制组分的比重对比（1920年/现在）

产品	1920年	现在	百分比/%
汽油	11	21	+91
煤油	5.3	5	-6
重柴油	20.4	13	-36
重油	5.3	3	-43

2.9 销售

来自炼油厂和天然气厂的成型产品通过运输系统送至大的产品分配和销售终端储存并进行分散处理。一般这些设备主要处理汽油、柴油喷气燃料、沥青、压缩丙烷和丁烷。

这些设备包括储罐或压力容器，通过船舶、铁路或卡车运送的卸载和装载设备，测量装置和抽吸装置以及压缩站。与炼油厂的储存相比，它们的能力很小，由所在储存位置的商业需求决定。

2.10 化工过程

相当少量的烃类原料形成了石油化工行业的基础。石化行业中基本的构建单元包括芳烃（苯、甲苯、二甲苯）和烯烃（乙烯和丙烯），它们可以转化为产品，作用消费品使用。化工厂通过对天然气液体像丙烷和丁烷进行蒸气裂化而生产烯烃，通过对石油脑催化重整而产生芳烃。

在化学反应器中的化学反应可以使某几种混合物转变为其他混合物。化学反应器可以是填料床，当流体流过的时候，可能有固态非均相催化剂停留在反应器上。因为固态非均相催化剂有时可能因为焦炭之类的沉积物而中毒，催化剂的再生是必须的。在一些情况下也会使用流化床。对于混合（包括溶解）、分离、加热、冷却或这些过程的结合，需要一些单元或子单元。例如，化学反应经常用搅拌器来混合，加热或冷却其中的物质。一些工厂可能有带有生物特性的单元，这些可以进行生物化学反应，例如发酵和酶生产。

分离过程包括过滤、沉淀（沉积物）、提取或洗涤，蒸馏、再结晶或沉淀（伴随着过滤或沉淀）、反渗透、干燥和吸附。为了加热和冷却经常使用热交换机，包括加热或冷凝，经常与其他单元例如蒸馏塔结合。储存原料、中间产品或最终的产品以及废物也需要储存容器。

延 伸 阅 读

[1] Anderson RO. Fundamentals of the petroleum industry. Norman, OK: University of Oklahoma Press; 1984.

[2] Bommer Dr PM. Primer of oilwell drilling. 7th ed. Austin, TX: University of Texas; 2008.

[3] Baker R. A primer of offshore operations. 3rd ed. Austin, TX: Petroleum ExtensionService, University of Texas; 1998.

[4] Dyke KV. A primer of oilwell service, workover and completion. Austin, TX: Petroleum Extension Service, University of Texas; 1997.

[5] Petroleum Extension Service. A dictionary for the oil and gas industry. 2nd ed. Austin, TX: Petroleum Extension Service, University of Texas; 2011.

[6] Petroleum Extension Service. Fundamentals of petroleum. 5th ed. Austin, TX: Petroleum Extension Service, University of Texas; 2011.

[7] Shell International Petroleum Company, Ltd.. The petroleum handbook. Amsterdam, The Netherlands: Elsevier Science Publishing Co., Inc.; 1983.

第三篇 保护原则的哲学

保护一套设施主要考虑四方面因素，分别是法律、经济、管理责任、伦理道德。法律方面关注符合应用到设施的规章和制度。经济方面关注即使事故发生，设施仍能保持可行和有利可图。管理责任涉及高级管理人员对组织的安全职责及他们要对此承担的责任。最后，还有社会和道德问题，如果事故发生，将影响个人诚信和单位的声誉。每个领域都有各自的特点，相互关联在一起，基于管理方向，形成一个多水平层级结构保护理论，从而用于辨识某个设施。

公司层面的风险管理技术应该在任何对设施保护需求理念之前确定。公司有能力以非常低的费用获得高水平保险，即使设施可能存在风险，他们也会选择有限的经费，因为这并不划算。现实中，这可能永远不会发生，但有助于展示公司在保护水平和可接受风险标准方面的影响。

应用到任何建筑物或装置上，石油设施的保护遵从相同的哲理。这些基本要求是应急疏散、遏制、隔离和压制。由于这些设计特征在事故发生时不能立即引入，因此作为设施原始设计的一部分，他们必须充分考虑。充分考虑是指能够提供针对火灾、风险、损失的专业建议。

3.1 法律义务

两个联邦管理机构（OSHA 和 EPA）对过程安全管理有主要的法律要求。具体要求如下。

3.1.1 职业安全和健康管理总局（OSHA）

OSHA 过程安全管理（PSM）规定，29 CFR 1910.119，要求一系列全面的计划、政策、程序、措施，以及操作控制用来确保大事故发生时安全屏障能够及时、有效的启动和使用。它的重点在于阻止重大的事故而不是工人的健康和安全问题。PSM 关注于在化学相关系统的安全行为上，例如化学加工厂，其中有大型管道系统、储存、混合和分配装置。

3.1.2 环境保护局（EPA）

在清洁空气法第 112 部分中，化学事故预防条款（40CFR 68 部分）要求对生产、处理、加工、分配或储存特定化学品的设施来制定一套危机处理方案，准备一个风险管理计划（RMP），并将 RMP 提交到环境保护局（EPA）。1999 年，包含的设施最初要求遵守这一标准。

此外，1986年的应急计划和社区知情权法案（EPCRA），定义了化工行业报道要求，意味着必须对储存、使用和特定危险化学品的释放进行报道。这些有助于涉及危险物质的社区应急预案的制定。EPCRA 有四个主要的规定，一个涉及应急预案，其余三个提出化学报道的大纲。

3.2 保险推荐

所有的保险公司都安排财产风险工程师或巡视员来评估高价值财产或操作设施的保险风险。所以，实际上，在行业中可能维持保护的基本标准水平。所有主要的石油公司都有高标准的自身保险和高的免赔额。他们的保险范围一般也是通过不同机构获得，带有适当的选择、修改和排除。所以没有一家保险公司会因为一个单一的重大事故而陷入财务危机。

保险公司和石油公司认为平均水平的损失预防措施是谨慎的，所以总体上所有的设施需要满足公司保护标准。事实上，保险费一般取决于设施的风险水平，这可以由保险工程师调查得出。个别案例表明，在使用少量的固定消防系统代替手动消防设备的地方，其总体的损失预防水平或风险水平是保持不变的。当保险公司感觉到保护水平不够，风险较高的时候，他们也会推荐一些阻止损失的改进措施。当他们感觉到风险太高了，可能拒绝承担这种保险或者对于保险要求收取大额费用。

3.3 公司和行业标准

行业内和公司对于化工过程的保护都有安全标准。以行业标准作为指导，用于公司建立他们自己特定的标准。主要的行业标准包括 API 推荐措施、NFPA 火灾标准和 CCPS 导则（见图 3-1）。

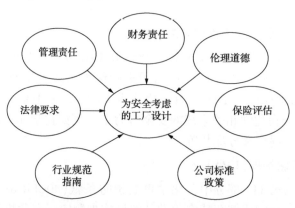

图 3-1　工厂安全设计的主要因素

一般而言，对于石油、化工和相关设施的火灾和爆炸保护工程原理可以通过以下的目标来确定(按照推荐顺序列出)：

1）阻止个体直接暴露在火灾和爆炸环境：

设备应该设计为雇员或公共场所中的人员即使暴露到操作环境中也不会受到直接伤害(例如，火炬燃烧释放出的热辐射不应对特定区域外的人造成影响)。

2）提供本质安全设施：

设备本质安全特征是提供与其他高风险区域足够的空间、从高风险到低风险的布置和隔离。应该选择和安装最安全的工艺系统来获得预设的产品或产品目标。提供保护系统使灾难事故发生时的损失最小化。

3）符合政府法律和规定的说明性和客观需求：

无论是规范要求还是根本目的，都必须遵从所有国际、国家和当地的法律和标准。一个稳定的社会要求法律要提供一个最小的保障措施。行业必须遵从这些法律规定来执行有凝聚力的操作，而不用担心法律规定。

4）达到一个雇员、公众、行业联盟、当地和国家政府、公司及其投资者共同认同的火灾和爆炸风险水平：

尽管设备可能在设计时遵从所有的法律和规定，如果感觉到设备是不安全的，就必须要改变或评估来提供由公认的专家、行业和公众认可的安全设施。

5）保护公司短期和长期的经济效益：

公司主要的目标是提供经济效益给投资者。因此，投资者的经济效益必须在长期和短期范围内得到保护，而不用担心潜在的财产损失。

6）与机构的政策、标准和指导方针协调一致：

一个机构的政策、标准和指导方针的发布是为了提供具体的业务指导，以一种有效的、划算的方式，而不用担心意外的财产损失。

7）考虑商业伙伴的利益：

当有合伙人存在的时候，合作伙伴的经济利益必须考虑，他们的管理需要对运营中所涉及的风险的批准。

8）获得成本有效和实用的方法：

设备的安全保护不需要涉及昂贵和复杂的保护系统。需要和要求的只是一个简单的、实际的和经济的解决措施来取得与风险水平相称的安全以及可以被所有的利益方认可。

9）空间(如果是平台的话，包括质量)最小化影响：

通常情况下，任何投资方案的最昂贵的初始投资是放置设备的空间投资。对于海上和岸上的设备，设备占用空间的大小一般与花费直接相关，但这个问题应该和足够的防护隔离以及防护原则的安排相平衡。

10）与业务需求和目标相一致：

为了提供有效的过程安全特征，这些特征也应该是有效的操作特征。提供与安全相反的保护措施可能导致相反的后果发生，为了操作的方便，操作可能避开或绕过保护措施。

11）保护公司的名声和声誉：

如果公司卷入有多人死亡或者严重环境污染的大事故，公众对公司的认知将会降低。尽管在大多数情况下，事故导致的经济损失可以恢复，但事故的耻辱将会存续，并且影响公司产品的销售（特别是当公共调查或特别大的法律诉讼发生的时候）。

12）消除或避免由于雇员人为原因或恐怖袭击引发的故意事故、公众损失或恐怖事件：

态度消极的员工可能把损坏公司设备作为报复手段（尽管不正当、不合法、不道德）。为了避免牵涉到个人惩罚，这些后果可能被遮掩为偶然事故。其他的事故可能完全是恐怖分子活动。偶然事故可能发展为灾难性的事故，破坏者也是直到事故发生时才意识到。当管理人员和工人之间关系不是特别良好，工人轻易可以进行破坏的时候，设备的设计应该考虑到这种因素。当恐怖分子的威胁确认之后，必须采取持续合适的保护措施，也就是增加安全措施、障碍、监视系统等。

3.4 最坏事故情景

常规的损失阻止措施是要针对发生在设施内的最坏火灾事件（在可能的范围内）设计保护系统。字面上解释就是，在某些情况下石油或天然气设备完全暴露在火场中或被爆炸事故完全摧毁。实用、经济和历史案例的考虑表明这个原理应该被重新定位为最坏可信事件（Worst Case Credible Event，WCCE）或者在保险行业引用的可能最大损失（Probable Maximum Loss，PML）将会发生在设施中的事故。

作为设备中的最坏可信事件，应该进行更多的讨论。显然，可以假设大量的不可信事件（工业破坏、疯狂员工、飞机失事的影响等）。只有最真实的和可能的事件才应该被考虑。在大多数情况下，相似设备的历史案例可以用作最坏事件的参考。另外，最可能的高分子烃类释放效应是可以假设的。最坏的事故应该就损失阻止、设施的操作和高级执行管理达成一致。最坏可信事件一般情况下可以定义设备中最危险的位置。从这些危险中，可以设置合适的保护措施来阻止和转移这些影响。

当考虑最坏可信事故时，几个额外的因素是至关重要的。

天气：风、雪、沙尘暴，特别是高或者低的环境温度等。环境条件可以阻止任意活动的进行，如果恶化，还会中断使用服务。

白天时间：全体人员的可用性、可见性等对事故中全体人员的行动起着重要作用。海上或偏远位置的下班时间、交接班时间或晚上允许大量的人员在某些场合活动，这就更容易导致较高的死亡风险。可视性差也会影响运输操作。

3.5 独立保护层(ILP)

大多数设备在周围设计有保护层，通常指为独立保护层(ILP)。一个保护层或保护层的结合是否能被称为 ILP 取决于是否满足如下条件之一：

1）保护能够降低严重的事故风险达 100 次。
2）保护功能具有高度的可用性，例如高于 0.99。
3）它具有以下特性——特异性、独立性、可靠性和可量化。

表 3-1 列出了在化工行业中被广泛使用的一系列等级的独立保护层。

大多数石油和化工设备依赖于过程内在的安全和控制措施，设备内在设计安排，过程安全紧急关停(ESD)特征作为主要的损失阻止措施。这些措施在事故发生时将会被立即启动。在初始事件发生之后和认识到对操作的不利影响效应已经出现后，被动和主动式的爆炸火灾保护措施可以使用。这些措施会一直使用，直至它们发生失效或者事故已经得到控制。

表 3-1 独立保护水平

等级	ILP 特征	主要应用的典型阶段	可能发生的一般破坏的水平
1	基本的过程设计(例如目录、商品、炼制过程等)	持续的 在操作和紧急情况下	无
2	基本控制、过程警报、经营者监督(BPCS)	持续的 在操作和紧急情况下	无
3	临界警报、操作者监督、过程控制的日常界入	持续的 在操作和紧急情况下	无~小
4	紧急关停(ESD)、界入-隔离、关断电源、减压、放气、自动防故障特征等	在事故发生后的 0~15min	小~大
5	物理过程保护措施(例如安全阀、过程完整性特征)	事故发生后的 0~2h	大
6	被动保护设施特征(例如容器、堤坝、间隔、防火装置等)	事故发生后的 0~4h	大~严重
7	设施紧急反应措施(例如固定火焰压制系统、医疗支持等)	事故发生后的 0~6h	严重~灾难性
8	社区紧急反应措施(例如撤离、互助等)	事故发生后的 0~24h	灾难性

3.6 设计原则

为了达到安全目标和通过独立保护层的保护理念，一个项目或组织应该定义特别的导则或标准来实施这个设计。有无数可用的行业标准（例如API、CCPS、NFPA），一旦一个优先设计被确定，它们提供一般或者特别的标准选择。因此为了与设施保护的管理方向相一致，有必要选择与公司相关的方向（见图3-2）。

在化工行业中一般应用的通用安全特征包括如下：

撤离：对于事故当中的全部人员进行立即安全撤离可以作为一项主要的安全措施。疏散通道和避难所或装置的位置应该提前确定。所有现场人员应该进行培训，并在需要的时候，对于这样的可能性应该认证（例如海上疏散机制）。

图3-2 设计考虑

过程安全优先：过程系统紧急安全特征，也就是ESD减压、排气等，可以作为火灾保护措施中主要的阻止损失措施（例如防火、消防水系统、人工灭火）。

服从监管和公司：设备应该满足当地、国家或国际和公司关于安全健康以及环境保护的政策的要求。

行业标准的应用：在设计和任何提出的改造中，应该使用认可的国际导则和标准（例如API、ASME、ASTM、CCPS、NACE、NFPA）。应该意识到，仅仅与导则或标准相一致来提供安全的设计是不够的。

本质安全措施：本质安全措施为执行一个操作提供最安全的选择，提供足够的安全利润。一般的方法包括使用惰性或高闪点的材料代替高挥发性低闪点的材料，使用低压代替高压、小流量代替大流量等。

一般而言，这些设计特征是：

1) 本质上是安全的；
2) 包括足够的设计余量或安全措施；
3) 具有足够的可靠性；
4) 具有失效保护措施；
5) 包括故障侦查和警报；
6) 提供保护仪器。

特定的本质安全设计特点：

ESD：从确定的工艺系统仪表设置点自动启动ESD（关停和隔离）。

库存处理：在紧急情况下，自动卸放大量的烃类(气相及液相)到远端的处理系统。

隔离：对于高风险的间隔距离最大化。使用的设施，也就是控制室、办公室、宿舍、临时项目现场办公室等，应该安全放置在距离高风险源足够远的位置，应该对潜在的爆炸影响进行评估。大量的储存与其他的风险有较远的距离。计算安全距离时要考虑安全系数，这可以通过火灾或爆炸事故的数学模型确定。间距应用到被动保护的屏障中。

库存最小化：可能导致事故发生的可燃气体和液体的数量应该在能够正常操作的基础上和紧急情况下最小化，紧急情况包括有限的容器体积、隔离规定、排气和降压等。对于操作和紧急时期的最大许可水平可以被认定为过程设计和风险分析的一部分。

自动控制：对于高风险过程的自动控制(DCS-BPCS、PLC等)应该通过人工监督来使用和支持。

控制完整性：在需要的地方，包含失效防护设施的高完整度ESD系统应该可以使用。在事故当中，隔离燃料供应(也就是失效关闭)和降低大量气体供应压力(也就是失效打开)的操作设备的失效模型也可以选择。

交错报警：对于临界报警和控制应该使用两个分散的报警标志(例如高/高-高报警，低/低-低报警)。

避免释放至大气：可燃气体或液体释放暴露在操作环境中是不允许的。泄压阀出口应该与火炬或者排污头相连接，泵的密封泄漏应该立即改正，管道组成件的振动压力要避免。

单点失效：对于对维持生产过程至关重要的生产过程和主要的支持系统，要消除过程流动中的单点失效位置(例如点源、热转移、冷却水等)。

优良的防腐蚀系统：应该建立高质量的腐蚀防护措施或余量。在所有的含有烃类的系统中，要使用腐蚀控制系统。

自由的气体循环：为了空气流通和循环，避免释放气体的累积，设施应该设计为最大限度地利用开放空间，尤其是在海上的装置。应该避免封闭的空间。

点火源的控制：暴露的点火源(例如车辆，抽烟等)应该距离烃类系统尽量远的距离(最大化电气领域的分类需求)。

关键的气体供应：控制房间流通的空气供应，原动机、紧急发动机等应该放置在可燃蒸气最不可能聚集的地方和最不可能扩散的路线。

人员疏散：应该提出两个现场疏散路径并且能够使用。

重要系统保留：安全系统(例如ESD、降压、火灾侦查、火灾压制、疏散方法)的完整性应该最大化并且能够从火灾或爆炸事故中保存。

排水：表面排水以及喷洒或累积的液体的安全移除也要足够保障，这个可以阻止过程系统或重要的设施支持系统暴露在危险当中。通过地表径流、排水沟、池子、下水道、堤坝、边石或者远程蓄水，液体应该立即从该地被移除。

低风险商品的使用：如果可能的话，使用高闪点、不燃的或者惰性的气体或液体。

低压：相比高压系统最好选择重力或低压系统(例如原动力的燃料、日常油箱供应等)。

泄漏点的最小化：常规的容易泄漏点应该最小化(例如玻璃液位计、软管输送系统等)。

管道保护：存有危险燃料的管道应该减少，在实际中，在暴露的情况下，应提供必需的保护。

全体人员的初期行动：操作人员被期望于能够制止非常小的初期火灾。所有其他的紧急事故可以通过紧急关停(ESD)、排污、隔离、火灾保护系统(主动或被动的)或者事故中燃料源的耗尽来处理。

雇员骚乱：雇员引起的损失可能性是最小的。所有的活动都是如此，这些都是直接行动，不能纯粹归因于机械事故，例如，保护或移除易碎的玻璃液位计，下水道达到上限，现场 ESD 按钮配备有保护罩，强制执行工作许可程序，上锁/挂牌措施使用等。

天气/地质影响：如果天气或地质事故预测表明该地有严重的灾害将会来临，那么设备要确保能够被安全撤离。

控制技术升级：随着最可用的控制技术(Best Available Control Technology，BACT)的使用，例如 DCS/PLC，设计控制和升级，过程管理系统与设备呈现出来的风险相匹配。

过程风险评估：设备和随之的改变服从于过程风险分析(如 Checklist、What-If、PHA、HAZOP、事件树、FMEA、LOPA 等)，而该分析与设施面临的风险水平相对应。这些分析的结果由管理人员来理解和认可。高风险事件被定义为可能的、定量的风险评估，如果有生产力的话，减缓措施的效应也应该承担和采用。

上述是大量的固有设计特征的一部分，它们可以合并到取决于自身特性的过程系统的设计中。过程设计不仅要达到经济效益，而且其内在安全同时也要最优化。

3.7 问责制和审核

每个机构都应该有一个被管理人员理解和接受的全面保护设计理念。安全设计理念应该在机构使用的工程设计标准和指导方针中体现。标准和指导形成了基础，设施的安全可以以此进行审计。没有提供这种信息的机构没有任何要实现或达到的责任标准，因此设施的安全将会受到相应的损害。除此之外，如果设计

(保护)的理念已被记录在案(见图3-3),则可以更充分地理解设计标准和指南的目标。

图3-3 管理责任

关于标准和规范限制创新或者过于昂贵的争论一直不断。在完全合理的情况下,可以允许弃权和免责。这种理由必须体现在满足要求或安全目标或目的等方面的同等或优越性。以这种方式,还可以改进标准或准则,以考虑到技术方面的这种可接受的变化或改进。尽管不容易计算,每一次一个设备设计的时候,一系列固定的要求也阻止了"重新发明轮子"。这也有希望阻止过去发生错误的重新发生,从而为组织建立长期的积淀。除此之外,对行业标准的参考,例如API、NFPA等,不会指定应用到某个设备上实际的保护措施。在大多数情况下,他们仅仅定义了设计参数。一个项目或设备需要"当地司法"来确定保护要求,而这经常是公司自身。行业规范和指导方针仅仅能提供详细的设计指导,它们可以在一个特定的保护理念中被使用。

延 伸 阅 读

[1] American Petroleum Institute(API). RP 75L, Recommended practices for development of a safety and environmental management program for outer continental shelf (OCS) operations and facilities. Washington, DC: API; 2007.

[2] American Petroleum Institute(API). RP 76, Contractor safety management for oil andgas drilling and production operations. 2nd ed. Washington, DC: API; 2007.

[3] Center for Chemical Process Safety(CCPS). Guidelines for engineering design for process safety. 2nd ed. New York, NY: Wiley-AIChE; 2012.

[4] Environmental Protection Agency(EPA). US regulation 40 CFR Part 68, Risk management chemical release prevention provisions. Washington, DC: EPA; 2011.

[5] FM Global. Property loss prevention data sheet 7-43, Loss prevention in chemical plants. Norwood, MA: FM Global; 2013.

[6] Health and Safety Executive(HSE). A guide to the control of industrial major accident hazards regulations. London, UK: COMAH, HMSO; 1999.
[7] Health and Safety Executive(HSE). A guide to offshore installation(safety case) regulations 2005. London, UK: HMSO; 2005.
[8] Kletz TA, Amyotte P. Process plants: a handbook for inherently safer design. 2nd ed. Boca Raton, FL: CRC Press; 2010.
[9] Mannan S, editors. Lees' loss prevention in the process industries, Hazard identification, assessment and control. 4th ed. Oxford, UK: Elsevier Butterworth-Heinemann; 2012.
[10] Occupational Safety and Health Administration(OSHA). US regulation 29 CFR 1919.119, process safety management of highly hazardous chemicals. Washington, DC: Department of Labor, OSHA; 2000.

第四篇 碳氢化合物和石化产品的物理性质

石油或原油是一种天然的油性沥青液体，由不同的有机化学物质组成。它们大量被发现在地下，在化学和相关行业中被作为燃料和原材料使用。现在的工业社会主要因为它具有一定程度的流动性而被作为内燃机和喷气发动机的燃料。除此之外，石油及其派生物在医药、肥料、食品、塑料、建筑材料、涂料以及衣服和电力行业中都被使用。因为石油储藏正在变得越来越难以定位和进行生产，现存的储藏都在被开采日趋耗尽，天然气储藏变得越来越重要。相对清洁的天然气也更容易被环境接受。

石油在地球表面之下通过有机物的分解而形成。生活在海中的微小有机物，或者退一步说，那些陆地生物通过河流被携带到海中，伴随着生长在海底的植物，以及在平静的海底盆地的细沙和淤泥。这些沉积物富含的有机物是碳和氢，也就是天然气和原油，形成的原油层。

这一过程在几百万年前随着生物的丰富发展就开始了，并一直持续到现在。这些沉积物在自身重力的作用沉入海底并且逐渐变厚。随着更多的沉积物聚集和在顶部堆积，下面的压力增加了几千倍，温度上升了几千度。泥和沙逐渐变硬形成了页岩和砂岩。碳酸盐沉淀和骨骼贝壳硬化形成了石灰岩。死的生物残留物然后转变为原油和天然气。通常情况下，地下和构造的压力足够将烃类液体和气体释放到地表。

4.1 碳氢化合物的总体概述

自然形成的原油的范围和复杂性相当大，从一个储藏到另一个储藏的组成成分的改变展示了相当大的范围。原油通过 API 标准中展示的特定黏度范围进行分级。度数越高越轻（因此更有价值），度数越低越重（更没有价值）。$C_1 \sim C_{80}$ 甚至更多的特定分子从形状到体积都不同。最简单的，一碳化合物有四个氢原子结合到碳原子上来产生复合物 CH_4 或沼气。来自自然井中的液态碳氢化合物可能有从微量到大量的氮、氧和硫、微量的金属，例如汞。

原油通过蒸馏、分馏和再生成产生不同的燃料进行广泛应用，并且作为其他行业的原料。原油三大存在类型：石蜡基、沥青基、混合基。石蜡基组成分子的氢原子的数量大于碳原子数量的两倍。沥青基的特性是环烷烃，由氢原子数量是碳原子数量两倍的分子组成。混合基组成是烷烃和环烷烃。

饱和链烃类形成系列，称为石蜡系列或烷烃系列。这一系列每个组分的组成组分都与公式 C_nH_{2n+2} 相对应，其中，n 是分子中碳原子的数量。这一系列的所有组分都是惰性的。在常温下，它们不容易与试剂例如酸、碱或氧化剂反应。

开始的四碳原子分子，$C_1 \sim C_4$，随着氢的增加，形成烃类气体：甲烷、乙烷、丙烷和丁烷。大分子 $C_5 \sim C_7$ 覆盖了轻质汽油的范围，$C_8 \sim C_{11}$ 是石脑油，$C_{12} \sim C_{19}$ 是煤油和柴油，$C_{20} \sim C_{27}$ 是润滑油，在 C_{28} 之上是重油、蜡油、沥青，以及在常温下和石油一样硬的材料。伴随着气体混合物可能有不同数量的氮气、二氧化碳、硫化氢产生，偶尔还有氦气。

4.1.1 烯烃

不饱和开链烃类包括烯烃系列、二烯烃系列和炔烃系列。烯烃由开链烃组成，其中，两个碳原子之间存在一个双键。这个系列的通用公式是 C_nH_{2n}，其中，n 是碳原子的数量。就像在烷烃系列中，低分子的是气体，中间的混合物是液体，这个系列的高分子是固体。烯烃系列的混合物要比饱和混合物具有更强的化学活性。通过添加原子在双键中，它们可以轻易地与比如卤素之类的物质反应。

它们在自然产品中不存在，但是在复杂自然物质的干馏中产生，例如煤，在石油炼制过程中大量生成，特别是在裂解过程中。这个系列中最重要的成分是乙烯（C_2H_4）。二烯烃在分子中的一对碳原子中包含两个双键。它们与天然橡胶中的复杂烃类相关，对于制造合成橡胶和塑料作用巨大。这个系列最重要的成分是丁二烯（C_4H_6）和异戊二烯（C_5H_8）。

4.1.2 炔系列

炔系列的组分中的每两个碳原子之间都包含一个三键。它们化学性质很活跃，没有在自然界中被发现。它们形成了类似于烯烃的系列。这个系列中第一个和最重要的系列是乙炔（C_2H_2）。

4.1.3 环烃类

饱和烃，环烃中最简单的是环丙烷（C_3H_6），其分子由三个碳原子组成，每个碳原子配备有两个氢原子。环丙烷在某种程度上比相应的开链的丙烷更容易反应。其他环烷烃组成了常规汽油的一部分。

一些不饱和的环烃类，通式为 $C_{10}H_{16}$，存在于从植物材料中蒸馏得出的特定芳香自然油中。这些烃类被称为松烯，包括松萜（在油脂中）和柠檬烯（在柠檬和橙油中）。

不饱和环烃中最重要的一组是芳香类化合物，它们存在于煤焦油中。所有的芳烃有时表现不饱和，也就是其他物质的增加导致的主要的反应是氢原子被其他类型的原子或原子组取代。芳烃包括苯、甲苯、蒽和萘。芳香烃主要在石化行业中被使用。

4.2 烃类的特点

烃类材料有几个不同的特性，这些可以用来确定它们的危险水平。因为没有一种特征可以用来确定一种特定物质的风险水平，它们应该用一个协同指标来评估。应该也要意识到，这些特征已在严格的实验条件下被测试，当适用于行业环境时，程序也可能改变。可燃烃类材料的主要特性是下面要描述的火灾和爆炸。

爆炸下限(LEL)和爆炸上限(UEL)：

这是在常规条件下，蒸气或气体与空气混合物的可燃范围。燃烧极限和爆炸范围是可以互换的。当极限的范围很大时，烃类可以被认为相当危险，例如，氢气的范围是4%~75%，然而汽油的范围是1.4%~7.6%，当相互比较的时候，氢气会有更高的点燃的可能性。燃烧极限是产品的固有特性，但是在测试的时候，取决于表面积与体积的比例、空气流的速度和方向。

在常规条件下，一些常规的石油产品和它们的燃烧极限在表4-1中列出。

表4-1 常规材料燃烧极限和范围

材料	燃烧极限/%	范围/%
氢气	4.0~75.6	71.6
乙烷	3.0~12.5	9.5
甲烷	5.0~15.0	10.0
丙烷	2.37~9.5	7.1
丁烷	1.8~8.4	6.6
戊烷	1.4~8.0	6.6
己烷	1.7~7.4	5.7
庚烷	1.1~6.7	5.6

4.3 闪点(FP)

易燃液体释放出足够的蒸气，与靠近液体表面的空气或容器中的空气结合来形成可燃混合物，其可被点燃的最低温度称为闪点。闪点的确定一般采用开口杯法或闭杯法(ASTM D56，通过标签闭杯测试仪测量闪点的标准测试方法，ASTM D 92，通过开口闪点测试器测量闪点和着火点的标准测试方法，ASTM D 93，通过Pensky-Martens闭杯测试仪测量闪点的标准测试方法，ASTM D 3278，通过小尺寸的闭杯装置来测量液体闪点的标准测试方法，ASTM D 3828，通过小尺寸的闭杯测试仪测量闪点的标准测试方法)，但是最近的研究表明更高或更低一点的闪点取决于点火源的表面。

在常规条件下，闪点最低的一些常规石油产品在表4-2中列出。

表4-2 常规材料闪点

材料	闪点	材料	闪点
氢气	气体	丁烷	-60℃(-76℉)
甲烷	气体(-188℃)	戊烷	<-40℃(<-40℉)
丙烷	气体	己烷	-22℃(-7℉)
乙烷	气体	庚烷	-4℃(25℉)

4.4 自燃温度(AIT)

自燃温度或点燃温度是指空气中的物质被加热到开始并且能够独立于加热源进行持续燃烧的最小温度。这是一个外在特性，也就是说这个值跟用来确定它的实验方法有关。影响自燃温度测量的最明显的因素是点火源的表面与体积的比值(也就是说热线和热杯子将会产生不同的结果)。因为这个原因，自燃温度总是被作为近似值，而不是材料的精确特性。

对于连续石蜡基烃类(也就是甲烷、乙烷、丙烷等)，随着碳原子数增加，通常认为其自燃温度随之降低(例如甲烷是540℃，辛烷是220℃)。

在通常条件下，一些常见石油材料的温度见表4-3。

表4-3 常规材料自燃温度

材料	自燃温度/℃	材料	自燃温度/℃
庚烷	204	丙烷	450
己烷	225	乙烷	472
戊烷	260	氢气	500
丁烷	287	甲烷	537

在《NFPA火灾保护手册》中，提出了一种基于蒸气相对分子质量而获得烃类着火点的近似值的数学方法。它指出，随着物质的相对分子质量增加，烷烃的自燃温度降低。如果平均碳链长度已知，那么最小点燃温度可以从理论上估算得出。

对于仅仅包含烷烃成分的烃类，通过使用物质的平均相对分子质量，可以得出点燃温度的近似值。在混合物中，通过把每种物质蒸气的相对分子质量和其浓度(也就是测量百分数)相乘，可以估算得出平均的混合物相对分子质量(平均碳链长度)。一旦这个已知，就可以与相同质量的已知物质进行对比，或者参考《NFPA火灾保护手册》的图表进而得出自燃温度。几种烷烃混合物的实验室测试和基于这种数学方法计算的自燃温度表明，这是一个可行的计算工具，提供了一个保守的估算。图 4-1 提供了这种计算方法的一个例子。因为有很多重要决定取决于自燃温度，所以最好是采用实验测试的方法来获得自燃温度。

通过常规检查可以得出，在大部分高自燃温度的烷烃气体与少部分低自燃温度的烷烃气体混合的地方，可以推断得出，混合物比低自燃温度的气体具有更高的自燃温度(例如 90%的丙烷，10%己烷)。

这个可以通过如下事实来证实，高相对分子质量的烃类分子通过燃烧转化的时候，相对于低相对分子质量的分子，它会花费更少的能量。这是因为较多的能量被用于高相对分子质量的烃类物质的释放。

这个准则只适用于直链烃类，如果涉及其他物质，那么这是不适用的(比如氢气)。

自燃温度对于工艺设计特别重要，因为它可用于阻止或消除可用点火源的温度，对于某些工厂设备，它也会特别指定，比如，电气设备、灯具等的操作温度。

NGL 凝析液柱底部液体百分浓度(来自一个案例分析)，见表 4-4。

表 4-4　NGL 凝析液柱底部液体百分浓度

名字	符号	相对分子质量	自燃温度/℃	占比/%
甲烷	C_1	16	540	2.3
乙烷	C_2	30	515	0.2
丙烷	C_3	44	450	30.0
丁烷	C_4	58	405	25.0
戊烷	C_5	72	260	15.5
己烷	C_6	86	225	23.0

$$MW_{ave} = (16 \times 0.023) + (30 \times 0.002) + (44 \times 0.30) + (58 \times 0.25) + (72 \times 0.155) + (86 \times 0.23)$$
$$= 58.2$$

NGL 凝析液柱底部的平均相对分子质量与正丁烷等同，因此，它的自燃温度大约为 405℃。

作为一个实际应用，灯固定架有两种类型可以选用。一种的操作温度是 200℃，每个 1000 美元，另一种的操作温度是 375℃，每个 500 美元。假定每个单元需要 200 个灯架，第一种共需 200000 美元，第二种共需 100000 美元。

因此，在这个例子中(来实现区域电器分类要求)，如果商品成分的最低自燃温度选用 225℃，灯架方面的花费将会是 200000 美元，但是如果商品混合物在这个过程中不变，对于组成选用较高的自燃温度(也就是 405℃)，就像计算中展示的那样(可能与实验室样本实验相结合)，通过使用高温度的灯架(也就是 375℃)，将会节省 100000 美元。

4.5 蒸气密度比

蒸气密度比是纯蒸气或气体与空气相比得到的相对密度，主要目的是用于火灾保护。从数值上来说，它是在任意给定温度和压力下的每单位体积蒸气的质量。蒸气密度比大于1.0的蒸气比空气重，它们将会在地面运动并且累积，直到通过某种方法把它们消散，一般情况下它们被认为很危险。蒸气密度小于1.0的蒸气将会升入大气中，密度越轻，它们上升得越快，因为它们可能更快的消散或分散，它们被认为相对不太危险，但是仍然可能飘散更远的距离并遇到点火源。在相同温度和大气压力下的蒸气密度比已经得出。不同或改变条件将会适当的改变蒸气的密度。

在正常条件下，一些常规的石油产品最大蒸气密度比见表4-5。

表4-5 蒸气密度比

材料	蒸气密度比	材料	蒸气密度比
氢气	0.069	丁烷	2.01
甲烷	0.554	戊烷	2.48
乙烷	1.035	己烷	2.97
丙烷	1.56	庚烷	3.45

海平面上空气的密度是$1.2kg/m^3$。

4.6 蒸气压

物质本身就有蒸发的特性。液体通常通过瑞德蒸气压进行分类（ASTM D 323，石油产品蒸气压的标准测试方法），在特定的37.8℃石油温度的基础上进行计算。

4.7 相对密度

相对密度是同体积的一种物质和另一种物质的质量比例；出于防火目的，用于比较的另一种物质通常是水。对于石油产品，通常采用15.6℃（60°F）来比较其的相对密度。相对密度小于1的液体将会浮在水上，因此用消防泡沫压制蒸气或在灭火作业中相对密度是至关重要的。

4.8 易燃性

一般意义上的易燃是指能够被火轻易点燃，它是容易燃烧的同义词。易燃在美国被作为一个过时的词语，因为它的否定前缀经常容易使人错误地认为材料是不容易燃烧的。根据NFPA 30，液体基于它们的闪点通常被分为易燃的或者是可燃的，易燃液体(等级Ⅰ的液体)是闭口杯闪点温度低于37.8℃的任意液体，根据ASTM D323中规定的试验程序和确定方法，对于石油产品蒸气压力的标准测试方法(瑞德方法)采用在37.8℃瑞德蒸气压不超过276kPa的绝对压力的条件下进行测试。易燃液体进一步可以分为如下三大类：

IA 类液体：闪点低于22.8℃，沸点低于37.8℃的液体。
IB 类液体：闪点低于22.8℃，沸点大于等于37.8℃的液体。
IC 类液体：闪点大于等于22.8℃，但是小于37.8℃的液体。

4.9 可燃性

通常意义上，任何可以点燃的材料都是可燃的。这就暗指比易燃性低一个级别，尽管在易燃材料和可燃材料之间没有精确的区别。NFPA 30基于闪点和蒸气压，定义了易燃和可燃液体的不同。在这种规定中，Ⅱ等级和Ⅲ等级被定义为：

Ⅱ等级液体：闪点大于等于37.8℃，小于60℃的液体。
Ⅲ等级液体：闪点大于等于60℃的液体。

除此之外，Ⅲ等级的可燃液体可以进一步细分如下：

ⅢA 等级液体：闪点大于等于60℃，但小于93℃的液体。
ⅢB 等级液体：闪点大于等于93℃的液体。

4.10 燃烧热

燃料的燃烧热定义为单位质量的燃料完全氧化产生稳定燃烧产物时的热释放量。

4.10.1 一些常见烃类的描述

4.10.1.1 天然气

自然状态下存在的烃类气体或蒸气的混合物，其中比较重要的是甲烷、乙烷、丙烷、丁烷、戊烷和己烷。天然气比空气轻，无毒，不含有有毒成分。当空气中没有足够的氧气时，呼吸天然气是有害的。

4.10.1.2 原油

原油主要由碳氢化合物和含有硫、氮、氧以及微量金属的化合物组成。原油的物理和化学特性差别很大，取决于存在的不同化合物的成分。它的密度范围也很广，但大部分原油是在0.8~0.98g/mL，或者API度在15~45。它的黏度仍然具有很大的范围，但大多数原油黏度是在2.3~23cSt的范围内。

所有的原油都是烃类基质CH_2的变体，最终的组成一般为84%~86%的碳、10%~14%的氢、小比例的硫(0.06%)、氮(2%)和氧(0.1%~2%)。硫含量通常低于1.0%，但也可能高达5%。从外形上看，原油可能是水白色，透明的黄色、绿色、褐色或黑色，像焦油或沥青一样厚重以及黏稠。

因为原油质量的不同，任何原油的闪点必须进行测试；然而因为大多数原油包含了大量的轻质蒸气，它们通常被当作低闪点类别，也就是易燃液体。在空气中燃烧时，经常会有浓烟产生。

4.10.1.3 甲烷

甲烷也被称作沼气，是由碳和氢组成，化学式为 CH_4。这是烃类系列中石蜡基或烷烃中最简单的成分。它比空气轻，无色，无味，易燃。它出现在天然气或石油炼制的副产品当中。在大气中燃烧时不会产生浓烟。在空气中甲烷燃烧的火焰是苍白的微弱发光的火焰。当有足够的空气时，其燃烧产生二氧化碳和水蒸气，在空气不足时，其燃烧产生一氧化碳和水。当空气超过适度范围时，它可形成爆炸性混合物。它主要作为燃料或在石化产品中作为原料。

甲烷的熔点是 -182.5℃，沸点是 -161.5℃。它的燃烧热是 $995Btu/ft^3$。

4.10.1.4 液化天然气（LNG）

商业上液化天然气（LNG）是由至少99%的甲烷组成（CH_4），在大气压下，冷却到接近 -160℃。在该温度下，它只占了原始体积的1/600。LNG 比水密度的一半还小，是无色、无味和无毒的，不含硫。它可以作为高质量的燃料，视情况需要而气化使用。在大气中燃烧时，一般没有浓烟产生。

4.10.1.5 乙烷

化学式为 CH_3CH_3 的气态链烷烃。它是无色和无味的，经常在天然气中以小比例成分出现。它比空气稍重，不溶于水。当在大气中点燃燃烧时，它产生苍白的微弱明亮的火焰，几乎或者没有烟产生。如果燃烧过程中有足够的空气，它会产生二氧化碳和水。如果空气供给不足，燃烧过程将会产生一氧化碳和水。当空气超过合适的限度时，它将会形成爆炸性的混合物。

乙烷的沸点是 -88℃（-126℉）。其燃烧热是 $1730Btu/ft^3$。

4.10.1.6 丙烷

丙烷是化学式为 C_3H_8 的烷烃族烃类气体，无色，无味。它存在于原油、天然气中，并且在石油炼制过程中，作为炼油厂裂解气的副产品存在。在室温下，丙烷不会强烈反应。在室温下，如果丙烷和氯气的混合物暴露在光下，它不会反应。在更高的温度下，丙烷在空气中燃烧，产生二氧化碳和水。丙烷作为燃料很有价值，在大气中燃烧常常产生浓烟。

每年美国丙烷产量的一半主要用于家庭和工业的燃料。当它作为燃料的时候，丙烷没有和丁烷、乙烷和丙烯的相关混合物分开。丁烷的沸点是 -0.5℃（31.1℉），然而，在某种程度上降低了液体混合物的蒸发速率。在低温下，丙烷形成了固体水合物，在天然气管线中时会造成阻塞，这会引起巨大的关注和不方便。丙烷经常用作罐装液化气、汽车燃料、冷却剂、低温溶剂，生产丙烯或乙烯。

丙烷的熔点是-189.9℃，沸点是-42.1℃。

4.10.1.7 丁烷

丁烷是两饱和烃或烷的旧称，烷烃系化学式为 C_4H_{10}。在两个混合物中，碳原子通过开链结合。在正丁烷中，链是连续的和无支链的，然而在异丁烷中，碳原子形成了一个侧支。结构上微小的区别导致了性质上明显的不同。因此，正丁烷的熔点是-138.3℃，沸点是-0.5℃（31.1℉），然而异丁烷的熔点是-145℃，沸点是-10.2℃。

4.10.1.8 液化石油气（Liquefied Petroleum Gas，LPG）

商业意义上的液化石油气（LPG）是液化的丙烷和丁烷混合物。它可以从天然气或石油中获得。LPG 是液体，方便运输，在作为加热燃料、发动机燃料或在石化或化学行业中的原料时可以蒸发使用。单位体积的 LPG 液体在空气中气体的体积从 2300 到 13500 不等。高浓度的 LPG 可导致麻醉和窒息。LPG 都是无色、无味、无腐蚀性和无毒的。在泄漏的时候，它趋向于在地表上扩散，伴随可见的凝析水汽形成的雾，但是可燃的蒸气混合物扩散会超出可见的区域。

4.10.1.9 汽油

汽油是馏程为 38~204℃（100~400℉）的轻质液体烃类的混合物。商业意义上的汽油是直馏的、裂解的、改造的和自然的汽油。这个可以通过石油的部分精馏，从天然气中冷凝或吸收，从石油或它的成分的热裂解或催化裂解，煤气的加氢，或者低相对分子质量烃类的聚合得出。

通过原油的直馏得出的汽油被认为是直馏汽油。在泡罩塔中它持续被蒸馏，这样可以把汽油跟石油的其他有较高沸点的成分分离，比如煤油、燃料油、润滑油和油脂。汽油蒸发和蒸馏的温度大约在 38~205℃。这个过程中汽油的产量从 1% 到 50% 不等，取决于供应原油的特性。因为不同裂解过程的优点，直馏汽油仅仅占了生产汽油的一小部分。

汽油的闪点低于-17.8℃，在大气中燃烧时经常产生浓烟。

在某些情况下，天然气包含一部分的天然汽油，通过冷凝吸附，天然汽油可以被回收。提取天然汽油的最常用的方法是让来自气井的天然气通过一系列包含轻质油的塔，塔中的油品会吸收天然气中的汽油，然后通过蒸馏得出所吸收的汽油组分。其他的回收过程包括通过活性氧化铝、活性炭、硅胶对汽油的吸收。

通过一个加氢精制的过程，也就是在像氧化钼之类的催化剂的存在下，在高压环境下精炼石油加氢，可以产生高等级的汽油。精炼过程不仅把低价值的石油转化为高价值的汽油，而且同时通过移除不良的成分比如硫黄可以从化学成分上纯化汽油。煤气、煤焦油和煤焦油馏分油都可以通过氢化来形成汽油。

4.10.1.10 冷凝物

由于温度或压力的原因，凝析油一般被认为是在工艺或生产气体流中截留的液体。它们一般是在 C_3、C_4、C_5 或更重的烃类液体范围内。众所皆知的是，天然汽油 C_5 及以上即戊烷及以上，在常温和常压下作为一种液体。在主要的分离过程中，它一般被浓缩（也就是，通过气体的扩张和冷却）成工业液流，在那它进一步被输送到其他的炼制过程来进一步分离出冷凝物和主要成分，也就是丙烷、丁烷和液体成分。

冷凝物的闪点一般被认为和己烷的闪点相同，因此没有采用精确的测量方法。己烷是冷凝物组成成分中闪点最低的。在大气中燃烧时经常产生黑烟。

4.10.1.11 瓦斯油和燃料油

瓦斯油和燃料油是沸点在煤油和润滑油之间的石油馏出物的通用术语。瓦斯油的名字最初来源于用作照明气，但现在作为一种催化裂解装置进料燃烧器的燃料。瓦斯油包括燃料油比如煤油、柴油、燃气轮机的燃料等。在大气中燃烧经常产生黑烟。

4.10.1.12 煤油

煤油，有时作为 1 号燃料油，是一种精炼的石油馏分。煤油一般的闪点范围是 37.8~54.4℃。因此，除非受热，否则煤油在其表面不会产生可燃混合物。在大气中燃烧时经常产生黑烟。它经常用作燃料，有时也作为一种溶剂。在一些应用中，在其中加入硫酸来降低芳香烃的含量，它燃烧的时候会产生烟雾缭绕的火焰。

4.10.1.13 柴油

柴油有时作为 2 号燃料油，是在煤油之后蒸馏得出的石油成分，是瓦斯油中的一员。根据服务对象的不同，产生了几种等级的柴油。柴油燃料的燃烧特性通过十六烷值来表示，这是点火延迟的一个测量值。一个简短的点火延迟，也就是对于一个平稳运行的引擎、喷射和点火之间的时间是可以设定的。一般认为柴油的闪点为 38~71℃。在大气中燃烧时，产生黑烟。

4.10.1.14 燃料油 4 号、5 号、6 号

这些都是使用在低速或中速发动机的燃料，或者作为炼制过程中的催化裂解的原料。

4.10.1.15 润滑油和油脂

在石油行业中，减压馏分或减压馏分的残余馏分是润滑油产生的主要来源。尽管它们仅仅占了石油燃料销售量的 1%，它们是一个很有价值的团体。除了润滑之外，它们还用作传热介质、液压油、腐蚀保护等，不仅在行业中，还广泛分布在社会其他方面。

油脂是浓厚、油性的润滑材料，一般具有光滑、海绵状、黄油的感觉。润滑油脂一般通过使用肥皂、黏土、硅胶或其他增稠剂到润滑油中来制作。油脂的形状从柔软的半液体状到坚硬的固体状不等，随着增稠剂含量的增加，其硬度不断

增加。按照使用的增稠剂的类型，例如锂、钙、有机物等以及它们的一致性，油脂可以进行分类。

4.10.1.16 沥青

沥青是一种沥青质物质，在天然储藏中存在，或者作为石油或煤焦油炼制过程的残留物存在。它具有黑色或棕黑色的颜色，并有沥青光泽。在自然界中它像水泥一样，在室温下，从固体到半固体取决于被移除的轻烃成分的含量，在连续性上不断变化。当加热到沸水的温度时，它可以倾倒出。沥青的质量受原油的特性以及炼制过程影响。它经常用在路面硬化、盛水的结构，例如水库和游泳池、屋面材料和地板砖。沥青不应该跟焦油搞混，焦油是从煤矿中得出的黑色液体物质。美国生产的石油沥青的75%用作铺路，15%用作盖屋顶，剩下的在多于200个其他应用中使用。

沥青有两个主要的危险：火灾、爆炸危险，皮肤接触、眼睛接触或吸入蒸气或气体相关的健康危险。与沥青相关的火灾、爆炸危险的大部分来源于混合到沥青中的溶剂蒸气，而不是沥青本身。危险由使用的溶剂的易燃或爆炸特性以及蒸发速度确定。沥青和溶剂混合物的闪点大于溶剂本身的闪点。沥青是可燃的，一般具有204~288℃的闪点。通过使用的沥青类型，根据闪点可以部分确定其火灾或爆炸危险。主要有三种类型的沥青，快干沥青(Rapid-curing asphalt，RC)是沥青与低闪点(高度易燃)的石油溶剂相混合得到的。这种低闪点的溶剂快速蒸发，使沥青混合物快速固定和硬化。一般情况下混合物中的常用的溶剂的例子包括：苯(闪点为-11℃)、二噁英(Dioxin)(闪点为27~32℃)、石油脑(闪点为42℃)、甲苯(闪点为4℃)、二甲苯(闪点为27~32℃)。中等凝析沥青(MC)是沥青与闪点超过170℉的溶剂相混合得到的。慢干沥青(SC)是沥青与轻闪油(闪点超过121℃)相混合得出的。

当处理沥青的时候，有三个问题必须考虑：

储存温度：沥青的储存温度应该远低于其点燃温度。这就为测量设备的差异提供了一个安全的边界。沥青应该储存在闪点之下至少30℃。

绝热环境中的自燃：如果沥青泄漏进入绝热区，那么它就有自燃的风险。加热导致浸渍有沥青的多孔或纤维材料的表面自燃，或通过浓缩沥青蒸发，可以在低于100℃的温度下发生。

自燃的问题—碳沉积，可以自燃，并且可以在沥青储罐的罐壁和顶部发展。在氧气存在的情况下，它们可能发展为自燃的风险。

沥青火须通过窒息来熄灭，这样持续的氧气供应才会被阻止。小火可以通过泡沫毯、干粉灭火剂或二氧化碳灭火器扑灭。大火优先采用泡沫或干粉灭火器进行扑灭，但是有火突然燃烧起来的风险。在沥青火灾中，泡沫和干粉不能提供一个持续的无氧的环境。在储罐或隔热管道中的火可以通过使用蒸气喷淋装置或干粉灭火器来扑灭。当得到氧气的时候，火灾就会重新燃起，除非温度低于100℃。

常见烃类的特性见表4-6。

表4-6 常见烃类的特性

物质	分子式	沸点/℃	蒸气密度比	相对密度	闪点/℃	可燃下限/%	可燃上限/%	自然温度/℃
烷烃类								
甲烷	CH_4	-162	0.6		气态	5.3	15.0	537
乙烷	C_2H_6	-89	1.0		气态	3.0	12.5	472
丙烷	C_3H_8	-42	1.6		气态	3.7	9.5	450
正丁烷	C_4H_{10}	-1	2.0	0.6	-60	1.9	8.4	287
异丁烷	C_4H_{10}	-12	2.0	0.6	气态	1.8	8.4	462
正戊烷	C_5H_{12}	36	2.5	0.9	-40	1.4	7.8	260
异戊烷	C_5H_{12}	36	2.5	0.6	-51	1.4	7.6	420
正己烷	C_6H_{14}	69	3.0	0.7	-22	1.2	7.4	225
异己烷	C_6H_{14}	57~61	3.0	0.7	-29	1.0	7.0	
正庚烷	C_7H_{16}	98	3.5	0.7	-4	1.2	6.7	204
异庚烷	C_7H_{16}	90	3.5	0.7	-18	1.0	6.0	
正辛烷	C_8H_{18}	126	3.9	0.7	13	0.8	3.2	206
正壬烷	C_9H_{20}	151	4.4	0.7	31	0.7	2.9	205
正葵烷	$C_{10}H_{22}$	174	4.9	0.7	46	0.6	5.4	201
正十一烷	$C_{11}H_{24}$	196	5.4	0.7	65	0.7	6.5	240
正十二烷	$C_{12}H_{26}$	216	5.9	0.8	74	0.6	12.3	203
煤油	$C_{14}H_{30}$	151	4.5	0.8	49	0.6	5.6	260
烯烃类								
乙烯	C_2H_4	-104	1.0		态	2.7	28.6	450
丙烯	C_3H_6	-47	1.5		气态	2.1	11.1	455
异丁烯	C_4H_8	-6	1.9		气态	1.6	9.9	385
异戊烯	C_5H_{10}	30	2.4	0.7	-18	1.5	8.7	275
己烯	C_6H_{12}	63	3.0	0.7	-9	1.2	6.9	253
环烷烃								
环丙烷	C_3H_6	-34	1.5		气态	2.4	10.4	498
环丁烷	C_4H_8	13	1.9		气态	1.1		210
环戊烷	C_5H_{10}	49	2.4	0.7	-7	1.1	9.4	361

续表

物质	分子式	沸点/℃	蒸气密度比	相对密度	闪点/℃	可燃下限/%	可燃上限/%	自然温度/℃
环己烷	C_6H_{12}	82	2.9	0.7	−20	1.3	7.8	245
环庚烷	C_7H_{14}	119	3.4	0.8	6	1.2		
芳香烃								
苯	C_6H_6	80	2.8	0.9	−11	1.2	7.1	498
甲苯	C_7H_8	111	3.1	0.9	4	1.3	6.8	480
间二甲苯	$C_6H_4(CH_3)_2$	139	3.7	0.9	27	1.1	7.0	528
邻二甲苯	$C_6H_4(CH_3)_2$	144	3.7	0.9	32	1.0	6.0	464
对二甲苯	$C_6H_4(CH_3)_2$	138	3.7	0.9	27	1.1	7.0	529
联苯	$(C_6H_5)_2$	254	5.3	1.0	113	0.6	5.8	540
萘	$C_{10}H_8$	218	4.4	1.1	79	0.9	5.9	526
蒽	$C_{13}H_{10}$	340	6.2	1.2	121	0.6		540
乙苯	C_8H_{10}	136	3.7		21	1.0		432
丁苯	$C_{10}H_{14}$	180	4.6	0.9	71	0.8	5.9	410

4.10.1.17 蜡

蜡经常指在环境温度下是固体的有机物质，在稍高温度下是自由流动的物质。蜡状物的化学组成是复杂的，但正烷烃经常占很高比例，相对分子质量范围很广。固体石蜡是高相对分子质量饱和烃类的混合物，在石油炼制过程中产生。

蜡的主要商业来源是原油，但不是所有的原油炼油厂都产蜡。天然石油蜡在包含有重质油的烃类储藏的生产过程中会出现。它是由含有 20~40 个碳原子的烃分子混合物组成。"矿物"蜡也可以从褐煤中产生。植物，动物，甚至昆虫都会产生蜡料，在商业上以"蜡"的形式出售。

蜡是一种典型的柔软的半固体材料，具有钝的光泽，有时具有圆滑的和油腻的特性。在加热时，它逐渐融化，在最终成为液体之前，会经历柔软的可塑状态。在室温下它是固体，在大约37℃之上时开始融化。它的沸点大于370℃。它会燃烧，但不容易点燃。因为它们的防火特性，氯化石蜡被大量使用。

4.10.2 石化行业中常用石化产品概述

4.10.2.1 芳香烃

基于一个或多个苯环的基本的化学烃类（C_6H_6）。更常见的芳烃包括苯、甲苯、二甲苯和石碳酸。在某种程度上有点芳香，然而有点令人恶心的气味。在物理机制决定的芳香性被发现以前，词语"芳香的"被特指芳香烃气体混合物中的许多有芳香气味的气体。因为高碳氢比，它们燃烧的时候会产生乌黑的黄色火焰。

4.10.2.2 烯烃/烯属烃

一种基本的化学烃类，例如乙烯，包含由双键连接的一对或多对碳原子。烯烃，可能被当作古代的同义词，在石化行业中被广泛使用。两种最重要的烯属烃/烯烃是乙烯和丙烯，它们在石化行业被得到广泛应用。高活性双键使烯烃分子容易转换为许多有用的最终产品。烯烃大多数应用在生产聚合物，如生产塑料（也就是聚乙烯或聚丙烯）。二氯化乙烯、环氧乙烷、氧化丙烷、氧化合成醇类、聚苯乙烯、丙烯晴是其他重要的烯烃基石化产品。

如今，大多数乙烯是通过对从乙烷到重质减压瓦斯油的原料烃类的热裂解得到的。世界上丙烯产量的60%是作为热裂解的副产品产生，与炼油厂或其他单位的需求相平衡。在美国和中东，原材料主要是天然气凝析油成分（主要是乙烷和丙烷），在欧洲和亚洲主要是石脑油。在高温下，在沸石催化剂的存在下，烷烃、烯烃被分开，产生主要是脂肪族烯烃和低相对分子质量烷烃的混合物。这种原材料是混合物，取决于温度，通过分馏而分开。

与此相关的是催化脱氢，其中烷烃在高温下丢失氢原子而生成一种相应的烯烃。这是烯烃催化氢化的逆过程。这个过程也被称为催化重整。这两个过程都是吸热的，在高温下由熵驱动趋向于生成烯烃。在镍、钴、铂存在的情况下，通过乙烯与有机金属复合物三乙基铝的反应，生成高 α-烯烃（$RCH=CH_2$）。

4.10.2.3 化合物问题

事实上，所有的材料在超过一定温度时都不稳定，都会热分解。热分解可能是发热的或吸热的。热分解一般是不可逆的，经常会发生爆炸。包括叠氮化物、重氮化合物、硝铵、含氧盐和金属类斯蒂芬酸在内的有机化合物一般被认为在融化之前会分解。

当与溶剂结合的时候，含能材料的分解特性与单纯的含能材料显著不同，不同的溶剂在分解温度和速率上可能有不同的效应。没有融化而分解的固体经常产生气态产物。颗粒大小和老化效应影响分解速率。时间可能导致固体表面结晶化。

吸热分解一般是可逆的，一般的代表为水合物、氢氧化物、碳酸盐分解。例如，根据水蒸气的分压不同，一种物质可能有几种水合物。氯化铁，$FeCl_2$，可以与4、5、7或12个水分子结合。脱水活化能一般与反应热相同。

氧平衡是基于化合物氧含量和需要完全氧化复合物元素的氧量之间的差别的分析工具。接近零氧平衡的材料和过程具有最大的热释放潜能和最大的能量。氧平衡计算可以用在有机硝酸盐和硝基复合物上。在氧平衡和一般的自我反应之间没有关联性。氧平衡标准的不当应用可能导致错误的风险分类。

用在确定最大分解焓的当前分析工具是针对化学热力学和能量释放评价的ASTM计算机程序。它基于分子机构反应关系，一般仅预测有机复合物的反应，而不是无机复合物的反应。

如果理论方法中的任何一种暗示了危险热力学特性或如果在氧气存在下分解的实验焓值超过 50~70cal/g，那么该物质就被认为是有活力的，并具有潜在危险性。注意到该范围高度依赖于过程条件，不符合能产生大量气体的物质。

如果在氧气存在的情况下，分解的实验焓值大于 250cal/g，该物质就被认为具有燃爆可能。如果在氧气存在下，分解的实验焓值大于 700cal/g，该物质就被认为具有爆炸可能。

计算的绝热反应温度（CART, calculated adiabatil realtion temperature）也提供了复合物潜在危险的一些指示。已知的爆炸性的复合物具有大于 1500K 的 CART 值。

分解焓，CART 值和给定化合物的相对危险等级都在表 4-7 中给出。

表 4-7　分解焓，CART 值和给定化合物的相对危险等级

复合物	分子式	$\Delta H_r/(kJ/g)$	CART/K	危险指数
丙酮	C_3H_6O	-1.72	706	N
乙炔	C_2H_2	-10.13	2824	E
丙烯酸	$C_3H_4O_2$	-2.18	789	N
氨气	NH_3	2.72		N
过氧化苯甲酰	$C_{14}H_{10}O_4$	-0.70	972	E
二硝基甲苯	$C_7H_6N_2O_4$	-5.27	1511	E
二叔丁基过氧化物	$C_8H_{10}O_2$	-0.65	847	E
乙醚	$C_4H_{10}O$	-1.92	723	N
乙基过氧化氢	$C_2H_5O_2$	-1.38	1058	E
乙烯	C_2H_4	-4.18	1253	N
环氧乙烷	C_2H_4O	-2.59	1009	N
呋喃	C_4H_4O	-3.60	995	N
顺丁烯二酸苷	$C_4H_2O_3$	-2.43	901	N
雷汞	$Hg(ONC)_2$	-2.09	5300	E
甲烷	CH_4	0.00	298	N
硝基甲苯	$C_7H_7NO_2$	-4.23	104	N
三氯化氮	NCL_3	-1.92	1930	E
亚硝胍	$CH_4N_4O_2$	-3.77	1840	E
辛烷	C_8H_{18}	-1.13	552	N
邻苯二甲酸酐	$C_8H_4O_3$	-1.80	933	N
三次甲基三硝基胺	$C_3H_6N_6O_6$	-6.78	2935	E
叠氮化银	AgN_3	-2.05	>4000	E
三硝基甲苯	$C_7H_5N_3O_6$	-5.73	2066	E
甲苯	C_7H_8	-2.18	810	N

注：危险指数（见文献[8]）。
　　N：没有任何已知的无限制爆炸风险。
　　E：无限制爆炸风险。

延 伸 阅 读

[1] Compressed Gas Association. Handbook of compressed gases. 5th ed. New York, NY: Springer Publishing Company; 2013.

[2] Fenstermaker RW. Study of autoignition for low pressure fuel-gas blends helps promote safety. Oil Gas J 1982 [February 15].

[3] Maxwell JB. Data book on hydrocarbons, applications to process engineering. Malabar, FL: Krieger Publishing Company; 1975.

[4] National Fire Protection Association (NFPA). Fire protection handbook. 20th ed. Boston, MA: NFPA; 2008.

[5] National Fire Protection Association (NFPA). NFPA 30 flammable and combustible liquids code. Boston, MA: NFPA; 2012.

[6] Nolan DP. A study of auto-ignition temperatures of hydrocarbon mixtures as applied to electrical area classification. Saudi Aramco J Technol 1996 [Summer].

[7] Parkash S. Petroleum fuels manufacturing handbook: including specialty products and sustainable manufacturing techniques. New York, NY: McGraw-Hill Professional; 2009.

[8] Shanley ES, Melham GA. On the estimation of hazard potential for chemical substances. International symposium on runaway reactions and pressure relief design; 1995.

[9] Society of Fire Protection Engineers. SFPE handbook of fire protection engineering. 4th ed. Boston, MA: NFPA; 2008.

[10] Spencer AB, Colonna GR. Fire protection guide to hazardous materials. 14th ed. Boston, MA: National Fire Protection Association (NFPA); 2010.

第五篇　危险物质泄漏、火灾和爆炸特性

石油天然气本身具有较高的风险性，预防处理措施必须提前做到位。例如可燃气云被点燃后可以产生破坏力极强的并伴有高温火焰的爆炸冲击，如果不加以预防控制，可以在瞬间摧毁一套生产装置。普通的木制品、可燃物具有相对稳定的燃烧速度，温度上升速度相对缓慢，而烃类在着火后短短几分钟之内便会达到很高的温度，直至燃料消耗殆尽或被扑灭。与常规可燃组分着火相比，烃类火在强度上要大一个等级。对于应对常规火焰的防火屏障和抑制技术，如果用于高强度的烃类火灾，会显得力不从心。

在石油和相关的行业中，爆炸事故毁灭性极大，爆炸威力如同 TNT 炸药一般，会严重摧毁、损坏各类装置设施。化工行业的保护本身是一个较为独特的学科，需要专业的减灾方法和保护技术。第一步便是了解烃类物质泄漏、火灾和爆炸的特性。

在烃类火中，由于烃类材料的特性变化，火灾强度变化也相对较大。任何一种开放空间下的火、火焰和燃烧产物都会向上运动。当材料挥发性较低时，则趋向于在地面形成"液池"。受热、压力或其他因素影响，材料挥发性越高，火焰越高。

带压管道、泵、压缩机、容器或工艺流程失效会导致内部的可燃物料泄漏进而导致"火炬火"或"喷射火"。此类火焰方向不定，其喷射距离主要取决于泄漏源的压力和体积。如果缺乏隔离、减压设备，喷射火的持续时间可能会很长很长。

5.1　危险物质泄漏

在化工行业中，泄漏的危险物质状态可以是气态、薄雾态或液态。对于易燃气体，一旦泄漏就会在空气中形成蒸气云团，遇点火源会发生爆炸，因此必须加以关注。而液体火灾则相反，不易点燃，并且发生燃烧后的防控控制相对要容易一些。

产生泄漏的原因有很多，可能是外部或内部的腐蚀、侵蚀，设备磨损，加工缺陷，操作错误，又或者是工艺问题。

一般情况下，主要包括以下几类情况：

1) 灾难性失效：储罐或容器完全破裂并立即释放内部物质。释放的量取决

于容器的体积。

2）破裂：管道的一部分被移除，物质从两侧流出。

3）管道开口：管道的末端被打开。

4）短破裂：破裂发生在管道侧面。

5）泄漏：主要是阀门或泵的密封失效，具体产生原因是腐蚀或侵蚀效应。

6）通风口，排水沟，计量器损坏：释放蒸气或液体到环境中。

7）正常操作导致的泄放：储存装置、下水道通风口、泄放出口，火炬，燃烧坑，都会产生正常泄放。

5.2 气体泄漏

影响气体泄漏速率和泄漏形状的因素有很多，最明显的就是气体泄漏时的压力是高压还是常压。根据泄漏源的不同，持续时间可达到几分钟，几小时或几天，直到泄漏源被隔离、耗尽或完全泄压。常见的长时间泄漏源包括地下储罐、没有中间隔离能力的长输管道、大容量装置等。

如果泄漏发生在常压条件下，根据气体密度的不同，泄漏物质要么上升要么下降。较为常见的石油和化工原料的气态密度较大，因此它们不容易上升和消散。当有风时，重气将会在地形的低洼处聚集并且难以消散。而对于轻质的泄漏气体，受环境风速等大气条件的影响较大。发生燃烧后产生的高温会推动烟羽的进一步提升。

如果隔离技术完善并且在泄漏初期便采取相关动作，泄漏速率和影响范围将会得到有效控制。发生泄漏时气体的运动一般是紊态的，空气会快速卷入并形成混合气，并一定程度上降低泄漏气体喷射的速度。在紊流扩散起主导作用的区域，气体将会沿水平和垂直方向扩散，同时持续与空气进行混合。初期泄漏气体浓度位于爆炸上限之上，但随着扩散和紊流效应，浓度会快速降低，达到爆炸极限以内。如果没有点火源并且留有足够的距离稀释，最终将降到爆炸下限以下。

5.2.1 喷雾泄漏

喷雾泄漏类似气体泄漏。燃料高度雾化后与空气混合。即便低于闪点温度，也很容易被点燃。

5.2.2 液体泄漏

如果是极易挥发的物质，当挥发速率等于扩散速率的时候，会发生由挥发导致的扩散。对于不易挥发的液体，泄漏后会立即扩散并在某个固定区域形成一个"液池"，黏度越大，液体流淌需要的时间就越长。一般情况下，在水平面上 1gal 松散液体将会覆盖大约 $1.8m^2$ 的面积。在平静水面上的油品泄漏将会在重力的作用下流淌，直至受到表面张力的限制，水面上的油膜厚度一般小于 10mm。如果没有点火源，轻质组分将会快速蒸发，在距泄漏源较近的区域内会形成可燃气云。剩余的油品将被波浪撕裂并慢慢被细菌分解。

高压下的液体(管线泄漏,泵密封失效,容器破裂等)将会从泄漏点快速喷出。高闪点液体,若未处于闪点温度以上的环境中,从本质上来说要比低闪点液体更为安全。

液体泄漏通常包括以下几种情况:

1)滴漏:液滴由从小孔径处发生泄漏。一般是由管道的腐蚀、侵蚀,垫片、阀门的机械密封或维修不当造成的。

2)流淌:中度泄漏。一般小孔径的管道开口没有被完全关闭时发生的泄漏。

3)喷雾:通常发生在高压情况下,一旦泄漏立即与空气混合。一般是由于高压下管垫片、泵密封、阀杆失效等问题产生的。

4)破裂:大范围泄漏。一般是装置内部、外部或火灾事故下(如 BLEVE)的容器、水槽、管道损坏导致的。

5)操作失误:操作者的操作不当产生的泄漏,频率很低。一般在在非常规活动时偶尔发生。

5.3 烃类燃烧的性质和化学过程

燃烧是燃料快速氧化或燃烧的化学过程,同时伴有发热发光现象。对于常规的燃料,这个过程就是化学物质与大气中氧气的结合,主要产物为二氧化碳、一氧化碳和水。在露天的情况下,烃类是易燃的,一般很容易被点燃。

通过燃烧释放的能量导致了燃烧产品温度的上升。获得的温度取决于燃烧物释放速率,消耗的能量,燃烧产品的数量。因为空气是最方便的氧气源,而且空气中氮气的质量占四分之三,氮气是燃烧产品的主要组成成分,温度上升将会大大小于纯氧燃烧的温度上升。从理论上讲,在任何燃烧过程中,为了完全燃烧,需要最小的空气燃料比。然而,通过增加空气的量,燃烧可以变成更容易完成,释放的能量最大化。然而,过量的空气,降低了产物的最终温度和释放能量的数量。因此,需要确定最佳的空气燃料比,这取决于燃烧的速率和程度以及最终需要的温度。富氧空气或纯氧(如氧乙炔火焰)会产生高温。通过把燃料分开来增加表面积,为燃料提供必需的氧气,燃烧速率可能增加,因此,反应速率也会增加。

在燃烧过程发生以前,烃类材料首先要处于气化状态。对于任意的气体材料,这是一个固有的性质。然而,对于液体,必须有足够的蒸气释放来形成易燃物浓度,这样,燃烧过程可以产生。因此,相比于气体泄漏,烃类液体泄漏不算危险。

从它们的本性上来说,气体都是可以立即点燃的(相对于液体必须蒸发来支持燃烧),可能产生一个快速燃烧的火焰前端,在受限空间可能产生爆炸力。如果压缩气泄漏火被扑灭了,但是泄漏没有堵住,蒸气可能被再次点燃,产生爆炸冲击波。

当点火源被带入并与易燃气体或气体混合物接触时，在引入的时候，燃烧化学反应将会发生，提供的氧化剂一般是氧气。燃烧成分一般采用简单的火三角来表示。

燃烧将会从火的点火点发生，穿越气体和空气混合物。如果空气(也就是氧气)足够的话，燃烧将会持续，直到燃料耗尽，或者直到一个压制措施中断这个过程。

在理想燃烧过程中，对于烃类分子化学反应的基本等式通过下式进行表现：

$$CH_4+2O_2 = CO_2+2(H_2O)$$

在理想的燃烧中，0.45kg 的甲烷与 1.8kg 的氧气反应来产生 1.2kg 的二氧化碳和 1.02kg 的水蒸气。一氧化碳、二氧化碳、氮气和水蒸气是常规燃烧过程的典型的燃烧产物。如果其他的物质也存在，它们就会与燃烧产物相互作用形成其他的复合物，其中有些是剧毒产物。在火灾事故和爆炸事故中，不完全燃烧也会发生。这主要是湍流、缺乏足够的氧化剂供应，以及其他因素导致单体碳(例如，烟)颗粒，一氧化碳等物质的产生。

燃烧过程同时伴有辐射——热量和光。一个典型的液体烃类燃烧过程，每消耗 1kg 的烃类，产生大约 15kg 的燃烧产物。因为空气中的高含量氮气(大约占空气质量的 78%)，氮气趋向于决定燃烧产物成分(在自由空气燃烧过程中它混合进入)。因为这个，在火灾质量释放分散模型中，它有时被用作主要的成分。一般认为，质量流率是烃类材料燃烧速率的 15 倍。对于液态烃，一般的燃料燃烧速率是 $0.08kg/(m^2 \cdot s)[0.0164lb/(ft^2 \cdot s)]$。

涉及的燃料，将会释放特定量的热量(也就是 cal 或者 Btu)。普通可燃物产生中等水平的热释放速率，但是烃分子会生成较高的热烃释放速率。0.45kg 甲烷在理想燃烧的情况下，将会释放大约 25157kJ 的能量。燃烧产物的温度一般为 1200℃，这是典型的烃类火温度。钢铁一般在 1370℃ 左右融化，但很容易失去支撑能力，这就是为什么烃类火对化工行业具有如此大的毁坏力。

在烃类火建模中热释放速率经常是给定的。通过检查火灾的辐射效应，热流可以给予一个更合适的测量值。$4.7kW/m^2$ 的辐射热流将会导致暴露皮肤疼痛，$12.6kW/m^2$ 的辐射热流强度以及更高的值将会导致二次起火，$37.8kW/m^2$ 的热流强度将会导致炼油厂或储罐的损害。

在大气条件下，蒸气云火焰在非受限条件下燃烧速度是一定的。例如，当点火点固定在可燃气云中间时，火焰前端从点火源开始，趋向于以球面方式往外扩展。火焰传播导致从火焰前端到其前部气体层的热量的传导转移。这些气体反过来被点燃，然后又持续这个过程。在含有的燃料和氧化剂的比例超出 LEL/UEL(燃烧下限/燃烧上限)的混合物中，燃烧热释放的热量不够加热邻近的气体层来维持后续的燃烧。当在 LEL/UEL 范围内燃烧时，火焰传播在向上的方向表现最快，这主要是因为对流火焰，然而在水平方向上的燃烧相当慢。

在常规的大气条件下，通过可燃材料与热源相互接触，火灾产生。因为热转移到周围直接受火焰冲击的可燃材料上，火焰就会发生传播。热转移通过三个主要的机制产生——传导，对流和辐射。传导是热量通过平稳介质的移动，例如通过固体，液体或气体移动。钢铁和铝一样是热的良导体，因此如果得不到保护的话，它们就会传导热量。

对流表示热从一个位置转移到另一个位置，通过一个载体介质在它们之间运动，比如当气体在某一点加热，它就会运动到另一点来释放其热量。

受热的热空气或气体的对流一般占了火灾中产生热量的 75%~85%。火焰对流的大量热空气将会快速升高所有可燃材料的温度，直至达到需要的点燃温度。因为天花板，甲板等的结构障碍存在，将会阻止温度上升，火灾将会在侧面传播，当火向前推进的时候，随着火焰厚度和强度的增加，将会形成一个热层。在封闭空间中，环境温度很快就会上升到点火点以上的温度，燃烧就会在各处同时发生，这就是众所周知的轰燃。

辐射是热量通过电磁波转移，可以与穿越大气层的光传播相比较。当辐射波碰到物体时，它们的能量被物体表面吸收。传导热转移的速率与释放热源点和接收热源点的温度差成比例。在对流中，热转移速率取决于载体介质的移动速率。导致移动的原因可能由材料的密度差，或因为机械泵（例如热空气吹灰系统）而产生。在热辐射时，转移速率与发射源和接受物体的温度差的四次方成比例。因此对于任意火灾事故，来自火的辐射热转移是一个重要的考虑因素。这也就是为什么需要重视储罐和容器的暴露表面的冷却过程，通过使用防火材料来提供结构保护。

如果释放的烃类被点燃了，火灾或爆炸等事故就可能会发生。事故主要取决于材料的类型、泄漏率，被点燃的物品和周围环境的特性。

5.3.1 烃类火灾

典型的过程工业烃类火灾事故可以分类如下。

5.3.1.1 喷射火

在石油和天然气行业中，大多数涉及气体的火将会与高压相联系，被贴上喷射火的标签。喷射火是可燃气体或雾化液体（例如从一个煤气管道或井喷事件中的压力释放）的压力流的燃烧。如果在泄漏发生之后不久就点火，结果就是一场激烈的喷射火焰。喷射火将会逐渐稳定到接近于释放源的点，直至释放停止。喷射火经常是局部性的，但是对靠近它的任何物体具有摧毁性。这部分是因为和产生热力学辐射一样，喷射火在超出火焰的区域产生相当大的对流热。高速逸出的气体夹带空气进入喷射气体，导致产生比池火更充分的燃烧。因此，处在喷射火火焰中的任何物体都会获得比在池火火焰内高200kW/m² 的热转移速率。一般喷射火火焰的前10%，可以保守的被认为是未燃的气体，因为喷射速度导致燃烧火焰的位置比气体泄漏点的位置有所提升。在烃类设施喷射火长度20%的位置测到这个效应，但是10%的值用来解释额外的在真实释放源周围的紊流。喷射火焰在靠近释放源处有一个相对冷的核心。最大的热流经常出现在从点源开始，超越火焰长度40%的距离内，且不一定在直接冲击的一侧。在工厂中对于喷射火最可能发生的位置是含有高压可燃气体的大型管道的法兰。这些法兰的数量应该尽量少，并且与工艺设备保持一定的距离。在工厂中最有可能遭受喷射火的区域是管道刮板接收/发射区域。

5.3.1.2 池火

池火具有垂直喷射火的某些特性，但是它的对流传热相当少。主要是通过对流和辐射与被池火冲击或包围的物体进行热交换。一旦液池被点燃，通过火焰的辐射或对流加热，气体快速从液池中间蒸发。这种加热机制产生了一个反馈回路，更多的气体可以从液池表面蒸发。火焰表面的尺寸在一个持续辐射和与周边地区对流加热的过程中快速增加，直至可燃液体的整个表面都着火了。池火的后果可以由不同热辐射水平的包络线围绕成的火焰区域进行呈现。在火焰中，对任何设备的热转移速率将会在30~50kW/m²的范围内。

5.3.1.3 闪火

如果一个可燃气体泄漏没有被立即点燃，将会形成蒸气云。由于环境风或自然通风，这些气云将会漂移并被分散。如果气体在此时被点燃，但是没有爆炸（因为缺乏限制条件），它将会产生闪火，其中整个气云将会快速燃烧。一般它不会导致立即的致命伤害，但会损害结构。如果在此期间，气体泄漏没有被隔离，闪火将会往回燃烧，并且在释放点形成喷射火。闪火经常采用气云爆炸下限的包络线来表示，超越它的范围就没有损害。

炼油厂和管道工程比一般结构物对火灾有更宽的反应范围。表现范围从过热蒸汽输送管的简单下沉到压力容器或烃类输送管道的可能的灾难性爆炸。管道工程对火的抵抗能力变化范围很大。

主要的因素是：

1) 隔热性：如果一条工艺管线因为工艺原因而部分或完全隔热，那它在火灾的作用下也会表现良好，但是一些落后的材料在火灾中不可能如此有效。

2) 管道工程的大小。

3) 建筑材料：主要的材料类型是碳钢，碳钢柱，不锈钢和铜镍合金。这些材料具有不同的高温特性，在火灾载荷作用下会有不同的表现。这些材料特性将会与管道本身的功能相连接，所以应该在系统的基础上进行评价。

4) 介质和流速：需要考虑管道的常规介质。内部的管道流体能够以一定的速度移走热量，这个速度由流体本身的特性和流动速率确定。气体几乎没有冷却能力，然而水却会给予足够的帮助。

对于管道系统主要可接受准则可以在三个大类下进行划分，也可用在结构成分上：应力限制，应变限制和变形限制，结构的维护，隔热系统的完整性。

计算池火，喷射火和烃类闪火的火焰和热效应(也就是大小，速率和持续时间)可以采用数学评估模型。这些评估是基于"假定"参数或来自一个潜在事故的材料释放速率的估计值。环境风速对即将发生的蒸气释放范围的大小有不同的影响。一些模型可以在不同的风条件(也就是方向和风速)下对小规模、中等以及大规模泄漏释放进行评估对比分析。最新的创新是在事故过程中，在紧急控制中心实时利用这些计算机应用程序(也就是蒸气云释放影响)来帮助进行应急反应的管理工作。根据实时的天气输入，评估结果可以实时计算，并且在墙上的大型视频显示器上显示，从设备配置图中的某个释放点，来实现在紧急管理活动中的所有涉及物体的实际影响。

所有的烃类火机理和评估在某种程度上都会受火焰稳定特征，例如消耗的轻质成分等燃料成分变化，可用的大气中氧气的供给，通风参数和风等因素的影响。由一些研究机构和行业进行的研究和实验测试可以提供更精确的建模技术来进行气体泄漏，扩散，火灾和爆炸的效应模拟。

5.3.1.4 烃类爆炸的性质

在一系列给定的条件下，可燃蒸气将会爆炸。当评价可燃蒸气事故时，有两个爆炸机制需要考虑——爆轰和爆燃。爆轰是火焰以超音速的速度传播而形成的冲击反应(也就是比声速快)。爆燃是火焰以亚音速的速度传播。

在20世纪70年代，在理解超音速爆炸，也就是说爆轰方面取得了显著的进步。众所周知，需要产生爆轰的条件——不管是冲击波，火焰冲击点燃，还是火焰加速——在所有非高压天然气和空气系统的日常操作中都太极端了，一般不会发生。然而，它们仍然可能在高压天然气和空气系统(也就是过程容器和管路系统)中产生。一般认为，蒸气云爆炸的火焰以亚音速的速度传播，因此从技术上归之为爆燃，但是实际一般当作爆炸。

5.3.1.5 过程系统爆炸(爆轰)

爆轰可以在固体(也就是粉尘)和液体中发生，但是在装有烃类蒸气与空气或氧气的混合物的石油设施中出现特别频繁。在初始压力高于环境大气压的时候，爆轰将会更快的发生。如果初始压力很高，爆轰压力将会很严重并具有摧毁力。爆轰将会产生高于常规爆炸的超压。在大多数情况下，过程容器或管道系统不能承受爆轰压力。避免过程系统爆轰的仅有的安全措施是阻止在容器和管道中易燃蒸气和空气混合物的形成。然而普通爆炸的火焰速度相当慢，爆轰以超音速的速度传播，将会具有更大的毁坏力。

5.3.1.6 蒸气云爆炸

不受限制的蒸气云爆炸(UVCE)是简明解释在开放环境中可燃蒸气或气体泄漏并点燃的流行术语。实际上，相当数量的文献都指出，开放空气爆炸仅仅发生在有足够的阻塞的情况下，或者在空气湍流将会发生的某些情况下。在某些特定条件下的天然气或蒸气云点燃将会产生爆炸。对蒸气云爆炸机理的研究表明火焰是亚音速高速燃烧，这就产生了爆燃而不是爆轰。实验表明这种穿越开放天然气或空气云的火焰产生的超压微不足道。当比如管道和容器等物体靠近或存在于点燃的气云中时，它们就会产生紊流，在火焰前端产生破坏性超压。

在烃类设备中，要发生蒸气云爆炸，需要有以下四个条件：
1) 必须有易燃物质的大量释放。
2) 易燃物质必须足够集中在区域中，这样可以达到在物料的爆炸范围之内。
3) 必须有点火源。
4) 在释放区域必须有足够的限制，阻塞和紊流。

爆炸超压的结果由爆炸的火焰速度来确定。火焰速度是蒸气云的紊流、在燃烧范围内是燃料混合物的水平的函数。在测试条件下，最大的火焰速度经常在燃料的化学当量比浓度更多一点的混合物中得到。在特定的区域，紊流由限制和阻塞确定。现在的开放空气爆炸理论表明，所有的陆上处理工厂都有足够的阻塞和限制来产生蒸气云爆炸。当然，大多数海上生产平台在某种程度上也有可用的限制和阻塞。

两种类型的开放空间蒸气云爆炸，代表着两种不同的建立压力的机制。

1) 半封闭蒸气云爆炸：

这个要求一定程度的限制，经常是在建筑物或模块的内部。当气体燃烧时，热气体的扩散超出了开口的通风能力。不会产生明显的冲击波，因为一般而言，空间太小，对于火焰前端而言没有足够的气体来加速到需要的速度。这种爆炸可以在非常少量的气体中产生。

2) 蒸气云爆炸：

这个爆炸可以在敞开空间发生，尽管也需要一定程度的受限。超压是由空气和气体的快速和加速燃烧而产生。火焰前端的速度可以达到超过 2000m/s (6000ft/s)，当它推动前面的空气时，就产生了冲击波。蒸气云爆炸仅仅在相当大的气云中发生。

一旦爆炸发生，就会产生冲击波，在波的前端会有快速的压力陡升，来自冲击波后面的波风是一个瞬变流动。冲击波对靠近爆炸的结构的影响可以被当做爆炸载荷。爆炸产生的压力载荷预测像梯形或三角形形状的脉冲。它们一般持续大约 40~400ms。达到最大压力的时间一般是 20ms。

来自烃类爆炸的主要的损害有几个方面：

1）超压：压力在扩散气体和周围大气之间发展。

2）脉冲：因为通过压力波产生不同的压力，可能导致失效或移动，正向和反向都有可能。

炮弹、导弹和弹片——由于扩散气体的冲击，整个或部分的物品被抛出，这可能导致损害事故增加。这些物品一般在自然界中很小（安全帽、螺母、螺栓等），因为膨胀气体一般没有足够的能量来举起重的物品，比如容器、阀门等。这个与破裂相反，其中破裂或内部容器爆炸导致容器的一部分或集装箱可能被抛很远。一般来说，这些来自蒸气云爆炸的"导弹"会对工艺设备产生小的影响，因为没有足够的能量来提升重的物体和导致巨大的影响。小的喷射物体对于人员来说仍然是一个危险，可能导致伤害和死亡。来自破裂事故的影响可能产生灾难性的后果（刺穿其他容器、影响到其他人员等），因此，烃类、化学品和相关的设施对减压系统的依赖性很大。

在工艺设备中，这些效应一般与火焰速度相关，在速度是 100m/s 的地方，破坏被认为是不可能的。在这样的速度可以发生的蒸气云或羽流的大小已经被 Christian Michelsen 研究所通过实验进行了研究。其实验表明，火焰大约需要 5.5m 的助跑距离来达到破坏速度。因此，其中某个方向速度小于此的蒸气云不会导致实质损害。这是对涉及的参数或变量的过度简化，但确实假设了拥堵、受限和气体浓度的 WCCE。

5.3.1.7　恐怖活动导致的爆炸

然而，不幸的是，石油行业必须考虑恐怖分子的活动。恐怖分子在对设施的袭击中经常采用固体炸药。来自这种事故的爆炸效应从单点位置发出，与烃类蒸气相对应，这个一般是在生产区域内部并能影响较大区域。因此，恐怖分子的爆轰一般更可能发生在不太受限的区域。这种爆炸产生的效应和损害可以被观察到，并且损害经常来自用作设备运输的车辆分解时抛出的部件以及尖锐的碎片。在有大规模爆炸的地方，高度粉碎车辆的轻质结构物成分对设备设施几乎不会产生影响，因为化工设施主要是由高强度的钢和混凝土混合结构等结实的材料组成，它们对轻质成分有相当高的耐冲击能力。引擎，传动装置，驱动系统等等重质成分，不容易破碎，可能是造成损害的最主要物体，与血管破裂相似。同时，重的物体趋向于从事故位置被水平抛出，因为抛射物经常与这些部件在相同的高度或略高的位置。在这个位置，经常产生"弹坑"。这个事实也降低了来自这个事故的严重影响的可能性，就像轮船、管架、散热片等，一般都在较高的位置，地下的工艺管道（除了下水道）一般也不会安装在这样的位置。最坏的影响可能是对事故发生时处在这个区域的人员伤害。方向，位置和爆炸类型影响了这些事故产生的影响程度。

5.3.1.8　半封闭空间爆炸超压

在半封闭空间爆炸过程中产生的超压取决于以下几个关键参数：

1）区域体积：大的受限空间区域会形成高的爆炸超压。

2）通风面积：受限程度是相当重要的。开口的存在，无论是永久的通风口或轻质层覆盖，都会极大地降低预测压力。

3）障碍物、工艺设备和管道：在燃烧的气云当中，钢结构和其他的障碍物都会产生紊流，这个就会增加超压。障碍物的表面、大小和位置将会影响形成的超压的大小。

4）点燃位置：点燃位置距通风区域的距离越长将越会增加超压。

5）气体混合物：大多数研究主要对甲烷与空气的混合物进行研究，但是众所周知，丙烷和空气的混合物更容易反应并产生超压。因此，增加较高烃类气体的含量都会产生这样类似的后果。混合物的最初压力也会影响爆炸超压结果。

6）气体混合物：对于某种特定的气体，可燃气体必须与空气混合来达到爆炸极限。最坏情况下的混合物，燃料一般比化学当量比浓度稍多，最快的燃烧混合物经常使用保守方法对计算结果进行评估。

一些咨询公司和保险机构的风险工程部门对半受限空间爆炸有可用的软件来实施超压评估，其中经常会考虑这些特殊的参数。这些专有的软件模型一般基于经验公式，通过对历史事故进行1∶5的实验测试和研究来确认，也就是，Flixborough，Piper Alpha和其他的。保险机构在进行他们的评估时，趋向于采用一种保守方法。

5.3.1.9 蒸气云爆炸

在以前蒸气云爆炸（VCE）的研究中采用了与气体质量和等量TNT有关的关联式来预测爆炸超压。这个是保守的，在过去的研究中有证据表明这个方法对天然气与空气的混合物预测不太准确。TNT当量模型在靠近点火源区域没有很好的关联，高估了近场的超压水平。甲烷爆炸实验表明在非受限空间内最高能形成0.2bar（3.0psi）的超压。这个超压随着距离增大而降低。现在合适的计算机模型程序已经改进到能模拟文献和实验中的真实的气体和空气爆炸。

超压危害选用的标准一般是0.2bar。尽管爆炸直接导致的死亡可能需要2.0bar或更高，但对建筑物和结构的低水平损害也可能导致死亡发生。0.2~0.28bar的超压将会损坏无框架钢面板障碍物，0.35bar将会撕裂木质电线杆，严重的可能会损坏设施结构，0.35~0.5bar将会导致房间的完整毁坏。对于爆炸超压结构的损害见表5-1。

历史上，所有报道的蒸气云爆炸都涉及至少100kg可燃气体的释放，最常见的数量范围是998~9979kg。在美国，职业安全和健康（OSHA）条例[Ref. 29 CFR 1910.119（a）（1）（ii）和1926.64（a）（1）（ii）]仅仅要求工艺过程包含4536kg或更多的可燃气体才会做爆炸可能性检查。除此之外，与蒸气云爆炸相关的可能性是4536kg可燃气体，低于该值会被认为低可能性。当物料释放的可燃气体很大时，在过程行业中大多数主要的灾难性事故已经发生。一般的蒸气云爆炸会释放少于4536kg可燃气体，相对于大剂量可燃气体泄漏蒸气云爆炸来说（也就是大于4536kg），释放量少于4536kg可燃气体的一般蒸气云爆炸也会产生较小的危害。

表5-1 对设备、结构、基础设施的爆炸伤害

损害	超压/kPa(psi)	损害	超压/kPa(psi)
储罐屋顶倒塌	7(1.0)	管桥位移，管道失效	35~40(5.1~5.8)
圆储罐支撑机构倒塌	100(14.5)	管桥失效	40~55(5.8~8.0)
空储罐破裂	20~30(2.9~4.4)	汽车内置电镀按钮	35(5.1)
圆柱储罐移位，管道	50~100(7.3~14.5)	木质电话杆	35(5.1)
连接失效		装载车辆倾覆	50(7.3)
分馏柱损坏	35~80(5.1~11.6)	大树倒地	20~40(2.9~5.8)
管桥轻微变形	20~30(2.9~4.4)		

如果所有如下条件都满足，天然气和空气混合物的爆炸就有可能发生：
1）障碍物具有一定的拥堵程度可以产生紊流；
2）一个相对较大的区域，允许火焰前端加速到高速度；
3）对于火焰前端的加速，一般最小需要100kg易燃物。

对于烃类设施的蒸气云爆炸仅仅需要对那些含有大量挥发性烃类气体的设施进行计算，在具有一定程度的受限或拥堵的地方，气体不会任意的泄漏。最可能的数量一般取4536kg(10000lb)，但是有记录的事故显示，释放量仅仅是907kg(2000lb)。除此之外，最坏释放案例的真实计算在46m处产生了2bar(3psi)的压力，这表明需要最小907kg(2000lb)的可燃物来产生这种超压。907kg(2000lb)的烃类蒸气释放量被认为是一种最小的且需要检查的量。

5.3.1.10 沸腾液体扩展蒸气爆炸(BLEVES)

BLEVES起源于容器或管道壁面的屈服压力降低，一直到它不能承载的施加压力，容器的承载能力也受设置的安全阀的影响。这就导致了突然的灾难性的容器的失效，造成了大量内容物的泄漏，产生了一个大的猛烈火球。

一般情况下，在一个金属容器被加热到超过538℃时，BLEVE就会产生。材料不能承受内部的压力，就会失效。容器包含的液体空间一般作为热吸收器，所以容器的潮湿部分不会处于高风险，仅仅是内部蒸气空间的蒸气部分。大多数BLEVES发生在容器的液体量小于容器体积的1/2~1/3处（而这在工艺容器中并不常见）。液体蒸发膨胀能量是如此之大，以至于容器的碎片可以从破碎口被抛出远达0.8km，这种事故引起的死亡可以在远达224m处发生。在撕裂的同时将会产生火球，火球的直径是几米，导致附近人员的强烈的高温暴露。这种事故可在距离撕裂位置76m处导致人员死亡。

对 $3.8\sim113m^3$ LPG 储存容器的 BLEVE 的研究表明，撕裂的时间范围是 $8\sim30min$，其中有 58%是在小于等于 15min 的范围内。

5.3.1.11 烟雾和燃烧气体

烟雾是大多数火灾的副产物，是在燃烧的化学过程中供应燃料的不完全氧化而生成。它导致了陆地和海洋石油行业中的大多数死亡事故。在 1988 年的 Piper Alpha 事故中（可能是石油行业中死亡人数最多的事故），大多数死亡不是因为燃烧，溺死或爆炸，而是因为烟气。事故总结报告表明，事故中死亡的人员中，83%是由于吸入了烟气。大多数受害者集中在平台住宿区，等待一个可能的疏散方案或一个可能的营救。

来自烃类火的烟雾中包含直径小于 $1\mu m$ 的固体或液体颗粒，它们在燃烧气体中悬浮。燃烧气体主要是氮气、二氧化碳、一氧化碳，它们存在于较高的温度。在常温下，碳的特性是低活性的。在较高的燃烧温度下，碳直接与氧气反应生成一氧化碳和二氧化碳。

烟雾的主要危害是存在麻醉气体，氧气不足，以及有刺激物。麻醉气体主要是一氧化碳，氰化氢，二氧化碳。吸入麻醉气体会导致呼吸换气过度，因此随着呼吸频率的增加，气体吸入量会增加。通过对中枢神经系统的攻击，麻醉气体可能导致人没有活动能力。因为燃烧过程引起氧气从大气中剥离的窒息效应，严重影响人类的呼吸功能。呼吸系统的刺激物包括有机酸（卤酸和氧化硫酸）和无机刺激物（丙烯醛，甲醛，氨和氯气）。可能有像多环芳烃一类的复杂或外来分子，其中有一些是突变剂和致癌物以及二噁英，可能影响生殖系统。总体来说，严重程度取决于化学物质浓度，暴露程度，持续时间和溶解性。

大脑缺氧会导致心理障碍，引起判断和集中能力的损伤。这些影响可能使工作人员混乱，恐慌以及失去活动能力。有毒的一氧化碳通过阻止血液中氧气的运输而导致窒息。在一氧化碳的浓度小于 0.2%的时候，如果人正在进行剧烈活动，在十分钟之内就会失去活动能力。一氧化碳使人死亡是因为它与血液中的血红蛋白结合来阻止氧气与血红蛋白结合，而氧气对于维持生命至关重要。一氧化碳与血红蛋白的结合能力是氧气的 300 倍。毒性大小取决于气体浓度和暴露时间。如果血液中一氧化碳的百分比上升到 70%~80%，死亡就很可能发生。

HCN 的准确名称是氢氰酸。氰化物是真正的原始毒物，在人类组织中与细胞氧化有关的酶结合。因此它们不能提供给组织有用的氧气，通过缺氧而导致人死亡。超过 $180\mu L/L$ 的 HCN 吸入浓度只需几分钟就会导致人无意识，在 HCN 使受害者无意识之后，致命损害一般是由一氧化碳所导致的。暴露在 $100\sim200\mu L/L$ 的 HCN 浓度，持续 $30\sim60min$ 也会导致人死亡。

吸入热（火）气体进入肺内也会在一定程度上导致组织损伤，在暴露 $6\sim24h$ 之后，可能产生致命效应。

从心理学上说，看到以及闻到烟雾可能导致恐慌，迷失方向和绝望。当这些发生时，到达疏散目标处的个体运动可能被严重抑制和破坏。当个体对设施不熟悉的时候，这点尤为严重。烟雾也会阻止灭火以及救援工作。

烟雾运动也会受燃烧颗粒的上升、扩散、燃烧速率、凝固以及环境空气运动影响。由于空气的热作用，燃烧产物趋向于逐渐上升，因为它们比周围的空气要轻。当遇到比如天花板或结构物成分时，它们就会四散散开。在封闭空间的烟雾颗粒将会穿过每一个可用的开口，例如天花板、裂缝、缝隙、楼梯等。燃烧速率是指在任意给定的时间内，由于燃烧消耗的材料的数量。颗粒凝聚是燃烧颗粒聚集成群，直至足够大可从空气中沉淀而出。因为燃烧颗粒的相互吸引，凝聚持续发生。空气运动将会导致烟雾颗粒以一种特定的模式和方向运动。

对于烟羽流的扩散，有相应的数学模型(例如CHEMET)。在事故发生时的环境大气条件将会极大地影响烟雾颗粒的扩散或收集，也就是，风速、风向和大气稳定度。

一般认为，烟雾对公共安全产生最大影响。因为普通民众暴露在有机刺激物，复合分子和颗粒分子当中，但是很多人没有意识到风险。不完全燃烧的场景会产生最大量的危险燃烧产物。处于最危险情况下的人一般是那些有呼吸系统疾病的人(例如哮喘)，老年人，孕妇，新生儿和儿童。对于室内，除非有使其扩散到外面的简单通道，也就是窗户，门和其他类似开口，火灾产生的烟雾一般会充满整个封闭空间。

无论什么时候，烟雾的危险效应都会影响个人，必须对其提供足够的呼吸保护，例如足够的措施来帮助其脱离其影响，合适位置的挡烟垂壁/遮挡项目，备用的固定新鲜空气供应，或手提式的独立呼吸设备(见表5-2)。

表5-2 常见石油产品的一般危害(在典型的过程操作和条件下)

可燃物	爆炸	池火灾	喷射火	烟雾
甲烷	×		×	
液化天然气	×	×	×	
乙烷	×		×	
丙烷	×		×	
丁烷	×		×	
液化石油气	×		×	×
原油	×	×		×
汽油	×	×		×
柴油		×		×
煤油		×		×

5.3.1.12 石化和化学过程危险

与火灾、爆炸、毒性和腐蚀性相关的所有化学材料的物理和化学特性应该进行危险性评估。这些特性应该包括热力学稳定性、抗冲击能力、蒸气压、闪点、沸点、着火点、可燃范围、溶解度和反应特性（例如与水反应和氧化能力）。

石化和化学过程可能包含额外的过程，对于是否可用作原材料、催化剂、中间物、产品、副产品、意想不到的产品、溶剂、抑制剂、淬灭剂、分解产物和清洁产品等要进行评估，例如：

1）自燃特性；
2）与水反应；
3）氧化性；
4）固体（灰尘），液体，和/或蒸气的易燃或可燃性；
5）常见的污染物反应（例如灰尘、传热流体、洗涤溶液）；
6）机械灵敏度（机械冲击和摩擦）；
7）热敏性；
8）自行反应性。

危险化学品评估的结果一般用来确定详细的热稳定性程度、失控反应、气体逸出测试。评估可能包括反应量热法、绝热量热法，使用加速量热法的温度斜坡筛选，反应系统检测工具有等温量热法，等温储存测试，绝热储存测试。

有不同的措施可以阻止不受控制的化学反应。常见的措施包括添加抑制剂，中和反应，用水或另外的溶剂抑制，或把反应物投入到另一个包含冷却液的容器中。抑制剂或冷却液体必须通过对抑制反应的理解来仔细筛选。抑制剂的浓度和添加速率也必须包含在过程的操作程序当中。

如果在可能的情况下，最好避免使用不稳定的原材料或中间物。在不能控制的点，不稳定的原材料供应必须仔细控制，这些浓度才会维持在较低水平，材料就会像补充的那样消耗。这个过程不应该允许不稳定的中间物积累或隔离。当处理返工材料时，应该特别注意（见表5-3）。

表 5-3 常见的化工过程反应和重要的过程参数

化学反应	能量类型	潜在的关键过程参数	评论
烷基化	中到高度放热	1, 2, 6	可能需要多余的试剂
氨基化	吸热到高度放热	1, 2, 3, 4, 5, 12（重氮基）	
芳构化	吸热到中度放热	1, 2, 3, 4	可能需要倾销/抑制
煅烧	吸热	1, 6（废气）	
冷凝	中度放热	1, 2, 3, 4, 5	
复分解	吸热到轻度放热	6, 7, 8	氨气分解电位

续表

化学反应	能量类型	潜在的关键过程参数	评论
电解	吸热	5, 6, 7, 9	pH 值，电变量
酯化作用(有机酸)	轻度放热	1, 2, 5	潮湿，污染物
发酵	轻度放热	1	
卤化	吸热到高度放热	5, 8, 11(一些), 12(一些)	
水合作用	轻度放热	1, 2	排除乙炔生产
氢化作用	中度放热	1, 2, 3, 5, 6, 7	
水解作用	轻度放热	1, 2	包括酶
异构化	轻度放热	1, 2, 3	
中和反应	轻度放热	1, 2	
硝化反应	高度放热	1~6, 8, 12	污染，可能需要丢弃，有爆炸可能
有机金属	高度放热	1~5, 8, 10, 12	
氧化	吸热到中度放热	1, 3, 4, 5, 11(一些)	
聚合	轻度到中度放热	1~7, 12(一些)	黏度问题
热解	吸热	1, 2, 8	
还原	吸热到轻度放热	1, 2, 10(一些)	
重组	吸热到中度放热	1, 3, 4, 5	
替代	吸热到轻度放热	1, 2	
磺化反应	轻度放热	1, 2, 5	

过程参数：1 温度，2 压力，3 活性，4 冷却/加热，5 添加速率，6 浓度，7 可燃气体（LEL 监测），8 惰化，9 液面，10 水反应，11 反应金属，12 至关重要的是提供足够的和可靠的过程控制。

5.3.1.13 数学结果建模

计算机模型对于爆炸、火灾和气体泄漏的效应的快速和简单评估在烃类行业中的风险评估中是最常见的。专业风险咨询公司甚至保险公司都能提供不同的软件产品或服务来对最常见的烃类灾难事故进行数学建模。即使大型石油公司也买了这些项目的授权版用于进行室内研究。这些工具的主要好处是可以提供基于爆炸或火灾事故的前期粗略估计或难以获得的可能的影响评估。尽管这些模型在提供评估方面是有效的，也应该谨慎的选择可能改变真实事故结果的物理特性。

对于某种材料的释放源，数学模型需要假定一些数据。这些假设形成了输入的数据，这很容易被植入数学方程。这些假定的数据经常是释放质量的多少、风向、风速、等等。它们不可能把事故发生时可能存在的所有变量都考虑在内。即使假定的输入数据是匹配的，这些模型也正在逐渐变得更准确，研究和实验正在不断在不同的情况下提高它们的精度。

采用这些评估进行风险分析的最好途径是使用事故最坏可信事件下的数据。

需要注意的问题是，输出数据是否是真实的或者与类似历史事件相对应。在其他的情况下，需要进行额外的分析，几种释放场景（小、中、大）可以进行检查和计算每个输出结果的概率。这个从本质上来说是事故树训练，一般在定量风险分析中使用。特定的释放速率可能很少，可能超过可以接受的行业实际保护要求的范围。

一些可用的商业后果模型包括如下：

1) 气体从孔口中泄漏；
2) 气体从管道中泄漏；
3) 液体从孔口中泄漏；
4) 液体从管道中泄漏；
5) 孔口中的两相泄漏；
6) 管道中的两相泄漏；
7) 绝热膨胀；
8) 液体"池"泄漏和蒸发；
9) 蒸气羽流上升；
10) 烟羽流；
11) 化学释放；
12) 射流扩散；
13) 密集云扩散；
14) 中性浮力扩散；
15) 液体"池"火灾；
16) 喷射火；
17) 火球/BLEVE；
18) 蒸气云爆炸超压；
19) 室内气体建立。

火灾或爆炸暴露的评估，不同火灾保护系统的有效性可以进行检查或比较，例如，不同密度的水喷淋喷雾的热吸收作用，在不同厚度或类型材料的防火作用等。理论火灾模型对于一些情况的证明是非常经济合算的，例如在证明防火材料对目标物体无用，是因为目标物体周围的热量传递还没有高到钢结构失效点。对于海上的结构物，这是至关重要的，不仅可以节约花费，而且通过减少大量的防火安装设备减轻了顶部的重量。

5.4 灭火方法

如果燃烧过程中任意一个根元素从火灾中被移除，火灾就会被扑灭。灭火的主要方法如下所示。

5.4.1 冷却(水喷淋,注水,水驱动等)

从火灾中移除热量或冷却吸收燃烧过程的传播能量。当燃料温度降低到着火点温度之下时,将会使火灾熄灭。对于液态烃类火,冷却也会减缓甚至阻止可燃蒸气和气体的释放速率。用水冷却也会产生蒸气,这可能会部分地稀释着火点附近的环境氧气浓度。因为火灾中的热量持续的以热辐射、对流和传导的方式进行释放,因此使用冷却的方法来扑灭火灾只要使用相当少量的热吸收物质即可。

5.4.2 隔氧(蒸气灭火,惰化,泡沫隔绝,二氧化碳应用等)

燃烧过程需要氧气来支持其反应。没有氧气,燃烧过程就会停止。大气中常规的氧气水平是21%(大约是20.9%氧气,78.1%氮气,1%的氩气、二氧化碳和其他气体)。当环境中氧气水平低于15%时,烃类气体或蒸气不会稳定燃烧。乙炔是一种不稳定烃类,要扑灭乙炔火灾,需要氧气水平低于4%。对于常见的可燃物(木头、纸张、棉花等),要扑灭整个火灾,氧气水平必须低于4%或5%。如果添加足够数量的稀释剂,直到氧气被取代,燃烧过程才会终止。对于一些抑制方法,氧气不会从火灾中被移除,仅仅是与燃料分离。

5.4.3 燃料移除(泡沫隔绝,隔离,泵出等)

如果燃料在燃烧过程中被移除或消耗殆尽,对于燃烧过程没有更多的燃料供应来维持,燃烧过程将会终止。在一些情况下,燃料不是简单地从火灾中被移除,而是与氧化剂进行了分离。泡沫抑制方法是引进障碍物来隔离燃料与空气的好例子。储罐火灾和管道火灾可以分别使用泵出方法(例如,把储罐内物质泵入另一个储罐中)和库存隔离方法(也就是紧急隔离阀)作为燃料移除的方法。

5.4.4 化学反应抑制(清洁灭火剂全淹没,干粉应用等)

化学连锁反应的机理是燃料和氧化剂反应生成火灾。如果引入足够量的燃烧抑制剂(例如干粉灭火剂或者清洁灭火剂全淹没应用等),燃烧过程就会停止。化学火焰抑制通过阻止连锁反应,中断了燃烧的化学过程。

5.4.5 灭火焰(爆炸,喷气机)

对于相对点源的火焰扑灭可以通过氧气稀释、吹火焰或高速气流,就像吹灭蜡烛那样进行扑灭。当环境空气速度超过火焰速度的,这个方法就可行。该方法主要在特定的井喷控制操作中使用。烈性炸药的爆炸导致压力波,该方法通过把火焰与可燃的燃烧气体分离从而扑灭井口火灾。一些专业的装置也可以使用,可以使用喷气机来扑灭井口火灾。在俄罗斯的石油行业和海湾战争之后的很多井口火中,这些喷气机设备(喷气机固定在容器底部)已经开始被应用。

5.5 事件场景开发

作为由 OSHA 和 EPA 提出的过程安全管理的一部分,风险分析和应急反应管理都需要确定(也就是，鉴定和评价)在该位置可能发生的事故场景。例如PHA、What-If、HAZOP等风险分析技术，这些将会系统地检查一个过程来确定其与计划流程的可能的差距，这些差距就可能导致例如火灾或爆炸之类的事故。除此之外，紧急反应准备计划经常开发"可信"场景，这个可以开发需要的通用反应。这些PSM技术帮助理解可能发生的火灾和爆炸事故的类型、演化过程，确定可能采用的控制和抑制方法。

5.6 烃类爆炸和火灾的术语

可能发生在烃类设施中的不同火灾和爆炸的术语如下：

冲击爆炸——爆炸点周围的气体密度、压力、空气速度的瞬间改变。

井喷——烃类的高压释放，可能会也可能不会点燃。这个发生在钻井过程中遇到高压油气累积区域的，泥浆柱不能压制住地层流体，油气就会从井口喷出。

沸腾液体蒸气爆炸(BLEVE)——液体处于超过大气压和高于常压沸点温度下的容器中突然释放，几乎立即蒸发并相应的释放能量。

爆燃——是一种物质的传播化学反应，其中反应前端很快前进到未反应物质，但是在未反应物质中的速度小于声速。

爆轰——是一种物质的传播化学反应，其中在未反应的物质中，反应前端以大于声速的速度推进到未反应物质中。

爆炸——能量的释放，导致冲击。

火球——燃料空气云的快速的湍流燃烧，其中能量主要是以辐射热的形式释放出来，经常以球状火焰的形式上升。

闪火——起源于易燃蒸气、气体或雾云的点燃，其中火焰速度不会加速到足够高的速度来产生超压，因为没有足够的阻塞和限制来产生高速火焰。

向内破裂——一般由于容器或储罐的真空条件导致的向内破裂。

喷射火——起源于在某个特定方向下，处于压力下的持续释放的液体或气体的燃烧，是一种紊流扩散火焰。

超压——爆炸引起的与环境压力有关的任何压力，无论是正压力还是负压力。

流淌火——起源于燃烧燃料的火灾，由于重力作用而向低处流动。除了流淌火会移动或者排到降低的位置，其余的火灾特性与池火相似。

内部容器爆炸破裂——容器(也就是储罐或管道)的灾难性的开口，一般是由于超压和材料失效，导致了其内物质的迅速释放。

烟雾——富碳物质燃烧的气体产物，由于存在小的碳颗粒而变得可见，小颗粒是液态或固态的，是燃烧过程中空气供应不足的副产品。

溢出或池火——是易燃液体和压缩气体的释放，积累在地面上，形成一个池子，其中易燃蒸气在累积液体的液体表面燃烧。

蒸气云爆炸（VCE）——起源于易燃蒸气、气体或雾云的点燃的爆炸，其中，火焰速度加速到产生超压。

延 伸 阅 读

［1］ American Petroleum Institute(API). In: Hazard response modeling uncertainty (A quantitative method): evaluation of commonly used dispersion models, vol. 2. Washington, DC: API; 1992 [Publication 4546].

［2］ American Society of Civil Engineers(ASCE). Design of blast-resistant buildings in petrochemical facilities. 2nd ed. Reston, VA: ASCE; 2010.

［3］ Center for Chemical Process Safety(CCPS). Guidelines for evaluating the characteristicsof vapor cloud explosions, flash fires, and BLEVEs. New York, NY: Wiley-American Institute of Chemical Engineers(AIChE); 1994.

［4］ Center for Chemical Process Safety(CCPS). Guidelines for use of vapor cloud dispersion models. 2nd ed. New York, NY: American Institute of Chemical Engineers(AIChE); 1996.

［5］ Center for Chemical Process Safety(CCPS). Guidelines for vapor cloud explosion, pressure vessel burst, BLEVE and flash fire hazards. New York, NY: Wiley - AmericanInstitute of Chemical Engineers(AIChE); 2010.

［6］ Center for Chemical Process Safety(CCPS). Plant guidelines for technical management of chemical process safety. New York, NY: American Institute of Chemical Engineers(AIChE); 1992.

［7］ Department of Labor. 29 CFR 1910. 119 & 1926. 64, Process safety management of highly hazardous chemicals. Washington, DC: Occupational Safety and Health Administration(OSHA); 2000.

［8］ Dugan Dr K. Unconfined vapor cloud explosions. Houston, TX: Gulf Publishing; 1978.

［9］ Krieth F, Bohn MS, Manglik RM. Principles of heat transfer. 7th ed. Pacific Grove, CA: Cengage Learning, Brooks/Cole; 2010.

［10］ National Fire Protection Association(NFPA). Fire protection handbook. 20th ed. Boston, MA: NFPA; 2008.

［11］ Society of Fire Protection Engineers. SFPE handbook of fire protection engineering. 4th ed. Boston, MA: NFPA; 2008.

［12］ Steel Construction Institute. Protection of piping systems subject to fires and explosions, UK HSE research report 285, Her Majesty's Stationery Office, Norwich, UK; 2005.

第六篇　石化行业重大火灾和爆炸事故

从石油开发以来的统计情况表明,在开发初期,火灾事故时有发生。不幸的是,至今为止依然不断发生着这类事故。图6-1展示了过去几十年当中,事故的损失和高发的趋势。这对于企业而言,成本费用负担巨大。

研究事故资料具有重要的意义,可以从过去的不幸中学习经验教训,改进设计工艺和不当的操作流程等。然而,当分析事故资料的时候,并不是越多越好,应利用近期可用的数据来进行研究。随着技术和管理控制措施的改进,15~25年前的资料的利用价值可能微乎其微。

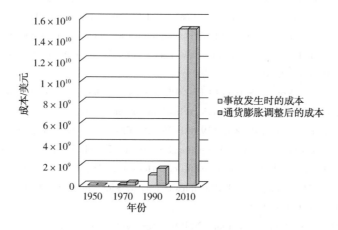

图6-1　往年主要事故的经济损失

6.1　石化行业事故数据库和分析的缺乏

至今,在美国联邦政府中,没有综合性的包含所有过程行业事故的数据库或者统计存在,也没有这样的信息可用,不便于用于分析事故趋势,调查事故根本原因等。

美国化学安全和危险调查委员会(CSB)调查了主要的化工行业事故,但是,像CSB之类的美国政府机构并没有综合性的事故数据库或者针对化学事故进行的国家统计汇编。职业安全和健康委员会(OSHA),国家应急响应中心(NRC),有毒物质和疾病登记办公室(ATSDR),环境保护署(EPA),以及其他的机构都有特定的数据库,这些数据库的覆盖范围、完整性和详细水平上存在不同。矿产管理局主要针对海上操作构建了一个事故数据库,然而这些被分区域而隔开。国家安全运输委员会(NTSB)调查了与运输事故相关的主要事故,也就是美国的管道、轮船和铁路事故。

OSHA 收集了关于伤害和死亡的数据,并进行了一些检查,但是在过程行业中,一般不对火灾和爆炸的原因进行分析。它只确定是否违反了联邦法律并作出罚款。安全和环境执法局对于美国的 OCS 石油操作承担了相似的职能。实际上,对来自整个石油、化工或者相关行业的火灾和爆炸的事故进行记录和分析的国家或国际上的政府数据库并不存在。

6.2 保险行业的角度

最容易获得的制造行业事故的公开资料来自保险机构,他们定期地发布制造行业的历史事故清单,供保险和制造行业使用,进而可以改进它们的运营并防止这种事故发生。

总体上,保险行业在分析事故、赞助研究、发布预防事故或者减缓其影响的方法方面有可观的利益。由于他们自身的利益,有时,他们的建议被行业认为过于保守。

6.3 石化行业的角度

石化行业制订了符合自身要求的规范,这些规范一般包含在 AIChE 和 API 出版物当中。公众几乎没有要求官方的石化行业事故回顾和分析报告。这可能是因为低水平的死亡率和石化行业的事故的低报道率。因为石油和化工行业通常不会威胁到公众,政府的监管一般是不必要的。然而,随着环境法规已经足够成熟以及不断增加的灾难性事故规模表明,在这种情况不盛行的地方,就必须要进行公众监管。

美国化学工程师协会(AIChE)的化工过程安全中心(CCPS)在 1995 年,通过改编自一个大石油公司的数据库开发了石化安全事故数据库(PSID)(http://www.psidnet.com)。这个数据库系统用于从参加的化工过程行业公司中收集具有高研究价值的过程安全事故,并且以保密数据库的形势来巩固它,并允许会员公司利用该数据库的分析结果和信息来研究事故趋势和经验教训。

如今所有的石化公司都对公开披露事故信息有相当多的法律限制,尤其是当涉及人员伤亡和财产损失事故或者可能会被起诉的情况下。因此,大部分主流信息(重大事故的法律诉讼过程中除外)不会由石化公司来传播或者发布。他们出于自身利益的考虑描述他们的操作是安全的,以此来取得较低的保险费和为企业的运作达到更广的公共接受程度。正如石油行业中的任何一个人都会秘密地告诉你,不是所有的发生在现场的事故都会得到报道,换一种说法可能是开玩笑的。

这是因为高生产率，安全生产奖励，促销，同行压力，害怕责备等形成的商业和社会压力导致的。在真实生活中，不可否认公众几乎不存在来报道事故的动机，除非有身体伤害或人员损伤发生。这个制度基本依赖于荣誉制度。在其他情况下，在事故报道中往往采用风险未充分识别这一说法。

6.4 影响石化行业安全管理的重大事故

表6-1和表6-2列出了石化行业相关的主要事故，它们对行业的管理和标准的制定具有重要的影响。因为这些事故对行业、政府和环境产生了重大影响，这些事故随后的调查表明，为了解决主要的安全缺陷，在设施的安全管理当中需要进行明显的改变。

表6-1 自1988年以来的20个最大的行业损失

日期	阶段	事故	地点	财产损失[①]/美元
2010-04-20	生产	井喷，爆炸，火灾和污染，平台毁坏	美国，墨西哥湾	>15000
1988-07-07	生产	爆炸和火灾，平台摧毁	英国，北海	1600
1989-10-23	石化	蒸气云爆炸和火灾	美国，得州，帕萨迪纳市	1300
1989-03-19	生产	爆炸和火灾	美国，墨西哥湾	750
2008-09-12	炼制	飓风	美国，得州	750
2009-06-04	生产	碰撞	挪威，北海	750
1991-08-23	生产	结构失效，下沉，平台船体的毁坏	挪威，斯莱北海	720
2001-05-15	生产	爆炸，火灾和船舶下沉	巴西，波斯盆地	710
1998-09-28	天然气处理	蒸气云爆炸	澳大利亚，维多利亚	680
2003-04-15	生产	暴乱	尼日利亚，拉沃斯	650
1988-04-28	生产	火灾	巴西，波斯盆地	640
2001-09-21	石化	爆炸	法国，图卢兹	610
2000-06-25	天然气处理	蒸气云爆炸	科威特，Mina Al-Ahmadi	600
1988-05-04	石化	爆炸	美国，内华达	580
2004-01-19	天然气处理	爆炸和火灾	阿尔及利亚，斯基克达	580
1988-05-05	炼制	蒸气云爆炸	美国，路易斯安那州	560
1992-11-01	生产	机械伤害	澳大利亚，西北大陆架	470

续表

日期	阶段	事故	地点	财产损失[①]/美元
1997-11-14	石化	蒸气云爆炸	美国，得州	430
1997-12-25	天然气处理	爆炸和火灾	马来西亚，沙捞越	430
2005-07-27	生产	爆炸和火灾	印度，孟买高	430

① 按通货膨胀调整。

表 6-2 影响石化行业的重要事故

事故	事件	长期影响
Flixborough 事故，英国 (1974)	错误的改造措施导致 40t 环己烷从临时接头泄漏，然后发生蒸气云爆炸，导致 28 人死亡，大多数是在控制室中	促使该行业意识到安全管理和绩效标准方法要于安全的描述性方法。作为危险识别工具，HAZOP 方法开始得到重点应用
塞韦索 (Seveso)，意大利 (1976)	一个处于暂停状态的农药反应器进行放热和释放其存留物，包括 2kg 的二噁英副产品。公司和当局的紧急响应很糟糕。导致很多动物死亡和环境影响	这个事故和福利克斯镇事故导致欧洲在 1986 年通过一项控制主要行业危害的指令。这个呈现绩效标准和安全报告观念。这个在 1999 年被更新为体现风险评估思想和增加环境影响的塞韦索 2 号指令
得克萨斯事故，美国 (1987)	在马拉松炼油厂的起重机事故导致物体落到氢氟酸反应容器上，大量有毒气体泄漏。但这个影响是有限的	在 OSHA PSM 规定的基础上，美国 EPA 开发出风险管理计划的延伸版本，解决了场外安全 (1996)
阿尔法平台事故 (Alpha)，北海，英国 (1988)	发生在西方海上生产平台的可控池火，该火由控制工作的失效导致，由于糟糕的紧急反应的拖延，整个设施被摧毁，167 人死亡。对西方的经济影响大约为 12 亿美元	基于调查的推荐（卡伦报告），英国引入了针对海上设施的安全案例方法，该方法很快在世界范围内被采用，作为最好的方法。西方在 1990 年从北海减少石油生产。
博帕尔 (Bhopal)，印度 (1989)	一家联合碳化物（公司合资企业）农药厂发生放热反应，导致了异氰酸甲酯的大量释放，超过 2500 人死亡。因为经济效益不佳，当地的管理人员允许停止使用九个相关的安全措施	美国过程行业建立了化工过程安全中心 (CCPS)，其目的是在公共区域采用最好的安全措施。公司发生了巨大的变化，价值降低。
帕萨迪纳 (Pasaden)，得州，美国 (1989)	飞利浦高密度聚乙烯 (HDPE) 工厂发生了维修错误，导致反应器库存完全损失，导致蒸气云爆炸以及 23 人死亡，130 人受伤。损失大约为 14 亿美元。见图 6-2	API 发布了其 RP 750 PSM 指导手册，OSHA 使用这个和 CCPS 指导手册作为 OSHA 1910 过程安全管理规定 (1992) 的基础。这些都是以绩效为基础，以工人安全为重点

续表

事故	事件	长期影响
瓦尔迪兹，阿拉斯加，美国(1989)	一艘埃克森的油轮搁浅，并且泄漏了 1100×10^4 gal 原油。人为失误是事故发生的主要原因。公众和政府对埃克森施加了巨大的压力	埃克森提出了行业领先的安全管理系统(OIMS)，并将其应用到世界上所有的业务范围。其他的领先的石油公司针对这次事故提出相似的或派生的系统。美国通过了 1990 年石油污染法案，要求到 2015 年，油轮必须是双壳
得克萨斯(Texas City,)，得州，美国(2005)	BP 石油公司炼油厂给异构化容器加注过量，从排气烟囱中释放出大量易燃蒸气和液体，导致巨大的蒸气云爆炸，导致 15 人死亡，170 人受伤	CSB 要求成立一个独立委员会调查 BP 北美分公司的安全文化和管理机制。Baker 委员会报告指出该公司缺乏过程安全管理。BP 首席执行官在 2007 年辞职。BP 在 2011 年出售了炼油厂
斯邦菲尔德油库(Buncefield)，郝特福德郡，英国(2005)	蒸气云爆炸和油库火灾持续了 5 天，因为液位计的失效而导致的汽油罐超载。四十人受伤，20 个罐摧毁。据称潜在损失为 10 亿美元	英国对该事故的报道和发现表明，在石油行业内，对主要的石油储罐厂区安排和操作检查
深水地平线(Deepwater Horizon)，墨西哥湾，美国(2010)	一艘租赁给 BP 石油公司的半潜式勘探平台在固井过程中发生事故，导致火灾/爆炸，导致 11 人死亡，平台沉没，大量的石油泄漏进入墨西哥湾。对 BP 石油公司的经济影响大约为 150~300 亿美元	因为大范围的环境污染，这个事故被报道为石油行业最糟糕的事故之一。增加了美国海上钻井的安全管理要求，重点是防止井喷。公司股票很快下跌了超过 30%。公司不得不出售资产来弥补经济损失。不久之后，BP 更换了首席执行官

6.5 相关事故资料

在回顾事故历史时，应该考虑到由于技术和操作措施已经发生了明显的改变，且持续控制技术不断改进操作实践，已经降低了人工需要。实际上，仅仅在过去的 10~15a 的已发生事故与现在的大多数石化设施的操作环境具有一定的相关性。

相似的是，只有直接与回顾的设施相联系的历史事故可以进行研究。不仅设施的类型要进行适用性检查(例如炼油厂对炼油厂)，而且设施周边的环境条件也应该考虑到。例如，在西伯利亚北部的石油生产设施不应该认为具有和秘鲁丛林相似的操作环境，无论是环境条件，技术可行性还是政治影响。墨西哥湾不能适用到北海，但是它可能和阿拉伯湾或南中国海相似。理想情况下，最好的损失历史来自设施本身，因为每个位置都有其独自的特性和操作措施。对于整个新的设施，必须进行最周密的对比(见图 6-2)。

图 6-2 得克萨斯州帕萨迪纳事故场景

6.6 事故资料

对过去 18 年，也就是 1995 年到 2013 年中石油和化学行业的世界范围内主要的火灾和爆炸事故摘录如下。本书的第一版包括了海上和陆上从 1960 年到 1994 年期间的直接财产损失大于 1 亿美元的重大事故。大量的小事故已经被记录下来，但是没有在此列出，但是可在其他参考资料中研究。经济损失主要指直接财产损失，不包括装置运行中断、法律、环境清洁、公司股票价值等方面的影响。

6.6.1　2013 年

11 月 28 日

美国密苏里州西部，天然气管道爆炸和火灾。

附近的居民被疏散，附近农场的七栋大楼起火并毁坏。报道表明管道公司 2008 年在大约 20mile 远的位置发生过相似的爆炸。这个事故导致了大约 100 万美元的损失。

财产损失和商业中断不清楚。

11 月 19 日

比利时安特卫普，炼油厂连续催化重整（CCR）单元蒸气爆炸。

爆炸发生在维修操作时的气体产生单元的蒸气系统，因为一个电动阀的阀盖与机体螺栓的失效。

2 人死亡，财产损失和商业中断未知。

11 月 14 日

美国得州米尔福特，LPG 管道火灾。

钻井队无意钻穿 10in 的 LPG 管道，导致了火灾；持续了两天，在 24h 内疏散了 1.5mile 区域的人员，相邻的 14in 的 LPG 管线被关闭。钻机在火焰中被完全吞没。

财产损失和商业中断未知。

8月17日

里海，井喷

Bulla Deniz 气田的 90 号勘探井钻探到 6000m 左右深度时发生了井喷，随后起火。灭火需要 2 个月时间。

财产损失未知。

8月6日

乌克兰卡尔洛夫卡，化工装置发生火灾和氨气泄漏。

在工厂的大修过程当中，火灾和氨气管道破裂事故发生。

5 人死亡，23 人受伤。

7月23日

美国墨西哥湾，钻机导致气体井喷并发生火灾。

导致钻台和井架的坍塌。

损失未知（见图 6-3）。

图 6-3　2013 年墨西哥湾钻井平台事故

6月13日

美国洛杉矶盖斯马尔，烯烃工厂的爆炸和火灾。

火灾起源于再沸器（这是热交换的特殊类型）的破裂，它正处于停用模式，放置在工厂的丙烯分馏器区域，与在用的再沸器相邻。在事故发生的时候，在用的再沸器的热输入系统正在进行常规的评估和分析工作。调查正在进行。

2 人死亡，估计有 5 亿美元损失。

1月5日

印度苏拉特 Hajira，油码头的火灾。

在石油储罐发生 21h 的火灾。

3 人死亡,财产损失估计为 800 万美元。

6.6.2　2012 年

11 月 16 日

美国,墨西哥湾,海上平台的爆炸和火灾。

爆炸发生在距洛杉矶发现之岛有 17mile 远的西三角 32 区块,平台 E 的海上平台上。美国安全和环境执法局(BSEE)通过对事故进行调查,发布了 41 个违法事项(INC)。

3 人死亡,财产损失未知。

9 月 19 日

墨西哥塔毛利帕斯州雷诺萨,天然气加工厂发生爆炸和火灾。

当局疏散了工厂周围半径 5km 范围内的居民。

26 人死亡,27 人受伤,损失未知(见图 6-4)。

图 6-4　墨西哥塔毛利帕斯州雷诺萨的天然气爆炸和火灾

8 月 9 日

委内瑞拉蓬托菲雷,炼油厂发生爆炸和火灾。

气云爆炸,并且使炼油厂和周围区域内至少两个储罐发生火灾。爆炸摧毁了炼油厂的基础设施和附近的房屋。

41 人死亡,80 人受伤,损失未知。

8 月 6 日

美国加利福尼亚里士满的炼油厂火灾。

火灾发生在炼油厂原油单元,空气中火焰和烟柱都是可见的,这影响了附近的居民。40 年的管道腐蚀导致泄漏,并且着火。据报道,邻近的 15000 居民在吸入了火灾的排放物后寻求治疗。公司收到来自 Cal/OSHA 的 25 次传讯。

财产损失和商业中断未知,大概有二百万美元罚款(见图 6-5)。

图 6-5　2012 年里士满炼油厂事故

8月2日

美国俄克拉荷马州塔尔萨，炼油厂发生火灾和爆炸。

在柴油加氢处理装置发生事故。

财产损失和商业中断未知。

7月29日

油轮发生火灾和爆炸。

马来西亚纳闽岛 Enoe 岛 Rancha 6.5 Ri 工业区一个 38000t 载重油轮正在装载 6t 甲醇，当时是在下暴风雨，小火灾产生了。火灾导致了至少三次巨大的爆炸。

5 人死亡，损失未知。

5月11日

马来西亚科尔斯天然气处理工厂爆炸和火灾。

在设定的维修关停期间，当承包商正在对预处理单元服务时，火灾发生了。

1 人死亡，23 人受伤，损失未知。

4月17日

美国得州西部，肥料配送厂发生爆炸和火灾。

硝酸铵是爆炸的导火索，但是初始火灾的起源仍然未知。

15 人死亡，超过 160 人受伤，超过 150 个建筑物被损害或摧毁，财产损失未知。

3月31日

德国马尔，石化装置发生爆炸和火灾。

工厂生产环十二碳三烯（CDT），一种用来做阻燃剂、调料和芳香剂的中间物。爆炸在 CDT 工厂的一个储罐中发生，这是由于用来制作 CDT 的催化剂的过量添加所致。

1.05 亿美元损失，2 人死亡，影响汽车行业，因为 CDT 用在尼龙树脂的生产中，用在燃料和汽车的刹车当中。

6.6.3 2011年

3月21日

美国肯塔基州路易斯维尔,化学制造工厂发生爆炸和火灾。

化工厂的巨大爆炸杀死两个工人,使其他两个人受伤,这主要是因为公司在过去的几年中没有对相似的并且小的爆炸事故进行调查,同时推迟了发生爆炸的大电弧炉的大维修。

2人死亡,损失未知。

3月11日

日本千叶县石原市,地震导致炼油厂火灾。

震级为8.8的海上地震和随后的海啸导致日炼油量 $22×10^4$ bbl 石油的炼油厂发生重大火灾。火灾在10天之后被扑灭,6人受伤,储罐被摧毁。

损失估计为5.9亿美元。

1月6日

加拿大阿尔伯塔麦克默里堡,含油砂炼油厂发生爆炸和火灾。

在主要含油砂升级单元(升级单元把来自含油砂的沥青转换为炼油厂可用的合成原油)发生爆炸和火灾。

4人死亡,10.07亿美元损失(见图6-6)。

图6-6 加拿大2011年受地震影响的炼油厂火灾

6.6.4 2010年

4月20日

美国墨西哥湾,海上石油生产发生爆炸和火灾。

在固井操作时,海上的半潜式平台经历了井喷,导致全部损坏和平台的下沉以及巨大的环境影响(2亿吨原油泄漏进入墨西哥湾)。

11人死亡,损失大于15亿美元(见图6-7)。

图 6-7 2010 年墨西哥湾半潜平台井喷和起火

4 月 2 日

美国华盛顿阿纳科特斯，炼油厂发生爆炸和火灾。

石油脑加氢处理装置单元正在维修。火灾起源于工厂中生产石油脑装置的失效。

7 人死亡，财产损失未知。

6.6.5　2009 年

10 月 29 日

印度斋普尔，油罐区发生火灾。

储罐中的火灾持续了 11d。

11 人死亡，财产损失为 4.5 亿美元。

10 月 23 日

美国波多黎各圣胡安 Bayoman，炼油厂发生爆炸和火灾。

在油库的 15 个储罐被毁坏，爆炸影响周围的建筑。

600 万美元损失(估计)(见图 6-8)。

图 6-8　2009 年波多黎各储罐池火燃烧

8月21日

澳大利亚帝汶海蒙达拉油田，海上石油生产发生爆炸和火灾。

海上平台的石油和天然气井喷事故。被认为是澳大利亚最坏的石油事故之一。油井持续泄漏，一直到2009年11月3日，总共74d。

3亿美元损失(见图6-9)。

2009

安哥拉，钻井/勘探爆炸和火灾。

井喷。

1.4亿美元损失。

图6-9 澳大利亚蒙达拉油田，海上石油生产发生爆炸和火灾

6.6.6　2008年

2月18日

美国得州大斯普林，炼油厂发生爆炸和火灾。

在丙烯单元启动过程中的泵明显故障导致火灾，摧毁催化裂化装置和三个储罐。

7.56亿美元损失。

6.6.7　2007年

8月16日

美国密西西比州帕斯卡古拉，炼油厂发生爆炸和火灾。

火灾发生在两个原油装置的其中一个。

损失为2.3亿美元。

3月2日

日本新潟市，石化厂发生爆炸和火灾。

静电点燃了甲基纤维素泡沫，导致粉尘爆炸。

2.4亿美元损失。

6.6.8　2006年

10月12日

立陶宛Mazeikiu，炼油厂发生火灾和爆炸。

真空蒸馏圆柱的材料问题导致的管道泄漏。

1.4亿美元损失。

4月26日

美国得州，石化厂发生爆炸和火灾。

丙烯制冷装置的事故。

2.0亿美元损失。

6.6.9 2005年

12月11日

英国赫特福德郡赫默尔亨普斯特德，Buncefield油库发生爆炸和火灾。

蒸气云爆炸和罐区大火持续了5d，起因是汽油罐液位指示器的失效导致的液量过多。四十人受伤，20个储罐被毁坏。

财产损失或毁坏的人的损失索赔高达10亿英镑。卫生安全局和环境署对最终的业主和操作者做出了860万英镑的罚款（见图6-10）。

图6-10 Buncefield油库事故

12月10日

德国Muchsmunter，石化厂发生爆炸。

己烷蒸气的释放导致蒸气云爆炸。

2亿美元损失。

7月25日

印度洋孟买高，生产中发生爆炸和火灾。

一艘供给船与海上平台相撞，使一根立管断裂，导致一场摧毁平台的大火。

22人死亡，1.95亿美元损失（见图6-11）。

图 6-11 2005 年印度洋海上平台火灾事故

3 月 23 日

美国得州得克萨斯城，炼油厂发生爆炸和火灾。

在维修过程中来自异构化装置的排气管突然释放物料。

15 人死亡，180 人受伤，2 亿美元损失。

1 月 4 日

加拿大阿尔伯塔麦克默里堡，炼油厂发生爆炸和火灾。

油砂炼油厂升级装置的油循环管线破裂。灭火时的冰损害也导致损失。

14.67 亿美元损失(8 个月内产量影响 50%)。

6.6.10　2004 年

8 月 10 日

埃及地中海，海上石油生产发生爆炸和火灾。

生产平台的井控事故(井喷)导致火灾，传播到附近的自升式钻井平台。

损失为 1.9 亿美元。

7 月 10 日

埃及地中海，海上石油生产发生爆炸和火灾。

自升式平台的井喷，火灾事故传播到邻近的生产平台。

损失为 1.9 亿美元。

4 月 23 日

美国伊利诺伊州伊利奥波利斯，化工厂发生爆炸和火灾。

在维修过程中，人为失误导致氯乙烯蒸气释放，然后爆炸和引起工厂火灾。

5 人死亡，损失为 1.5 亿美元。

1 月 20 日

印度尼西亚东爪哇省格雷席克，石化厂发生火灾。

机器过热火灾扩散到复合物。

2 人死亡，1 亿美元损失。

1 月 19 日

阿尔及利亚斯基克达，天然气加工装置(LNG)发生爆炸和火灾。

事故释放了大量的烃类，由邻近的锅炉点燃。

27 人死亡，财产损失为 4.7 亿美元。

6.6.11　2003 年

7 月 28 日

巴基斯坦卡拉奇，油轮发生石油泄漏。

油轮搁浅在卡拉奇港口附近，破裂成两部分。28000t 原油泄漏进海中。

损失未知。

7 月 8 日

津巴布韦哈雷奇，爆炸和火灾。

在油轮卸载时，它起火并且爆炸，据说是由于附近有人吸烟导致。

损失为 1.6 亿美元。

1 月 6 日

加拿大阿尔伯塔麦克默里堡，油砂原油生产设施发生爆炸和火灾。

烃类从管道中泄漏。

损失为 1.2 亿美元。

6.6.12　2002 年

11 月 22 日

摩洛哥穆罕默迪耶港，炼油厂发生爆炸和火灾。

废油与热设备接触。

2 人死亡，1.3 亿美元损失。

1 月 31 日

科威特 Raudhatain，石油和天然气收集/加压站发生爆炸和火灾。

邻近变电厂引燃了从管道中泄漏的油。

4 人死亡，损失为 1.5 亿美元。

6.6.13　2001 年

9 月 21 日

法国图卢兹，石化厂发生爆炸。

在仓库中不合规的硝酸铵爆炸并摧毁了工厂。

30 人死亡，4.3 亿美元损失。

8月14日

美国伊利诺伊州莱蒙特，炼油厂发生火灾。

原油蒸馏装置着火。

损失为5.74亿美元。

5月15日

巴西坎普斯盆地Roncador油田，生产装置爆炸和起火引起钻机沉没。

在维修过程中不合适的储罐排水操作。

11人死亡，5亿美元损失。

4月21日

美国加州卡森城，炼油厂发生火灾。

焦化单元的管道泄漏导致火灾。

1.2亿美元损失。

4月9日

安提瓜岛阿鲁巴Wickland，炼油厂发生爆炸和火灾。

减黏裂化炉上的泵滤网在检修过程中失效，导致石油溢出，进而发生自燃。

损失为1.6亿美元。

6.6.14　2000年

6月25日

科威特Mina Al-Almadi，炼油厂发生爆炸和火灾。

在泄漏维修过程中冷凝管道失效，3个原油装置被毁坏，2个裂化单元被毁坏。

5人死亡，损失为5.06亿美元。

6.6.15　1999年

12月12日

法国大西洋沿岸，油轮发生石油泄漏。

油轮解体，泄漏了300×10^4 gal重油进入到海中。

损失未知。

3月25日

美国加州里士满，炼油厂发生爆炸和火灾。

氢化裂解容器的阀盖失效，释放气体，并且伴有蒸气云爆炸和火灾。

损失为1.1亿美元。

6.6.16　1998年

12月3日

美国墨西哥湾，海上采油发生爆炸。

安装过程中上部组块掉落,落在驳船上导致爆炸。
损失为1.1亿美元。

9月25日
澳大利亚维多利亚朗福镇,天然气处理厂发生事故。
热油泵关闭导致容器冷却,当热油再引入时,导致了热交换器的脆性破裂。
损失为6.33亿美元。

6.6.17 1997年

12月25日
马来西亚沙捞越民都鲁,天然气处理厂发生爆炸和火灾。
铝热交换器元件在液氧存在下爆炸性燃烧。
损失为2.75亿美元,由于工厂重建,商业中断2a。

6月22日
美国得州鹿园,石化厂发生爆炸和火灾。
压缩机管道止回阀故障导致破裂。
1.4亿美元损失。

6.6.18 1996年

7月26日
墨西哥雷福马卡图斯,天然气处理厂发生爆炸和火灾。
由于故障隔离导致的泵检修期间的气体泄漏,这个导致了蒸气云爆炸。
损失为1.4亿美元。

6.6.19 1995年

没有大于1亿美元的报道。

表6-3提供了从2007年到2013年中期(2013年8月16日),来自BSEE数据库美国OCS事故的总结,也就是,墨西哥湾(GOM)和外太平洋(PAC)。在这段时期火灾和爆炸事故数量趋势呈现为非常轻微的下降(见图6-12)。

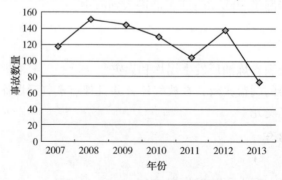

图6-12 2007~2013年美国OCS火灾和爆炸事故的数量

表 6-3 美国 OCS 事故分类（2007~2013 年）

类型	2007年 墨西哥湾	2007年 外太平洋	2008年 墨西哥湾	2008年 外太平洋	2009年 墨西哥湾	2009年 外太平洋	2010年 墨西哥湾	2010年 外太平洋	2011年 墨西哥湾	2011年 外太平洋	2012年 墨西哥湾	2012年 外太平洋	2013年至今 墨西哥湾	2013年至今 外太平洋
死亡	5	0	11	0	4	0	12	0	3	0	4	0	1	0
受伤	423	17	318	14	285	16	273	12	213	18	2	34	122	10
井控失效	7	0	8	0	6	0	3	0	3	0	4	0	7	0
火灾/爆炸	110	8	139	12	133	12	126	4	103	2	131	6	48	4
碰撞	20	1	22	0	29	0	8	0	14	0	9	1	15	0
泄漏（≥50bbl）	4	0	33	0	11	0	3	0	3	0	8	0		
其他	268	27	278	36	308	28	155	17	186	15	236	41	142	21
所有事故	837	53	809	62	776	56	583	33	524	35	648	82	335	35
事故量小计	890		871		832		616		559		730		370	

6.7 结语

按照全球石油和化工保险市场的评估，在 1993~2013 年期间，有大约 1100 个主要的保险索赔（也就是主要事故），总计大约 320 亿美元（指财产损失和商业中断）。他们的分析指出，这段时间内世界范围内的风险是恒定的，也就是，平均频率和成本效应是一个恒定趋势，既没有增加也没有减少。这个等同于每年大约 110 个损失，总共 20 亿~30 亿美元。

除此之外，这些损失还会与额外的损失事故比率金字塔相匹配，也就是随着损失个数的增加，损失的数量减小（也就是三角形中的台阶变宽）（见图 6-13）。

新项目目前（2010 年）在 500 亿美元性仍然存在，这与深水地平线事故的损失相当，单个事故造成更大损失的可能性仍然存在。行业必须采取更多措施来阻止这些事故，只有这样这个损失趋势才会下降。

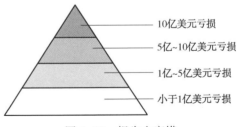

图 6-13 损失金字塔

大多数事故在非典型操作时开始出现，也就是，维修操作，开停车，钻井等。在这些时期，需要人员集中更多的注意力，具有更多的知识和经验来安全地操作设备。因此，这个也表明了工厂可以通过风险确认以及工程设计来增强安全性，以消除除过程安全管理技术之外的这些问题。

任何高密度的人员活动都可能导致相应的高死亡率事故。人员高密度区比如海上装置、钻井平台、办公室，或者靠近高风险过程或运输装置的生活区都是潜在的区域，在那里，一个小的事故都可能导致巨大的生命伤亡。如果这些区域所涉及的设备较为复杂，那么就增大了事故风险性。大多数事故的发生是因为缺乏系统完整性——泄漏和机械失效。火源通常为现场局部表面过热引起的。大的化工事故是没能及时隔离事件初发时的燃料供应的结果。其中，大量的危险材料被提炼、处理或储存，例如，管道、井口，或者工艺装置，事故中的任何升级都可能导致更高水平的伤亡或损失，否则就不会发生。

延 伸 阅 读

［1］ American Institute or Chemical Engineers（AIChE）. Incidents that define process safety. New York，NY：AIChE/Wiley；2008.

［2］ Department of Interior/Mineral Management Service. Accidents associated with the outer continental shelf，1956－1990，OCS Report MMS 92－0058. US Government Printing office，Washington，DC；1992.

［3］ Kletz TA. Still going wrong! Case histories of process plant disasters and how they could have been avoided. Burlington，MA：Gulf Publishing/Butterworth-Heineman；2003.

［4］ Kletz TA. What went wrong? Case histories of process plant disasters and how they could have been avoided. 5th ed. Burlington，MA：Gulf Publishing/Elsevier；2009.

［5］ Nolan DP. A statistical review of fire and explosion incidents in the Gulf of Mexico，1980－1990. J Fire Prot Eng 1995；Ⅶ（3）［Society of Fire Protection Engineers（SFPE）］.

［6］ Price-Kuehne C，editors. The 100 largest losses 1972－2011，large property damage losses in the hydrocarbon industries. 22nd ed. London，UK：Marsh Global Risk Engineering；2012.

第七篇　风险分析

安全工程专业的人员对"墨菲定律"都非常熟悉。"会出错的事总会出错","而且我更加相信该定律的推论"——"如果有一连串事情出差错,一定会以最糟糕的顺序发生,并造成最坏的结果"。风险分析是"墨菲定律"的某种论述,即通过对事件进行分析来判定其可能产生的破坏特性。

风险分析是一个术语,是一种适用于评估危险事件级别的技术。严格来说,风险分析作为一种工具,可根据事故发生的可能性和后果来预估潜在的危害。根据不同的检查标准,该技术既可用作定性分析又可用作定量分析。

可通过以下四个步骤定义风险分析：

1) 识别发生事故或场景。
2) 预测事故的发生频率。
3) 判定每个事故的后果。
4) 根据事故发生的频率及后果进行风险评估。

7.1　风险识别和评估

对石油及相关领域的现存设施及新建设施进行常规风险评估的基本方法通常包括以下步骤：

1) 设施的定义：确定设施一般性描述。设施的输入和输出是指生产、人员配备情况、基本过程控制系统(BPCS)、紧急停车(ESD)部署、防火理念、假定、有害物质成分等。
2) 危险识别：可燃物的加工和储存、生产过程可引发事故的清单。
3) 事件的发展：识别可能导致事故发生的情景。
4) 频率分析：对于事故发生概率或可能性的检查。
5) 后果模型：描述可能发生的事故；已被识别的风险具体级别。
6) 影响评估：根据人员伤亡、财产损失、营运中断、环境影响以及公众反应的角度,评估事故的潜在严重性。
7) 风险总和：综合评估事故发生的可能性和严重性。
8) 安全措施的影响：不同完整性保护层系统对事故预防和影响的缓解作用。
9) 对风险接受标准的审查：参照事故风险而选择的安全措施,使其可以达到企业风险管理标准的要求。

在项目设计危险识别和定义阶段,基本过程控制系统(BPCS)策略通常是结合过程的热量和物料平衡而制定的。

定性和定量评估技术均可用来考量相关设施的风险。评价的标准和等级应与设施存在的风险等级相一致。对于高价值关键设施或易受伤害的员工,应采用严格的评价标准。而对于无须人员操控的、常备的、低风险的设备,采用评审检查表即可。若需进行深层次的分析以确定安全功能的成本收益,或充分证明预期安全功能满足规定的安全要求时,则需进行专门研究。

通常,大型加工厂和海上设施需投入大量的资金,且容易发生诸多严重危害的事故(如翻船、管路损坏、轮胎爆裂、船舶碰撞等)。这些危害仅通过评审检查表不能得到严谨的评估结果。某些定量评估审查标准通常用来证明设备的风险处于公众、国家、行业和企业的期望值之内。

这些研究还指出,设施的安放位置和数量对于整套设施来说十分重要,或会引起整个设施单点失效。上述存在风险点一旦确定,应采取特殊应对方案,使可能引发上述危害的事件得到预防或消除。

下面是过程工业中采取的典型风险分析方法的简要说明。

7.2 定性评价

定性评价是基于学识渊博的专业人士的一般经验进行团队研讨,且该过程不涉及数值估算。总的来说,这些评价本质上是评审检查表,表中罗列的问题和工艺参数有助于对工艺设计和操作进行讨论,并借助风险识别趋利避害。

检查表或工作表:相对于设备的设计和操作,采用一张标准表格用来辨识典型设施所需具备的常见保护特性。风险表现为安全系统或系统功能的缺失。

预先危险性分析(PHA):一种定性的安全调查评价技术,包括对可能使潜在的危险变成事故的事件顺序进行严格分析。该技术首先对可能发生的不期望事件进行辨识,然后分别对其进行分析。接着,针对每一个不期望事件或危险制定可行的改善或预防措施。该方法的结果为判别"哪一类危险更应密切关注,哪种分析方法最为合适"提供了依据。该方法对于工作环境的评估也具有参考价值,因为缺少安全措施的行为很容易被识别。同时,借助频率和后果图,被辨识的危险可以根据风险进行排序,从而预先采取防护措施,防止事故发生。

安全流程图:一般的流程图用于识别设备运行时可能发生的故障。流程图可以辨识导致故障发生的途径,并提供可以减轻事故危害、保护设备的措施。同时,通过流程图还可以找出设备的不足之处。使用流程图有助于员工对工厂中存在的风险及安全措施进行了解。流程图将可能出现的情形进行层层剖析,非常通俗易懂。深入的风险概率分析也可以将流程图作为事件树或故障模式和影响分析的基础。

假设分析/检查(WIA)：由经验丰富和知识渊博的团队利用假设分析法(即头脑风暴或检查表方法)对可能发生的不期望事件进行安全审查的方法。为识别出风险的减小提供建议。

蝴蝶结分析(Bow-Tie)：一种定性的预先危险分析(PHA)方法。蝴蝶结分析是对故障树分析、因果分析和事件树分析三种传统安全分析技术的一种改编。充分认识和评估现存的安全措施(屏障)。然后在适当的位置确定和建议附加的保护措施。在蝴蝶结结构图的左侧描绘出场景发生的通常原因。在右侧描述可信的事故场景后果，包含相关联的安全屏障。蝴蝶结分析的一个特点是它的视觉效果，它用很容易理解的方式描述了所有操作和管理过程中存在的风险。蝴蝶结分析通常用于要求展示危险可控的地方，特别是需要阐明控制措施和管理系统之间关系的地方。

HAZOP：HAZOP 是 Hazard and Operability Study(危险和可操作性研究)的缩写。它是一个正式的定性安全检查技术，用来完成对新建或现有设施设计方案系统性的危险检查。主要目的是用来评估可能的危险，包括设计缺陷和设备整体间接影响等。这种技术通常由经验丰富的领导带领一个有资质的团队使用一套导致偏差的引导词，即更多/没有/反向流动；高/低压，高/低温等，确定检查中一个特定过程存在的设计问题(见表7-1)。团队通过这些引导词可以确定偏离设计初衷最有可能的情况和可能导致生产中出现的危险操作问题，这些问题之前没有得到解决或辨识。在辨识的误差情况中，要对过程的保护措施进行评估(即仪表、警报、间距等)，确保有充足的保护措施。利用危险后果分析和减小可能发生危险的措施用来判定设备风险。如果判定的风险不能接受，团队就会建议进行改进，也就是给出消除或减小危险到可接受水平的措施。HAZOP 安全检查方法在过程工业(即油、气、化工生产)作为提高厂区安全和操作的有效工具得到广泛认同。HAZOP 也广泛应用于其他行业，并以出版的文献和软件包的形式得到广泛支持。

表 7-1 HAZOP 偏差矩阵

引导词 过程参数	过高	过低	无	相反	部分	同样	替代	备注
流量	高流量	低流量	无流量	回流			损失量	连续运行
压力	高压	低压	真空		局部压力			连续运行
温度	高温	低温				冷冻		连续运行
液位	高液位	低液位	无				损失量	连续运行

续表

引导词 过程参数	过高	过低	无	相反	部分	同样	替代	备注
组成或状态	额外相	损失相		改变状态	不正常浓度	污染物	不适当材料	连续运行和分批运行
反应	高反应速率	低反应速率	没有反应	逆反应	不完全反应	副反应	失常反应	连续运行和分批运行
时间	很长	很短					错误时间	分批运行
顺序	靠后	靠前	左边出	倒序	部分左边出	临时反应列入	错误操作	分批运行

常见其他参数：腐蚀，公用设施失效，蒸气压，pH 值，热容量，混合，闪点，黏度，静电积累，启动-关闭

常见的其他化学过程参数：

① 错误的反应物混装：单体量过多，限定试剂不足，催化剂过量，催化剂错误，添加顺序错误或添加不当。

② 物质、成分和浓度负载混乱：未反应物堆积，气体不均匀分布，沉降固体，相分离，泡沫，或返工使用。

③ 原材料或设备污染：水，锈，化学残渣，传热流体泄漏或清洁用品泄漏。

化学品危险分析（CHA）：CHA 源自 HAZOP 方法，也可以认为是 PHA 的前身。用来分析石油化工或化学品处理过程中的危险。使用的七个引导词与 HAZOP 相同，没有、多、少、部分的、相反的和其他。然而，CHA 认为当按规定操作时（需要确认）化学反应基本是安全的，主要集中在规定操作之外的后果分析。然后以可能的危险记录作为参考考虑后果。可能有未知的后果，则需进一步研究或做试验。CHA 在之后的 PHA 中用作参考。

关系矩阵：通常在一个矩阵中将会在轴线上列出所有化工原材料、催化剂、溶剂、可能的污染物、建筑材料、生产中的公共设施、人为因素和其他可能因素。生产中的公共设施通常仅在一个轴线上，作为相互作用的公用设施在生产过程范围之外（这些通常在 HAZOP 中得到解决）。三个或者多个相互作用的部分，通常通过单个项目列出组合清单。然后考虑每个相互作用的影响，给出文件说明。文件应该包括预期作用的注释、特定参考和先前的事件。关系矩阵最好由化学家或化学工程师制作，然后分发给其他人填写空白处，做出修改和检查。由相互作用可能引发的未知后果，需要进一步研究或试验。

保护层分析（LOPA）：根据初始事件发生概率和具有防止危害后果发生的一系列独立保护层失效概率分析危害后果出现可能性的方法。LOAP 是公认的按照 ANSI/ISA-84.00.01 或者 IEC 61508 的要求为安全仪表系统（SIS）选择合适安全

完整性等级(SIL)的技术。这些保护系统中只有独立保护层(IPL)符合以下标准：

1) 降低风险：提供的保护减少了大量识别出的风险，即，至少 10^{-1}。

2) 专一性：一个 IPL 专门用来防止和减小一个可能危险事件的后果(例如失控反应、毒性物质的释放、容器失效或火灾)。导致同样危险事件的原因可能有多种。因此，多种事件场景可能启动 IPL。

3) 独立性：IPL 是独立于与识别危险关联的其他保护层。

4) 可靠性：它可完成设计需要它完成的工作，随机性和系统性失效也都可在设计中得到解决。

鱼骨图：一种因果研究方法。用来识别所有导致问题的根本原因。鱼骨图将可能的原因整理成图表形式，很容易找到解决问题的方法，因此也被称为因果图、石川图、人字形图等。它们之所以被称作鱼骨是因为跟鱼骨很像。通常导致一个问题有很多原因，因此一个有效鱼骨图会在类别和子类别中列出很多原因。详细的子类别可能来源于两个原因：团队或团体基于先前检查列表或其他来源收集的数据进行的头脑风暴。一个称作"5-Why"紧密相连的因果分析工具有益于构建鱼骨图，进行深入探究根本原因，见图 7-1。

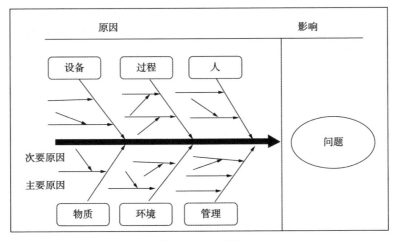

图 7-1 鱼骨图

相对排序法(DOW and Mond Hazard Indices)：这种方法以清单的核算表形式分别指定危险和保护措施相对的惩罚和奖励积分。惩罚和奖励积分组合成一个指数中，作为工厂风险相对等级的指示。

安全脆弱性分析(SVA)：2007 年 4 月，美国国土安全部(DHS)发布化工厂反恐标准(CFATS)。DHS 的目的是识别、评估、确保高风险化工厂的安全。标准要求工厂可以处理的化学物的量要在提交给 DHS 检查认可的安全计划 SVA(SSP)之上。SVA 评估的风险是来自故意行为导致的重大事故。系统和有条不紊地分析可能的威胁，针对工厂脆弱性评估这些威胁。从分析中，确定可能的后果及保护措施能否阻止或减小它们出现。

7.3 定量评价

定量评价是依靠历史数据或故障估计预测一个事件或事故发生的可能性的数值估计。这些评价通常被称作定量风险评价(QRA)。

事件树：一个逻辑模型，在事件序列中，以数字和图形形式描绘故障事件和环境的结合，呈现在一个年度评估中。

故障树分析(FTA)：针对一个特定事件的推演技术，通常称作顶部事件，构建一个所有可能导致这个事件的事件顺序(包括无意的和人为的)的逻辑图。它是一个逻辑模型，以数字和图形描绘设备故障、失效和人为失误的不同组合导致的关键事件，呈现在年度报告中。

故障模式和影响分析(FEMA)：FEMA 是设施设备细目、可能的故障模式和这些故障对设施设备影响的列表。故障模式只是对引起设备故障原因的一个简单描述。影响是事件、后果或系统对故障反应。它通常以表格的形式描述，并在年度评估中呈现。FEMA 不用于识别由故障组合导致的事件。它通常与其他危险识别方法一起使用，如 HAZOP 专门用于重要或复杂仪表的研究。同样具有故障模式、影响和危害性分析(FMECA)，是对 FMEA 的改变，包含对故障模式后果重要性的定量评估。

预先危险性分析、假设分析法、蝴蝶结分析法和危险和可操作性研究技术是最常见的定性评价方法，用于进行生产过程中的危险分析，而 SUA 通常用于满足过程安全分析的要求。定性评估达到公司危险识别的 80%，过程安全分析包括预先危险性分析、假设分析法、蝴蝶结分析法和危险和可操作性研究技术方法，剩下的 20%通过检查表、故障树分析、事件树、故障模式和影响分析等得到。

7.4 专项评估

专门研究调查是验证设备能否在紧急情况下进行有效应对的能力，通常采用精确数值估算。它们广泛用于证明安全系统存在或去除的必要性。最常见的研究如下文所示，但是由于每个设备都是独特的，可能需单独调查研究(例如海上环境中船的碰撞)。对于位于温暖浅水区无人值守的钻井平台(如墨西哥湾)，这些分析相对容易实现，但对于位于深水区的载人综合生产、分离和住宿平台(如北海)，这些分析通常是比较广的。这些从定量风险分析和总风险场景得到的专门分析，在事件影响评估中呈现。

泄漏估算：对选择的过程或位置烃化物泄漏的可能性和泄漏量进行估算的数学模型。通常，选择最高风险存量进行风险评估(即高毒或可燃气体)。

泄压和排放能力：根据公司工厂保护原则和行业标准(例如 API RP 521)，进行数值估算，判断进行气体泄压或液体排放需要的系统尺寸和时间。

可燃蒸气扩散(CVD)：对可燃气体泄漏可能性、位置以及气体扩散稀释到爆炸下限(LEL)或者不会再被点燃(通常定义为爆炸下限的50%)的影响距离进行数值估算。对于基础研究，使用主导风向(基于历史风向的玫瑰图)。根据风向和风速，在事故发生时，利用实时模型在厂区图上可视化地描绘出事件影响范围。

爆炸超压：对可燃蒸气泄漏而产生爆炸超压的数值估算。计算出从初始点产生的超压半径，直到超压大小无关紧要，即小于 0.02bar[3.0psi(绝)]。对封闭区域也要进行估算，估算排气阀能承受的超压。

安全系统寿命：对安全系统在爆炸火灾影响下保持完整性能力的评估。安全系统包括紧急停车系统(ESD)、降压、主动或被动消防、通信、应急电源、疏散机制等。

消防可靠性：根据消防系统任何部件没有故障的设计要求，评估消防系统提供消防水能力的数学模型，如平均故障间隔时间分析(MTBF)。

火灾和烟模型：对泄漏物质点燃燃烧产生的热辐射、火焰和烟的持续时间及影响范围的数学评估模型。这些估算后果与保护机制相比较，确保主要区域保护措施充足(即消防水、防火等)。

应急疏散模型：对机制、位置、时间进行研究估算，以便在紧急情况时从危险位置或设施完成所有人员疏散。

死亡事故概率(FAR)或死亡可能性(PLL)：是对在一个位置或设备处发生事故死亡等级的数值估算，而发生的事故是由于从事的工作性质和提供的保护措施导致的。可能会按年或项目时间来计算。

人的可靠性分析(HRA)或人为误差分析：在没有外来人为损害系统正常运行情况下，对在要求的时间内，系统要求的人的行为、任务或工作成功完成概率的一种估算方法。它提供由于工作环境、人机界面和要求的操作任务产生的人为误差的定量估算。这种估算可以确认操作界面的缺陷，显示人机界面的改善，提高系统的评估，包括人的因素，能展现对人为误差的定量预测。

成本效益分析：对投资收入和支出总价值的估算。它用来评估改进安全措施必要性。

CHAZOP：计算机的危险和可操作性分析。一种结构化的控制和安全系统的定性研究，用来评估和减小子系统故障对工厂冲击的影响或对操作自动校正措施的影响。它是基于 HAZOP 方法，但专门用于控制安全系统的适用于这个系统的引导词和参数，比如无信号、超出信号范围、没电、无通信、I/O 卡故障等。范围通常包括整个安全仪表循环，从现场仪表到继电器、PLC(DCSSCADA, PSD/ESD, F&G)、I/O 卡、断路器、制动器、局部控制面板、供电等。

EHAZOP：电的危害和可操作研究。电力系统的结构化定性分析，用来评估和减小由于电力设备故障等造成的可能危害。基于 HAZOP 方法，但专门用于电力系统，包括应用于系统的适当引导词和参数，如电涌、24V 直流电故障、不间断电源的可用性、蓄电池故障、缺少维修等。范围通常包括发电、转换、输电和配电、超负荷、不间断电源等。

对于海上设施有时制定附加专项研究。根据所审查设施的具体情况，可能包括以下检查项：

1）直升机、船和水下船舶碰撞；
2）空中坠物的可能性（来自平台吊车或钻井作业）；
3）恶劣的气候条件；
4）稳定的可靠性或脆弱性、浮力和推进系统（漂浮装置或船舶），见图 7-2；
5）临时避难所的生存能力（TSR）。

图 7-2　缺乏充足浮力的半潜式平台

7.5　风险可接受标准

风险可接受标准是通过对发生事故可能性和后果定量估算得到的。高级管理人员也利用该标准对额外的成本经济效益做预算判断。很多企业和每天的人事活动风险值已经发布，准备用来做比较。这些比较通常形成风险可接受水平的基础，已经应用到过程工业的不同项目中。

通常过程工业中特定设备的风险水平是基于两个参数中的一个。对于个人的平均风险，即事故死亡率（FAR）或可能的死亡（PLL）或设备灾难性事件的风险，定量风险分析（QRA）。风险标准可以以两种方式表示——年均风险（年度）或设备风险（生命周期）。为了一致性和熟练性目的，通常将所有量化风险指定为每年。在将价值分析用于保护方案成本选择比较中，通常用生命周期风险数计算成本效益值。在石油化工行业中，个人在设备中平均风险值不能超过 $1\times10^{-3}/a$ 已得到普遍认可。设备风险是每类事故事件发生概率的总和。同样地,对于大部分石油化工设备,设备风险每年不能超过1×10^{-4}。在风险低于正常水平的地方,要检查所有合理减缓措施的价值和实用性,实际应用中风险准则要尽可能低。在可用风险保护措施存在问题和风险水平高于可接受水平的地方,风险被认为"可接受"(As Low As Reasonably Practical,ALARP),见图7-3。

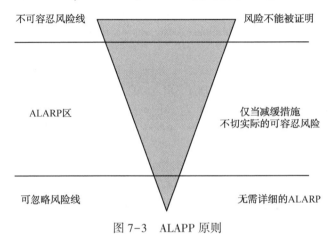

图7-3 ALAPP 原则

7.6 相关的精确数据资源

风险评估所用数据应该与检查设施有关。例如,对于得克萨斯州炼油厂,泄漏率可能与怀俄明州石油的生产运行没有高度相关性和可比性,两者环境和操作都是不同的。使用其他数据要给出一个解释,证明其被使用过;另外,在分析中,错误假设做主导会导致错误结论。使用高度精确数据,定量风险评价的结果通常也会与实际风险水平有一个数量级为10的差别,因为永远存在一些不确定性数据。为确保符合公司风险评估程序或政策(例如,与其他风险评估目的的对比和使用的数据资源相融合),要准备所有定量风险评估文档,也可能会提交给政府机关。

基于特定设备或装置每个部分的人力资源需求分析、设备大小和复杂性、成本估算可以用于完成任何部分或所有的风险评估(实地考察、数据收集、数据估算和核实、分析和结论)。

7.7 保险风险评估

在石油化工行业,作为评估的一部分,保险业测算师通常会通过对装置中可能发生的最有害灾难性事件进行测算,来独立估计设施可能遭受的最大损失(PML)。通常会考虑设施(适用的地方)潜在的蒸气云爆炸。通过计算高损失的可能性,如最大损失,可以确定保险所需的最大的风险水平,并可以基于该评估，定义保险责任范围。例如，一个生产单元辨识出烃化物最大泄漏量，评估蒸气云爆炸的可能性，确定爆炸超压和伤害后果，对设备的重置价值进行估算，进而可以确定这次事故的保险费率。

延 伸 阅 读

[1] American Petroleum Institute(API). RP 14C, Recommended practice for analysis, design, installation, and testing of basic subsurface safety systems for offshore productionplatforms. 7th ed. Washington, DC: API; 2007.

[2] American Petroleum Institute(API). RP 14J, Recommended practice for hazard analysis, for offshore platforms. 2th ed. Washington, DC: API; 2007.

[3] American Petroleum Institute(API). RP 75, Recommended practice for development of a safety and environmental management program for offshore operations and facilities. 3rd ed. Washington, DC: API; 2004.

[4] Assael MJ, Kakosimos K. Fires, explosions, and toxic gas dispersions: effects calculation and risk analysis. Boca Raton, Florida: CRC Press; 2010.

[5] Block A. Murphy's law, book two, more reasons why things go wrong! Los Angeles, CA: Price/Stern/Sloan; 1980.

[6] Cameron IT, Raman R. Process systems risk management. San Diego, CA: Elsevier/Academic Press; 2005.

[7] Center for Chemical Process Safety(CCPS). Guidelines for chemical process quantitative risk analysis. 2nd ed. New York, NY: Wiley-AIChE; 1999.

[8] Center for Chemical Process Safety(CCPS). Guidelines for developing quantitative safety risk criteria. New York, NY: Wiley-AIChE; 2009.

[9] Center for Chemical Process Safety(CCPS). Guidelines for hazard evaluation procedures. 3rd ed. New York, NY: Wiley-AIChE; 2008.

[10] Center for Chemical Process Safety(CCPS). Guidelines for process equipment reliability data. New York, NY: Wiley-AIChE; 1989.

[11] Center for Chemical Process Safety(CCPS). Guidelines for risk based process safety. New York, NY: Wiley-AIChE; 2007.

[12] Center for Chemical Process Safety(CCPS). Guidelines for independent protectionlayers and initiating events. New York, NY: Wiley-AIChE; 2014.

[13] Des Norske Veritas(DNV). OREDA(Offshore Reliability Data) handbook. 5th ed. Norway: DNV, Horvik; 2009.

[14] Dow Chemical Company. Fire and explosion index hazard classification guide. 7th ed. New York, NY: Wiley-American Institute of Chemical Engineers; 1994.

[15] European Safety Reliability & Data Association(ESReDA). Guidance document for design, operation and use of safety, health and environment(SHE) databases. Horvik, Norway: DNV.

[16] FM Global. Property Loss Prevention Data Sheet 7-42, Evaluating vapor cloud explosions using

a flame acceleration method. Norwood, MA: FM Global; 2012.

[17] FM Global. Property Loss Prevention Data Sheet 7-46/17-11, Chemical reactors andreactions. Norwood, MA: FM Global; 2013.

[18] Health and Safety Executive(HSE). A guide to the offshore installation(safety case)regulations 2005. 2nd ed. London, UK: HMSO; 2006.

[19] International Electrotechnical Commission(IEC). IEC 61508, Functional safety of electrical/electronic/programmable electronic safety-related systems, Parts 1-7. 2nd ed. Geneva: International Electrotechnical Commission; 2010.

[20] International Electrotechnical Commission (IEC). IEC 61511, Functional safety instrumented systems for the process industry sector, Parts 1-3. Geneva: International Electrotechnical Commission; 2007.

[21] Mannan S, editors. Lees' loss prevention in the process industries. 4th ed. In: Hazard identification, assessment and control. Oxford, UK: Butterworth-Heinemann; 2012.

[22] National Fire Protection Association(NFPA). NFPA 550, Guide to the fire safety concepts tree. Quincy, MA: NFPA; 2012.

[23] Nolan DP. Safety and security review for the process industries, application of HAZOP, PHA, what-if reviews and SVA reviews. 4th ed. Oxford, UK: Elsevier Publications; 2014.

[24] XL Global Asset Protection(XL GAPS) Services. GAP 8.0.1.1, Oil and chemical properties loss potential estimation guide. Stamford, CT: XL GAPS; 200.

第八篇　隔离、分离和布局

工业设施固有安全特征是设备和过程的隔离、分离和排列。一些出版物强调隔离是最基本的安全特性，可以应用于任一设备。从阻止人员或者设施受到令人担忧区域以外影响的角度来看，这个观点是正确的。然而，对于现在正在设计和建造的大型工厂和海上生产平台，这有点不切实际。毫无疑问，工艺设备上的载人位置(包括永久的和临时的)应该尽可能地远离高风险区域。重复的工艺流程、大量的工艺容器、各种储罐和数不尽的进出管线，限制了每个高危险过程风险单体远离彼此的可能性。此外，运行效率也会受到极大影响，建设费用也会增加。更实际的方法是整合隔离、分离和排列特点，得到一个更容易接受的有组织和运作能力的生产设施。这是最低的实际风险，但至少在一定程度上避免了设备之间的拥挤。

在设计之初就应考虑后期装置扩增的可能性，并预留相应空间。总体规划应该不变，只有对改变规划做了风险分析后才能进行重新布局。

设备布置过程中必须考虑地表径流问题。如果流体从一个区域轻易地流到另一个区域，分离的特性就没法实现。

8.1　隔离

隔离是将相似的过程组合到同一个重要区域。这可以实现以一种经济的方法对所有高风险单元做到最大程度的保护，同时以较少措施保护低风险设备。隔离的高危险区域也可以进一步与其他区域的设备和公共区域隔离。一些海上设施没有足够的空间用来实现隔离，主要的保护方法是给大部分区域配备防火防爆屏障。

主要设施隔离类别为工艺、储存、装载/卸载、燃烧、公共设施和管理等。每个类别又可以进一步细分成更小的风险区域，如工艺区域的单个单元或者细分成更多产品类型的储罐区。主要的隔离区域将会具有最大的安全距离，而细化区域并非如此，具体取决于区域提供的保护和个人风险。大多数石油化工过程都是按条理化排序过程进行的，从原料的获取，到生产制造，再到储存和成品输出。这种排序是对采用隔离减少损失需求的互补，将高风险过程集合到一起，低风险但重要的设备和办公室归并到远离高风险的暴露区。对于连续操作流程要控制花费，要求产品移动距离最小化。对于烃类或化工过程具体工艺流程的选择也将会最终影响整体布局(见图 8-1)。

| 火炬 | 入口 | 过程 | 存储 | 装载 | 公用设施 | 办公室 |

图 8-1　简化的工艺设备隔离安排

海上平台的某些设计隔离了这些过程(即分离、气体压缩等),设备远离住宿和公共设施区域。钻井模块应该位于生产和公共模块之间,其依据是确定油藏中可能出现事故相对较低的钻井风险水平。

所有安全系统应该多元化,尽可能避免单点故障事件的可能性。一个典型的例子,一个设施的消防水应从多个独立疏远的位置供应。

基于成本的考虑,根据风险等级进行隔离,油罐区通常根据罐的用途和类型隔离见图 8-2。

图 8-2　油罐区的隔离

8.2　分离

传统上,利用"间距表"(也就是在某些厂区设备之间要求的规定间距)分离工艺设备,每个机构都是基于各自评价做准备。保险间距表(如 OIL,OIA,IRI 等)通用于大部分行业。这可能基于一些选择性的历史事故制定,并不是基于当前科学方法确定的爆炸或火灾损害的可能性。它们不可能对所有生产过程的设计作出说明。在某些涉及风险的情况下,可能规定了很大或者很小的间距。其次,很多设备是在间距表得到广泛应用之前建造或者改造时没有过多参考间距表。因此,任何设备利用间距表重新布置,在应用或执行过程中花费会很高。一些石油公司甚至认为保险间距要求太保守(见表 8-1)。对专有行业间距表调查表明它们都是不同的。有些间距表在某些用途上存在差异，但基于运营公司图表合并的行业间距表不包括所有细节，尽管一些典型的间距表正在公开发布，例如CCPS指南。在运营公司的间距表与保险行业建议的间距存在明显的不同。同样，任何一个项目工程师会指示节省空间和物资，实现低成本、轻易地建成设备。因此，通常采用较短管道和较少管架等来压缩区域或使区域拥堵，但这在理论上与预防损失的要求不一致。

由于当前大部分正在运行的设施都是20世纪90年代末期建成的，今天我们所看到的间隔距离的规定，最初可能用于设施的整体规划。仅当一个最近或最新设计和建造的全新设施或者需要升级的设施时，才能对新的间距进行必要改进分析。

表8-1 工业和保险间距表对比　　　　　　　　　　　　　　　　　　ft

间距要求	保险行业要求①	石油行业平均值②	与保险行业的差值	所有平均值
控制室到压缩机	100	93	-7	90
开关柜到压缩机	100	65	-35	68
过程容器到压缩机	100	61	-39	65
燃油设备到压缩机	200	98	-102	111
储罐到压缩机	250	126	-124	155
储罐到火炬	300	158	-142	178
储罐到容器	250	100	-150	150
储罐到燃油设备	350	125	-225	150
压力容器到燃油设备	300	108	-198	131
控制室到燃油设备	50	78	+28	70
控制室到储罐	250	145	-105	168

① 工业危险保险人协会(IRI)(大约20世纪90年代)。
② 六家综合石油运营公司的平均水平(大约20世纪90年代)。

当前，有很多基于风险评估的导则用于确定厂区内安全间距。该导则尤其适用于固定的有人操作设施，包括永久的和临时性建筑。最近发生的事故都是由于靠生产装置太近。行业标准(如API)和保险组织准则(如FM Global)现在都提供了定位控制室、临时办公室等安放位置的信息，使其能远离火灾和爆炸过程危险。

采用基于风险的方法确定间距，需要考虑以下因素：

1) 在操作过程中有火灾、爆炸和毒害健康的危险物质。
2) 生产过程中的物料体积，在紧急情况下如何隔离或移除。
3) 暴露于烃类火灾时，工艺容器保持完整性的强度。
4) 一个设施中员工和承包商的人数和位置及工厂外被占设施的临近程度。

5）特定区域设备密度和价值。

6）关键设备连续操作的危险性。

7）暴露于邻近设备火灾和爆炸危险的可能性。

8）防火防爆措施的有效性，包括是主动的和被动的。

9）火炬释放液体或未燃蒸气情况的可能性。

为了实现这些原则，通常采用以下特点：

1）单个生产单元应该被分开，确保其中一个的事件对另一个的影响最小。

2）诸如蒸汽、电、消防水等这些公共设施，应该将它们隔离，免受事件的影响，这样它们才能持续发挥作用。存在大型设备或关键装置的地方，应该考虑从两个或多个远距离位置提供这些功能。

3）对于持续操作的最关键设备或者价值最高的单元，应该通过布局和间距给它们提供最大的保护。

4）异常危险区域应该尽可能远离其他设施区域。

5）为了更好地除去溢出物或蒸气云，应该考虑利用当前的环境情况，如对风、地形海拔。设施设备不要安装在易受到较多泄漏或释放蒸气影响的地方。

6）应该考虑避免邻近暴露的或其他公用设施处于可能断裂的位置，如管线、铁路、高速公路、输电线、航线等。

7）应急服务应做好进入厂区内所有区域的充足准备，包括消防设备、救援和疏散方法等部分。

8）火炬布置在可能发生物质泄漏的地方，以减少对工厂或外面其他暴露区域的影响。

8.3 载人设施和位置

对任何石油、天然气或相关设施的设计主要考虑保护员工、承包商和公众免受爆炸、火灾或有毒气体的影响。在所有情况中，人口密集区（如控制室）应该远离生产或存储区域的主风向方位，以免它们受到事故的影响。对于人工操作的控制室，这直接与理想位置相反，最好应该位于厂区中间，这样连接操控装置和仪表的费用将会最少，也更方便现场操作人员与控制室人员的交接。根据风险分析可知，当实际情况下控制室不能布置在远离生产区域从而避免可能事故直接影响的时候，控制室应该耐高温、防爆，能够阻止有毒气体侵入。

所有建筑物都有一定的抗爆能力。各种各样的行业参考文献可用来为已存在的建筑物和新建建筑物对爆炸的反应提供防爆设计指导。一个应用于行业的软件程序，名字为BEAST（Building Evaluation and Screening Tool），该软件是由PIPITC（the Petroleum & Chemical Processing Industry Technology Cooperative）开发的，可以模拟出常规建筑物对爆炸影响的反应。对于特定机构建筑物的损害程度如果高于

BEAST预测得出的级别，那么它就会被认为不可接受，需要采取额外的分析或减缓措施。

在进行生产设施的布局过程中，有人的位置应该优先选在最安全的位置。在生产设施中高水平员工相对比较集中靠近危险的主要位置通常是控制室和海上居住设施。因此，作为设施设计范围的一部分，必然要对这些位置进行充分的风险分析。除了成本影响和方便员工操作两个原因，其实没有其他什么原因要使这些区域靠近操作区域。历史迹象充分表明，海上平台控制室和宿舍，如果不能对其提供充分的保护措施，它们对爆炸、火灾、烟雾影响的抵抗力很低。

对于建筑物的排列应该考虑以下特点：

1）建筑物的短边应该对着任何潜在爆炸源。
2）对操作不是至关重要的人员居住房屋应该坐落在尽可能远的位置。
3）建筑物要远离拥挤狭窄的区域，以免受到爆炸冲击波的影响。
4）建筑物所处高度不要低于存在重气源的地方。
5）建筑物不要布置在有泄漏危险源的下风向。
6）建筑物不要布置在用来收集泄漏液体的排水通道和地势低的地方。

对于海上设施的理想解决方法是将宿舍安置在一个分离的平台上，用一个互通走廊连接，以避免受生产过程和平台上油气事故的影响。在住宿区域可以提供设备控制房间，会进一步加强员工的安全感和获得更高的效益。

对于陆上工厂的最新设计要配置集中控制室，在距操作设施适当位置外设置副控制室，将其作为分布式控制系统的一部分（DCS）。副控制室区域更接近操作过程。集中控制室和副控制室人员很少或者没有人员，因为控制能力的分散，所以设施在重大事故的总体风险水平会降低。边远的控制室有时作为过程界面建筑（PIB）或卫星界面房（satellite interface houses，SIH），仍然需要为它们选择位置，保护它们免受爆炸火灾的影响。

8.4 生产装置

生产装置在所有生产设施中占据核心地位，但由于高容量的物质可能泄漏，会产生蒸气云爆炸，引发大型火灾事故或导致有毒气体泄漏，所以也是危险性最高的位置。公司风险评估和保险评估会更关注来自这些区域中来自事故现场的最严重的工厂损坏或者厂区外影响。因此，在生产区域的位置选择和排列过程中越来越强调运用风险评估，而并不是严格依赖标准隔离规范。

由于生产设施通常是连续流水线生产，生产装置要安排在靠近管廊中央的位置，方便管线的进出。管廊架控制生产装置的一边，限制甚至有时会使这个区域关闭。生产过程本身可能包括卧式容器、高塔、收集桶、泵、压缩机、叫"滑道"的专门作支撑的设备。这些都将使该区域更加拥挤，增加该区域的总体风险。

用于生产装置内间距的标准主要用于确定起重机和作业车维修通道宽度,但对于非常拥挤的地方,要考虑空气流动的通畅性,便于驱散从事故中泄漏的气云,同时为应急救援提供通道(如手动消防操作)。合理利用自然风,可以更容易达到驱散蒸气的目的。

生产装置通常在高压、高温或低温条件下运行,存在大量高于大气沸点温度的易燃液体或有毒的物质,因此,相比于其他生产设施更加危险。

8.5 存储设备——油罐

油罐区域不仅要考虑与危险生产装置的间距,还要考虑与其他储罐的间距。最小的罐,如外壳与外壳之间,间距也有规定,通常与NFPA30一致,要符合易燃可燃液体的准则。它还包括对建筑物之间距离的要求。

规定是基于储罐物质、压力、温度、泄漏的管理规定和储罐的消防管理措施制定的。每个参数要符合最低要求。间距是用来防止一个罐发生火灾时影响临近的罐的要求距离。对于大型储罐和存有原油、热油、废油和乳胶分解物的罐,由于它们的风险高于正常值,要额外增加间距。

包括以下几种情况:

1)对于直径超过45.7m的罐,间距最小值为最大罐的半径。

2)对于直径45.7m储存有原油的罐,间距为最小罐的直径。

3)温度高于65.6℃的热油罐,不包括存有沥青、废油和乳胶分解物的罐,间距应该是该组中最大罐的直径。

影响油罐区储罐位置的最大因素是油罐区域的地势。自然倾斜的地势可以用于解决封闭区域中的排水要求,使溢出液体在储罐周围的积聚最小化。导流堤或路缘石可以用来将溢出物转移到更远并安全的地方。

主导风向应该用来发挥最大作用。对于成排的罐区,储罐应该与风向垂直而不是平行。这样一来,火灾形成的烟或火焰不会影响其他储罐。

储罐邻近的财产或暴露区域应该与生产区域周围的暴露区域同等看待,不能忽略对公共暴露区域的考虑。

8.6 火炬和燃烧坑

火炬或燃烧坑的位置选择一般原则如下:

1)个体和工厂设备设置在没有热辐射影响的区域,从而可以防止伤害和情况的恶化。

2)应该按照实际情况尽可能靠近所服务的生产装置。这样就为处理气体泄漏源提供了最短和最直接的路径,防止影响其他危险区域。

3)由于火炬或燃烧坑的固有危险性,应该远离设备和资产一线。它们也应

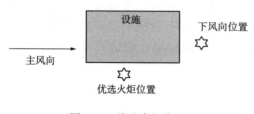

远离高危险区域或公共设施区域。位置要垂直主导自然风向,更应该远离大量泄漏气体的源点和生产或储存设施。首选是侧风位置,因为下风向位置,当风向逆转时,蒸气可能流回厂区,侧风位置发生这种情况的可能性不大,见图8-3。

图8-3 首选火炬位置

4)选择的位置不能出现液体从火炬系统中排出而接触其他设施的可能性。即使具有液体清除(例如,收集容器或圆桶)的功能,这一原则应同样适用。

5)对于不止一个火炬的地方,每个火炬的位置主要受操作要求的影响,但是也要考虑对于持续或独立操作需求。

8.7 重要的公用设施和辅助系统

在火灾或爆炸事故中,重要的公用设施如果没有给予足够的保护,将会受到事故影响。如果能保证这些公用设施在事故中完整性,它们将在应急救援中提供至关重要的服务和帮助。最常见的服务包括:

消防水泵:石油化工行业中,由于消防水泵在最初的事故中受到直接影响导致发生过几起灾难性火灾事故。造成这些影响的主要原因是消防泵本身所处位置没有给予充分的保护来防止可能事故的影响,同时没有可取用的后备水源。对消防布置网中单点失效分析可以有效地分析设计中存在的缺陷。对于所有的高风险位置,可以从几个远处的相互独立的地方提供消防水,并且与需要提供支持的公用系统相互独立,见图8-4。

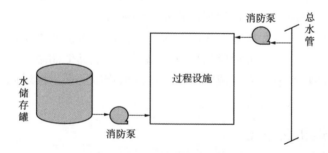

图8-4 供应过程实施消防水简图

电力供应:电力是运行所有紧急控制装置必不可少的。在电力能源设施或配电网不可靠或脆弱的地方,必须为应急系统和设备配备独立的电源(如应急发电机、UPS电池)。除非给予保护,不然电源、操控装置和仪表装置将在火灾中首先遭到破坏。最实用的解决方法是配备柴油驱动消防泵和蓄电池支撑的控制应急系统等。电火花检测器位于高风险区域,通常配备自动激活系统,例如弹簧回位应急隔离阀门或压缩空气罐来激活启动操作。备份系统及其位置的选择要基于该位置的最坏可信事件(WCCE)。

通信设施：在重大事故发生时，通信在提醒和通知设备人员和外部应急救援机构中起着至关重要的作用。通信系统不应该位于一个可能发生故障的位置，其中，主要核心问题是备用电源和远程备用信号站。此外，大多数主要设施有指定应急行动中心(EOC)，管理人员可以在那里集合，并协助事故管理和外部机构协调。EOC可以监控工厂生产过程，能够与外部沟通，不会在事故中受到影响，在紧急情况下，工作人员可以很容易地进入设施。

浮力和动力性能：海上浮船运营降低了运行成本，但也带来了额外的脆弱性因素。所有的浮式结构物必须确保浮力的完整性，不然会导致船舶沉没的灾难性后果。同理，在一些装置中提供动力系统来保证位置的稳定性。保险规定和大部分海洋法都要求所有主要船只要具有浮力系统，因为失去稳定性可能影响后续操作。因此，这两个系统是关键的支持系统，必须对其通过备份、保护措施或两者结合的方式进行风险和损失控制措施评估。

通风口：建筑采暖通风系统、空气压缩机、仪器仪表用气，气体压缩机的原动力、发电设备和泵的通风口尽可能安装到远离(水平或垂直)有粉尘、有毒和易燃材料的污染源位置，不应该安装在电类区域。如果靠近可能发生气体泄漏点的位置(由弥散分析确定)，应该装配有毒或可燃气体监测装置，警示可能的进气危害、关闭风扇或隔离(通过循环)空气。

8.8 布局

布局即是设施中设备方位、位置和组合的安排。目前，人们最关心的是容器、塔、罐、泵/压缩机和含有大量可燃物质的工艺系统的排列，特别是在高压或高温条件下运行的。为了满足控制损失的需要同时保证装置有效运行，高风险点就不能被其他过程或危险完全包围封闭。防火带通常是一条道路，有时是管架或开式排水系统(排水沟)，提供最经济的过程管道路线，作为一个有用的方法来分离相关过程或存储区。相比于具有高技术过程控制和仪器仪表的具有较长采购时间的替换容器——泵或压缩机，常见的管道支架(管道和结构钢)的损失可能最小。

储罐应该分组，在一个防火堤内储罐最多不能超过两列，通过道路分开，确保根据不同风向，消防通道在不同位置都是可用的，不能由于火灾产生的烟雾造成遮蔽。在普通防火堤内的大罐之间必须配备中间防火堤或排水通道，作为对溢出液体之间的一道保护措施。当一些小罐聚在一起时，不会产生大的影响，因此财产损失的风险也很低。在这些情况下，不需要在罐之间提供全部或中间防火堤。

高压工艺或储存容器的布置不应使其指向有人的或关键的设施或高库存系统，因为容器发生 BLEVE 爆炸时，容器的底部将会冲向脆弱位置，然后使事故扩大。为进一步增强本质安全，球状分离容器可以在很多情况下替代水平压力容器。这将减小蒸气云爆炸对其他暴露设施产生影响的可能性。

8.9　厂区道路——卡车通道、起重机通道和应急响应

设施的主要通道和出口应在上风向位置，侧风向有二级通道。这些位置相比于生产区域地势要高，因此，溢出物或泄漏气体就不可能对应急救援措施造成影响。对每个设施至少提供两个出口。

常规的卡车通道尽可能是规划在周边道路，而不是直接穿过工厂。这样就会阻止卡车事故影响生产区域，防止卡车撞坏管架或其他设备，控制它们在特定的区域。

对大部分生产区域要定期维修，替换旧的设备、进行设备升级扩大等，因此要求提供起重机通道。起重机的使用和加高需要大的区域进行操作。因此，工厂的设计过程中要考虑哪个地方可能会出现这种情况。尽量避免在运行设备上提升重物，因为物体可能会掉落，曾经发生过这种事故，导致发生重大烃类事故（1987 年，在美国得克萨斯州得克萨斯城，吊车负载落在炼油厂的一个容器上）。

延　伸　阅　读

[1] American Petroleum Institute(API). Recommended Practice 752, Management of hazards associated with location of process plant permanent buildings. 3rd ed. Washington, DC: API; 2009.

[2] American Petroleum Institute(API). Recommended Practice 753, Management of Hazards associated with location of process plant portable buildings. 1st ed. Washington, DC: API; 2012 [Reaffirmed].

[3] Center for Chemical Process Safety(CCPS). Guidelines for facility siting and layout. New York, NY: Wiley-AIChE; 2003.

[4] Center for Chemical Process Safety(CCPS). Guidelines for evaluating process.

[5] FM Global. Property loss prevention data sheet 7-44/17-3, spacing of facilities in Outdoor chemical plants. Norwood, MA: FM Global; 2012.

[6] National Fire Protection Association (NFPA). Fire protection handbook. 20th ed. Boston, MA: NFPA; 2008 [Chapter 19, Chemical processing equipment].

[7] National Fire Protection Association (NFPA). NFPA 30, Flammable and combustible liquids code. Quincy, MA: NFPA; 2012.

[8] National Fire Protection Association (NFPA). NFPA 59, Utility LP-gas plant code. Quincy, MA: NFPA; 2012.

[9] XL Global Asset Protection Services(XL GAPS). GAP 2.5.2, Oil and chemical plant lay out and spacing. Stamford, CT: XL GAPS; 2007.

第九篇　分级、遏制和排水系统

排水和地表液体围堵系统通常被认为是一种补充处理系统，很少在设施的风险分析中考虑。没有足够的排水能力，泄漏的烃类或化学液体除了被可能的火灾或爆炸消耗掉外，没有办法消散。液体处理系统也是一个潜在的危险源，因为其中可能分布着爆炸性混合气。因此，液体排放系统在避免、减少和阻止碳氢化合物导致的火灾爆炸中占据重要位置。排水理念和功能设计应该在设施设计之初进行审查。

工艺设施中的排水方法可以分为：表面径流或分级、围堤、重力式下水道（油污水、特殊水、清洁水）、加压排水管道、水泵站集水坑。

9.1　排水系统

地形、气象条件和有效处置方法的利用将会影响排水系统的设计，以控制由于设备失效、溢出或者操作错误造成的泄漏。此外，工艺设备的数量、间距和布置也会影响一个排水系统的性能。

根据风险分析频率水平等级，一个合格的排水系统应该可以应对任何位置发生的大量液体泄漏的情况，并具有有效泄放和集聚能力。常规做法是确保所有泵、罐、塔、容器等中有足够的排水系统，再配以地表径流或集水池。为满足公共厕所或油污水的处理要求，污水管道系统通常是落水式的。海拔不足的地方可用总管道，污水收集池要配备合适的抽水泵，一旦污水池中的液位达到一定值，将收集的液体转移到出口，管道通到另一个处理系统或处理站。

9.2　工艺和区域排水，包括密闭式排水系统

在整个工艺单元区域，排水系统的设计应该确保泄漏物质不会聚集或经过容器、管道系统或者电缆架。基本的的排水系统应该配备集水池，连接到地下油污水下水道系统(OWS)。一个油污水下水道系统通常包括地面径流，地面径流倾斜到连接到本地地下区域的集水池或收集槽工艺排水器，可以用于预期的生产或作为消防水。这个系统由一个地下管线系统组成，包括很多分支，通过集水池的水密封阀和人孔连接到主管道。液体通过主管道聚集到一个中心点，并进行油水分离，实现液体循环利用。

保护油污水下水系统的主要方法是阻止易燃蒸气或者液体从一个区域转移到

另一个区域，从而阻止在另一个操作环境中出现不希望的后果。因为火灾甚至爆炸产生的火焰可以引燃在消防水或地面径流顶部的碳氢化合物气体，从而传播到下水管道内。因此，污水管道系统应该设有水吸收密封装置，用于阻止燃烧液体从一个区域到另一个区域，通常用液态水进行密封；另外，可燃蒸气有可能释放到大气和碳氢化合物密封的排水管线。一旦排水容器用于处理过碳氢化合物，不管是从表面排水或者工艺流程，都应该全部用水清洗来重建水密封（见图9-1）。

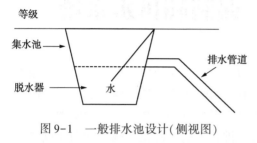

图9-1　一般排水池设计（侧视图）

管线密封应该存在通风孔，可以让内部气体流出；否则会形成静压气阻，阻止进来的液体排入系统。这些通风孔应该位于管线高端，从而使所有气体都排放出去。通气孔所在的位置不应该对工艺单元或公用设备造成威胁。在整个工艺区域中，人孔盖应该密封。如果人孔存在任何缺口，气体会通过缺口扩散而不是下水道。下水道应该远离生产区域、商场、有人的区域，减少可燃气体或液体从其他区域的开口出来的可能性。有很多关于集水池泵失效导致液体溢出和通过其他途径进入污水管道回流的案例，通过集水池使液体从一个区域扩散到另一个区域。

生活水下水道系统应该完全与油污水下水道系统隔离。类似的，工艺排气或放空系统不应该与下水道系统连接。

惯例和一般导则是防止可燃气体从一个生产区域转移到另一个生产区域，通常相距15m（50ft）或更远。通常，未密封的排水容器，如排水漏斗、中间槽、排水箱，要连到最近的密封集水池，从而可使其可以直接进入油污水下水道系统收集器。未密封的容器只被允许在可能发生气体释放的相同的工艺设备区域，由于液体接近排干，蒸气会被认为是无关紧要的，排水过程会释放这些气体。

密闭排水系统（CDS）专为处理液态烃、有毒液体、溶解在液态烃中的化学物质、腐蚀性液体、水性材料和其他易燃或有毒的液体流出物质而设计，以避免蒸气排放到大气中。

密闭排放系统是一种收集系统，由连接到选定的碳氢化合物排放口的管道和容器组成，用于遏制、回收或安全处理收集的液体，否则会导致碳氢化合物或有毒蒸气（例如硫化氢）排入大气或排油系统。封闭的排水系统与空气或氧气源隔离。它包括一个封闭的排水集管，侧向副集管，一个收集压力容器或桶以及一个液体传输系统。

密闭排水系统的目的是在设备停止使用时确保处置可燃或有毒物质时不会引起火灾，不产生影响健康或发生伤害的危险。密闭排水系统不应用于过程异常的情况，例如压力安全阀的排放。封闭的排水系统还应处理工艺用水，受烃污染的冷却水和其他废水流，以及直接排放到普通含油废水中会产生危险条件的水流。

密闭的排水收集压力容器或桶用于分离液体和蒸气，从而可以安全地燃烧或回收蒸气部分。分离出的液体被泵送到污水处理厂等适当的处置设施中，或循环再利用。

某些情况下，可以使用密封排水系统（CDS），排水过程中，物质可以直接进入油污下水道。任何情况下，密封排水系统具有避免气体释放的优势，但必须保证同时打开两个阀门或含有来自其他排水源的其他回压排水阀时，来自其中一个排水位置的回压不会把液体压入另一个排水点。

9.3 地面排水

应该制定规定，即使地下重力排水管网失效，也能避免液体扩散到其他过程或厂区外。设计原理应该指导泄漏的可燃液体远离重要或高价值设备。收集液体的处置点尽可能地远离工艺设备。这些规定通常包括对周边径流收集点、蓄水区域、辅以定向抑制或筑堤的油水分离池的表面进行分级。典型的表面径流分级约为 1%。

生产区域地面通常是耐磨的混凝土或柏油，是为给表面径流提供适当的定向分级而铺设的。地面径流应该是为使从断裂管线或设备流出的物质远离正在生产的设施或重要设备而准备的。地面排水可以通过低位围堤转移和排水沟进行强化。尽管这些强化措施可以用来帮助表面液体转移到偏远的蓄水区域，但是倾斜的道路铺设仍是溢出物收集的首选方法。铺路首选未经处理的地面或碎石，因为可燃液体会渗透进入地表内，在地下水表面聚集。在火灾事故中，这些液体会渗透回暴露的地表面，引发另外的火灾危险发生。可渗透的地表会导致工艺液体到达地下水造成其污染。

排水区域可以通过设备间距、隔离和排列规定建立的工艺火灾区域确定，例如起重机、维修操作、应急响应需求等这些在应用区域不相互干扰的地方，应该采用明沟排水。明沟应该设计为耐腐蚀的，如果曾出现过快速水流，则应该铺砌面。在铺砌表面径流，流速不应该超过 5m/s。

在设计排水系统时，对降雨量、消防水量和生产中溢出量都应该进行分析。生产中溢出量应该是容器最大可信泄漏或破裂量。估算溢出物的扩散范围的经验方法是利用近似值法，无限制的水平泄漏 3.8L（1gal）液体，最坏情况下，可以覆盖 1.86m² 的地方。在大部分情况下，消防水流量决定排水能力的设计。

对于一些小的设备（如生产分离容器），设计地表径流的正常做法是从生产区域提供一条斜坡中心线（如从中心管廊处）。同时规定要求隔离容器和泵免受溢出物的影响。径流水被收集到集水池或者设施边缘的集水通道里。对于大的设施(炼化装置、煤气化装置等)，区域分级以流到一个集中收集点或位置，这可以作为将一个火灾风险从另一个火灾风险分离出来的方法。由于集水池在溢出事故发生后可能形成一个液池，因此集水池应该远离设备和主要的结构支架。排水沟不应该位于管廊或者其他含有大量液体源的下面，否则当它们被点燃时，会在关键设备下形成一条火线。所有生产区域的集水池的数量都应该受到限制，从而阻止"收集池"的数量。通常的做法是限制排水面积在 $232.5m^2(2500ft^2)$ 以内，根据溢出量与消防水量在区域中按大小顺序排放集水池获得最大流量。所有的集水池都应该做适当水封，阻止可燃蒸气传播到其他未受事故影响的区域。鉴于以后发展的需要，地下管道应该埋在可以挖出的地方。通常，管道路线不能规划在巨石或混凝土下面。

地面排水应该足以排放消防扑救行动或雨水天气的最大水量，以较大者为准。

9.4 明渠和明沟

地下或封闭排水沟优于明沟，因为封闭排水沟可以用来消除该区域中溢出的液体从而不会使设备暴露于燃烧的液体中。此外，明沟可以作为比空气重的气体的收集点。使用时，明沟不能携带消防水和燃烧液体进入另一个着火区域。如果不可避免，应该在着火区域之间的明沟系统设置防火堤。另外，消防规范通常规定在液化天然气(LNG)区域禁止使用封闭的排水沟，除非用于快速携带溢出的 LNG 使其远离重要区域。明沟的尺寸根据可能的液体流量和气体形成速率进行设计。

对于其他方法无法使用的地方，地表径流可以提供一个周边或中间收集渠或明沟，可以将液体输送到远处蓄水区域，像地面排水渠、通道、明沟、水槽或收集区域，不能经过电缆线、管廊、容器、罐或工艺设备下方或附近，县全靠近消防水的地方。如果被点燃，将会影响上述这些地方，可能释放更多加重事故灾害的物质。明渠不能用于生产区域，作为替代，可以使用一个带有收集池的油污水下水道。历史事故表明，当表面渠道可用时，很多生产火灾已经开始蔓延。在排水渠流入管道或涵洞的地方，应该为在管道堵塞或泛滥情况下的优先流向制定规定。通常的惯例是，在含有大量重气的生产区域的远处也设置明渠或明沟，这样就不会使其聚集和扩散到其他区域。

9.5 泄漏防护

对于不能使用地面排水进行安全消除液体的地方，可以用围堤来防止损害财产和设备的事故发生。围堤主要用来控制罐泵循环、底部泄漏、管道失效，限制火灾事故中液体的扩散，包括危险液体和消防水流动。围堤内存储的溢出液体量是有限的，需要通过围堤外的带有控制阀的排水管道将溢出的液体排出。经验表明，正常情况下，全部围堤容积能力不可能被全部利用或需要。因此，围堤区域排水通道通常是关闭的，直到事故发生，才将其打开。一个区域无人值守时，可能会发生泄漏，围堤将在液体排入下水道之前储存它，这在当时可能并不理想。

围堤应该使液体流到（以最小的暴露管道）一个防火堤内的低点，使其远离发生泄漏的设备。积聚的液体可以很容易地通过排水或抽水系统清除（如排水泵、移动真空卡车）。

生产单元泵组通常是关闭的，通过防火堤（150mm 的矮墙）收集少量泄漏物质，而在防火堤边缘角落会有一个集水池。在围墙内的部分直接远离生产泵与排水系统相连。作为一个补充的安全措施，从抑制区域流出的液体，通过远处的排水通道转移从设备中溢出的大量液体。在碳氢化合物泵周边通常会有 150mm 的围墙。在充油变压器附近，燃烧有液体燃料的熔炉和有易燃液体的炉管，通常也会采取措施抑制泄漏液体扩散。

罐围堤内的排水坡要确保任何从罐、管道或管路溢出的液体排出。罐附近的水沟或排水渠可能会发生小的火灾，削弱与储罐的连接，释放里面的物质。任何围绕罐的水沟都应固定在一个距罐比较安全的位置。排水沟不应该在罐式混合器、主要阀门或罐的任何入口处。围堤内地面应该进行硬化，将液体直接排到集水池。

防火堤不能妨碍消防工作或阻碍溢出液体蒸气的扩散。很多行业标准要求防火堤平均 1.8m 或更矮。在防火堤区域的应急通道或出口处，允许进行额外加高。在沸溢或溢出事件中，罐可能会发生灾难性失效，一定要注意防火堤中油的波动。涌动的油的高度可能会超过标准墙的高度。

当几个罐位于一个防火堤内时，可增加小防火堤或改变防火堤的高度，如将 305mm 的防火堤变为 457mm 的防火堤，减小罐之间因小的泄漏而威胁所有罐的可能性（见表 9-1 和表 9-2）。

表 9-1　围堤设计需求对比

标准	围堤容量	排水坡	围堤高度限值
AIChE Guideline for Eng. Design Safety	参考 NFPA30	参考 NFPA30	未提及
API 12R1	最大罐的体积加上 10%降雨量	倾斜远离罐	未提及
API Bulletin D16	最大罐的体积加上足够降水预留	未提及	未提及
API RP 2001	与 NFPA30 一致	与 NFPA30 一致	与 NFPA30 一致
API RP2610	最大罐，降水的留量，偏远积水的考虑（参考 NFPA30）	距离罐体 15m 或距离围堤基部的 1%斜坡，取两者中最少的	在内部等级之上平均不超过 2m

续表

标准	围堤容量	排水坡	围堤高度限值
EPATile 40	最大罐的体积加上足够降水预留	未提及	未提及
NFPA 15	参考 NFPA30	参考 NFPA30(1%关键设备)	参考 NFPA30
NFPA 30	最大液体释放量加上在围堤高度以下区域其他罐的体积	距离罐体 15m 或距离围堤基部的 1%斜坡,取两者中最少的	未提及
NFPA58	最大罐体积加上足够的积雪量,其他容器和设备	将溢出液体转移到尽可能远的围堤系统	未提及
NFPA 59A	围堤内只有一个液化天然气容器的,要遵循以下选项之一: ①容器最大液体容量的 110%; ②蓄水的目的是 100%承受容器灾难性破裂的动态冲击; ③蓄水高度 100%等于或高于容器最大液体水位。 对于多个液化天然气容器,选择以下选项之一: ①在蓄水区域所有容器最大容量的 100%; ②在蓄水区域最大容器的最大容量的 110%,是用来防止任何容器由于接触火、低温或随后从任何其他容器造成的泄漏	参考 NFPA30	在 100kPa 或以下运行的容器上,高度基于防火堤与罐的壁距和罐中最大液位的距离

表 9-2 排水系统要求和能力分析

火灾风险区域	消防水流率/(gal/min)	最大液体泄漏量[①]/bbl	下水道体积流率/(gal/min)	容量规定/bbl	径流要求
装置区	3000	500gal/min	3500	25[②]	0
储罐	2000	50000	2000	50000	0
装车	1500	100	1000	0	100bbl+500gal/min
泵站	1000	20	1000	20[②]	0

①储罐/容器破裂或 WCCE 估计泄漏率(可能需要考虑降雨量)。
②为防止偶然泄漏准备。

延 伸 阅 读

[1] American Petroleum Institute(API). RP 12R1, Recommended practice for setting, maintenance, inspection, operation and repair of tanks in production service. 5th ed. Washington, DC:

API; 2008.

[2] American Petroleum Institute(API). Bulletin D16, Suggested procedure for development of spill prevention control and countermeasure plan. 5th ed. Washington, DC: API; 2011.

[3] American Petroleum Institute (API). RP 2001, Design, construction, operation, maintenance, and inspection of terminal and tank facilities. 2nd ed. Washington, DC: API; 2010 [Reaffirmed].

[4] American Petroleum Institute(API). RP 2610, Fire protection in refineries. 8th ed. Washington, DC: API; 2005.

[5] American Society of Mechanical Engineers(ASME). ASME A112.1.2, Air gaps in plumbing systems(for plumbing fixtures and water-connected receptors). New York, NY: ASME; 2012.

[6] FM Global. Property Loss Prevention Data Sheet 7-83, Drainage and containmentsystems for ignitable liquids. Norwood, MA: FM Global; 2013.

[7] FM Global. Property Loss Prevention Data Sheet 7-88, Flammable liquid storage tanks. Norwood, MA: FM Global; 2011.

[8] Institute of Electrical and Electronic Engineers(IEEE). IEEE 979 guide for substation fire protection. Piscataway, NJ: IEEE; 2012.

[9] Institute of Electrical and Electronic Engineers (IEEE). IEEE 980 guide for containment and control of oil spills in substations. Piscataway, NJ: IEEE; 2001[Reaffirmed].

[10] National Fire Protection Association(NFPA). NFPA 15, Standard for water spray fixedsy stems for fire protection. Quincy, MA: NFPA; 2012.

[11] National Fire Protection Association (NFPA). NFPA 30, Flammable and combustible liquids code. Quincy, MA: NFPA; 2012.

[12] National Fire Protection Association (NFPA). NFPA 58, Liquefied petroleum code. Quincy, MA: NFPA; 2011.

[13] National Fire Protection Association(NFPA). NFPA 59A, Standard for the production, storage and handling of Liquefied Natural Gas(LNG). Quincy, MA: NFPA; 2013.

[14] National Fire Protection Association (NFPA). NFPA 329, Handling releases of flammable and combustible liquids and gases. Quincy, MA: NFPA; 2010.

[15] XL Global Asset Protection Services (XL GAPS). GAP.2.5.3, Drainage for outdoor oil and chemical plants. Stamford, CT: XL GAPS; 2006.

第十篇 过程控制

过程控制在控制过程事故和执行一连串的紧急行动中发挥重要的作用。没有充分和可靠的过程控制，一个意外的过程就不能被检测、控制和消除。过程控制能从简单的手动操作到电脑逻辑控制变化，用辅助的仪器反馈系统，能远程控制所要求的动作点。这些系统被设计为尽量减少激活二级安全设备的需要。工艺原则、允许误差、可靠性和过程控制的方法都是固有的安全机制，这些将会影响设施的风险等级。

10.1 人的观察

过程工业中，最有效和最可靠的过程控制是人的观察和监视。配备现场设备包括压力、温度、液位监测仪表以及控制室仪器，这样就可以进行人工观察和操作。首先，提供阶段的过程警报以警告他们尚未注意的操作条件。通常，当到达二级警报阶段时，电脑控制系统就会采取自动补救措施。

10.2 电子过程控制

工艺设施的控制技术现状设备是电脑微处理器，或者通常称之为编程逻辑控制器(PLC)。它通常由分散数据仪器组成，仪器被反馈到分段控制系统作为总体过程管理系统设计的一部分。编程控制系统用于大部分控制系统、安全功能和检测与控制系统。这些系统包括集散式控制系统(DCS)、编程逻辑控制器、个人电脑、远程终端，或者是一个通过通信网络所排列的组合。

集散式控制系统(DCS)满足集中控制，但允许具有明确定义的层级分散局部控制中心。它可以为操作员互动提供及时的视频显示面板，而不是传统的计量仪器和状态指示灯，这些现在只在本地设备面板上使用。DCS 在功能上和物理上将系统或区域的过程控制隔离在建筑物内的不同位置。这种隔离可以防止系统的一部分受到伤害或停机而影响整个设备或操作，就像物理零件被分离和隔离采取风险保护措施一样。通常来说，隔离的 DCS 控制室配有自己的庇护所，通常是过程接口建筑物，或者是卫星仪表室。这些设施的保护和位置应该被仔细选择并进行风险分析，因为这些仪器至关重要，并且很容易影响相同过程区域或者主要控制室。

当电子控制被指定时，应该严格检查以下特征：

1）按需运行系统的可用性。
2）兼容组件的选择。
3）系统中失效模式和对系统控制的影响。
4）公用物资的设计和可靠性。
5）软件命令的控制和完整性。
6）远程输入、检测和控制(作为备份利用)的可能性。

10.3 仪器仪表、自动化和报警管理

高度复杂电脑控制的设备自动化与控制系统是工艺设施的标准配置。自动化控制为预处理条件提供更紧密的控制，从而提高了效率。提高的效率带来了更高的生产率。自动化也减少了对操作人员的要求。然而，仍然需要其他员工来检查和维持自动化控制系统。所有的过程控制系统都应该有操作人员监控并且可以进行备份控制或者由操作员控制。

API RP14C 当中概述了建议用于工艺设备和部件管理方面的控制和仪器系统，在过程工业中仍在使用。所有的过程控制系统都是通过过程危险分析评价的，如果所提供的机制适用于防止事件的发生，那就认为是过程控制系统。

对于高风险过程来说，两级报警仪器(即高/高-高、低/低-低等)、自动化过程控制(PLC，DCS 等)和停车系统，这些都是始终应该要考虑由人工干预备份。对于使用报警指示的地方，应该提供需要操作人员确认的信息，当前通常采取触屏的方式进行确认。

显示栏中应能够显示出功能状态的变化，而不是简单地显示出已经启用的控制系统。例如，阀关闭指示器的灯应显示出阀门实际关上了而不是只启用了阀门关闭控制系统。

无论使用哪种方法，对应用在设备中的基本过程控制系统(BPCS)来说应该都有一个清晰的理论，使它能在每个过程和所有设备中保持一致。应用方面的一致性将避免由人工操作所带来的失误。某原理应该包括测量、显示、警报、控制回路、保护系统、联锁装置、特殊阀门(即 PSV、止回阀、EIV 等)、故障模式和控制机制(也就是 PLC)。

报警系统工作原理涉及输入数据、数字、类型、报警系数、显示和优先权，需要考虑操作人员的信息接受量，即报警和状态信号之这间的区别(见表 10-1)。

警报指示应按照信息和警报状态的等级排列，这样操作员就不会被淹没在与需要启动的人大量的警报指示中。如果存在这样安排，他也许不能及时地区分关键警报和一般警报。在高度紧张的状况下，操作人员有时候根据冲突或者不完整信息不得不做出决定。因此对于灾难性事件来说，必须保持重要警报尽可能简单直接。

表 10-1　典型控制台警报反应操作

设备运行	操作动作	报警信息
依据设计运行	无动作	无
与正常运行有差异	DCS 监控	信息差异
过程混乱	操作员介入	操作警报
事故	紧急关闭	重要安全指示和警报

仍值得一提的是工程设备和材料用户协会(EEMUA)发布了它的 191 号警报系统—设计、管理和采购指南,对于各种不同的工厂情景(故障处理、常规操作等)推荐某一警报频率。尤其对于重要的工厂事件,建议在前 10min 内将峰值报警设置为不超过 10 次(工厂故障报警频率小于 10 次/10min),正常操作时为平均每小时 5 次。这增加了人们对人为误差在事件中发挥作用的认识,尤其是超负荷报警,警报状况沟通不畅,操作员应付异常情况培训不足以及绕过安全措施等。

10.3.1　警报管理生命周期

如果有完整的警报生命周期管理流程文件,那么警报系统管理将是最有效的。这可以是警报原理的一部分,还应详细说明关键因素,例如警报选择、设置正确的警报优先等级及其精确配置。有效的警报管理系统可促进安全可靠的操作,同时最大程度地减少操作员在现场和控制室中所造成的麻烦、重复、噪声和混乱。

10.3.2　警报系统关注的区域

在整个过程工业中,都有共同的因素导致警报系统的设计或配置不佳。这些包括以下内容。

10.3.2.1　不需要操作员操作的警报

过程警报的基本目的是提示操作员采取措施纠正警报状况。控制系统有时会充满不必要的通知警报。这些通知被配置为通知操作员有关过程中的步骤更改。由于这些警报很容易使系统过载,因此需要密切注意。这些重复的通知可能导致操作员自满,从而导致在不采取任何纠正措施的情况下无意中确认了实际警报。

10.3.2.2　优先级混乱的警报

至关重要的是,需要根据不采取措施可能导致的后果对过程警报进行优先级排序。如果警报的优先级不明确,则操作员将遇到后果严重程度相同的多个警报。通常,过程警报被划分为多个优先级,例如紧急事件(优先级 1)通常占过程警报的 5%,高级别警报(优先级 2)通常占过程警报的 15% 和低级别警报(优先级 3)通常占过程警报的 80%。这些优先级的描述通常如下:

优先级 1:操作员需要立即采取行动,如果不立即采取措施,将导致设备停机或发生事故;

优先级 2：需要操作员迅速采取行动，有可能关闭设备或发生事故；

优先级 3：需要操作员采取行动，但设备仍在安全操作范围内。

确定警报的优先级时应考虑的两个重要因素是后果的严重性和最大响应时间。

10.3.2.3　设定值不正确的警报

警报原理文件应包括用于指定警报设置值的方法和工程标准。设定值不正确可能会导致警报频繁循环或"震颤"，这会给操作员带来麻烦。

10.3.2.4　相同条件下的多个警报

通过使用交错警报来配置仪器以警告相同的异常状况，从而提高了仪器的可靠性。例如，在船舶上安装的多个仪器设置为优先级为1。因此，仪器可以正常运行，但是多个警报表明会对船舶造成严重后果。

10.3.2.5　信息混乱的警报

正确配置的警报系统还应清楚地识别并传达操作员可以采取的明确信息。应避免产生模棱两可的消息，而应提供准确的描述，以避免单独的解释。

10.3.2.6　警报泛滥

如果系统生成的警报数量超出了操作员的处理能力和响应能力，则警报本身就会成为危险，因为它们会使操作员感到困惑和分散注意力。在紧急情况下经常会遇到这种情况。

10.3.2.7　报警管理中的人为因素

美国化学工程师学会（AIChE）、美国石油学会（API）和其他类似组织进行的各种研究得出的结论是，几乎80%的工业事故都与人为错误有关。设计良好的警报管理系统需要考虑许多人为因素，每个因素都有多个维度要考虑。各个因素都涉及知识和技能，例如，操作员的培训和发展。组织因素包括程序管理和变更管理（MOC）。而物理因素包括控制室的干扰，控制室与现场操作员之间的沟通以及适当的人员配置以处理紧急情况。

10.4　系统可靠性

应该规定过程控制系统的可靠性。如果过程特征表明可能会发生重大后果（通过风险分析确定，即 HAZOP、What-If 分析），应使用仪表和控制系统等附加的独立保护层（ILP）。这些特征应该有高度完整性，从而保证控制系统的安全完整性级别（SIL）与设施指定的完整性级别一致。对于安全功能要达到过程危险可承受的风险来说，安全完整性水平是测量所需要的性能等级的定量指标。它是根据故障发生的可能性测试安全系统效能的一种方法。有四个离散完整性级别，SIL1、SIL2、SIL3 和 SIL4。安全级别越高，相关安全级别就越高，系统无法正常执行的可能性越低。对于过程来说，定义一个目标安全级别应以评估事件将发生和发生的后果的可能性为基础。下面为根据紧急情况下故障发生可能性展示的不同操作模型的安全性能级别：

低要求操作模式安全完整性等级：

SIL(安全完整性等级)	PFDavg(平均要求时失效概率)	RRF(风险降低系数)
4	$10^{-5} \leqslant PFDavg < 10^{-4}$	$10000 < RRF \leqslant 100000$
3	$10^{-4} \leqslant PFDavg < 10^{-3}$	$1000 < RRF \leqslant 10000$
2	$10^{-3} \leqslant PFDavg < 10^{-2}$	$100 < RRF \leqslant 1000$
1	$10^{-2} \leqslant PFDavg < 10^{-1}$	$10 < RRF \leqslant 100$

高要求或连续操作模式安全完整性等级：

SIL(安全完整性等级)	PFD_{avg}/h(每小时平均要求时失效概率)
4	$10^{-9} \leqslant PFD_{avg}/h < 10^{-8}$
3	$10^{-8} \leqslant PFD_{avg}/h < 10^{-7}$
2	$10^{-7} \leqslant PFD_{avg}/h < 10^{-6}$
1	$10^{-6} \leqslant PFD_{avg}/h < 10^{-5}$

对系统组件来说，总体可用性的级别可以用1减去需要的危险失效的平均概率来计算。SIL1：90%~99%可用，SIL2：99%~99.9%可用，SIL3：99.9%~99.99%可用，SIL4：99.999%~99.9999%可用。在过程工业中，一些普通达到安全性能级别的方法也应用于高度性能保护系统(HIPS)或者三重模块布置(TMR)。数据见表10-2。

表10-2 安全完整性等级(ISA-84.01和IEC 61511)

SIL	RRF(风险降低系数)	PFD_{avg}[要求失效概率(1/RRF)]	安全可用性$(1-PFD_{avg})$/%
0		过程控制	
1	10~100	1/10~1/100	90~99
2	100~1000	1/100~1/1000	99~99.9
3	1000~10000	1/1000~1/10000	99.9~99.99
4	10000~100000	1/10000~1/100000	99.99~99.999

对中央处理器来说，大部分文献引用了平均无故障时间(MTBF)在10000~20000h，输入与输出接口的MTBF在30000~50000h，输入与输出硬件的MTBF在70000~150000h，因此，对控制系统来说，最坏情况的MTBF也许是PLC-CPU，需要1.2a。假设一个平均修复时间为24h，这就代表了99.76%的可用性。如果一个双重的CPU-PLC构造是由CPU操作系统以备份模式提供的，使用单独的I/O MTBF将全是双倍，但总体系统的可用性仅仅改善到99.88%。对一般过程控制系统来说，双倍的PLC与双倍的I/O和1oo2对2oo2表决排布的CPU很少使用，但可在一些需要有效性、失效保护、容错属性的安全系统上代替使用。完整的双倍PLC倾向越来越复杂并且需要加强维护。

维护控制回路应有一个失效安全逻辑,尽可能允许实际限制。

大部分的电子技术系统也使用数字电子与微处理器相结合来允许设备校准和远程或近地的故障排解,这种性能通常被称为智能电子技术。

关键安全控制功能需要进行保护以免受事故损害,以免造成设备不能运行。

10.5 完整性保护系统

完整性保护系统(HIPS)是重要的安全系统,实质上取代了压力泄放和(或者)火炬系统。这些系统为过程设备、管道、井口管束、燃气阀组或者其他特殊应用目的的设备提供超压保护或使负载缓和。从技术上来说,HIPS 具有安全仪器化的性能,由一套元件组成,像传感器、逻辑解决方案和最终控制元素(例如,阀门),当违反预定的条件时,就安排把过程带入一个安全状态。HIPS 应独立运行并且完全从基本过程控制系统中被分离出来。

遇到以下这些情况,有时使用安全仪器化系统取代机械装置保护,例如安全泄压阀:

1)减少泄压系统/火炬系统的总体设计载荷。

2)卸载装置或系统不合适、无效或者不允许的地方。

3)禁止使用火炬,如在环境敏感和人口聚集的地方。

4)在陆上管道网络,关闭保护措施是标准行业做法(也就是,对于管道和/或泄压不能使用在完整机械装置保护的地方)。

5)在离岸管道网络,关闭保护措施是标准行业做法(也就是,对于管道和/或泄压不能使用在完整机械保护的地方)。

一个典型的 HIPS 系统设计包括:

1)一个独立的安全系统(例如 ESD)。

2)一个验证过的 SIL3 级,99.99%的安全可用性。

3)两个安全层。

4)严格的验证/全面检测和检测频率的验证跟踪。

5)一个系统的批准通常是基于安全第一原则的,如定量的风险评估(QRA)和成本利益分析。

6)一个基础的 HIP 设计通常由输入传感器、逻辑控制器和输出设备组成(见图 10-1)。

安全完整性等级分配(在这种情况下是 SIL3)是以过程风险和风险评估为基础的。它构成了针对安全仪表系统/SIL 的风险降低目标的基础。对于按需系统,如 HIPS,SIL 定义了安全仪器化系统的平均失效概率(PFD_{avg})。一旦设计了 SIS(总体框架确定,测试间隔时间确定,组分选定),要进行检查以确保为实现安全仪表功能而提出的 SIS 失效概率满足在过程中定义的 SIL。

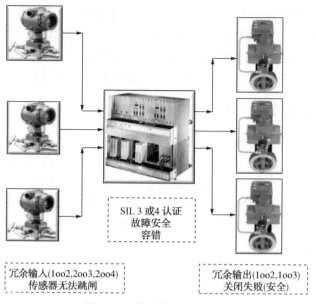

图 10-1　典型的 HIPS 布置

通常认为 HIPS 基于重要工艺的改变或修改，能获得大量的经济收益，或者是继续使用现有工艺或者管道网络或是现有减缓/火炬系统而不是建立新的或者更新的系统以符合当前设计或者运行要求。

评估 HIPS 可行性的步骤一般包括危险分析、确定现有的安全层和操作员介入等步骤，确认非 HIPS 替代方案，确定常规减缓系统是否会工作。

在防护层分析中，HIPS 被认为高于紧急关闭等级（见图 10-2、图 10-3）。

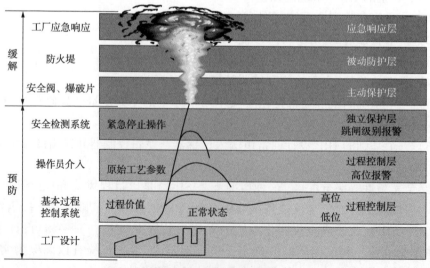

图 10-2　HIPS 和保护层

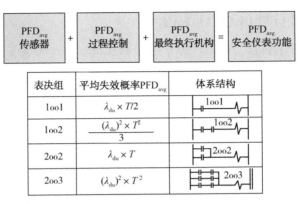

图 10-3　SIL PFD

10.6　转移和存储控制

在存储和转移操作过程中人们最担心的是储罐或容器破裂、内爆和溢出/过量的可能性。这些状况经常在动态操作时发生。

所有储罐都应配备液位测量仪表。最佳设计是在达到高溢出量之前报警并且当到达填充水平时关闭填充线以防止溢出/过量填充或断裂。

尽管它们不是100%可靠，大部分管道系统中一般安装有止回阀在管道破裂或者分离降压的情况下可以阻止回流。从管道或自动转移系统获得产品的存储容器或罐体通常被要求安装高级别警报，发生危险时警报启动联锁会使装置关闭。

10.7　燃烧炉管理系统(BMS)

固定加热器被广泛应用于石油和天然气行业，在不同过程中将原材料变成不稳定的产品。燃料气体用于点燃装置以加热过程流体。由于故障和加热传输管的退化，燃烧炉系统的控制对避免火箱爆炸和不可控制的加热器火灾至关重要。微处理器电脑用于管理和控制燃烧系统。燃烧炉管理系统的主要功能由点火器和燃烧炉的程序点火实现，在锅炉操作时监控火焰和恰时关闭加热炉。

程序化的点火系统功能使加热炉消防箱爆炸风险最小化，这种风险通常发生在加热炉点火期间。正常操作期间，熄火可能导致爆炸。程序化系统允许实现快速返回功能，避免了在紧急状况下操作员出现失误。

火焰监测器提供了一个开/关的信号用来表明在特定空间中火焰的存在与否。通常来说监测器提供了一个与强度和火焰和传感器之间的距离相关的信号。在火焰不存在的情况下，监测器将会通过运转来关闭锅炉。

通过燃烧炉管理系统切断所有燃烧炉的燃料并同时启动燃烧清除，完成燃烧炉关闭。

10.8 上锁挂牌(LOTO)隔离

上锁挂牌(LOTO)是一种在过程工业中使用的能源安全控制程序。这是针对员工的另一种保护措施,使其免受诸如电力、易燃碳氢化合物和高压流等潜在不受控制的能源的影响。美国职业安全与健康管理局(OSHA)的锁定/挂牌标准 29 CFR 1910.147 要求采取和实施关闭设备做法和程序,使其与能量来源隔离,并在进行维护和保养活动时防止释放潜在的危险能源。它包含最低性能要求,以及用于建立有效控制危险能量程序的明确标准。但是,企业可以灵活地制定适合其各自设施的锁定/挂牌计划。

美国国家职业安全与健康研究所(NIOSH)对近 1300 起致命事件进行了调查,发现有 150 多起涉及从事各种形式的危险能源的工作。这些事件的主要原因是未能使相关设备断电或 LOTO 流程应用不当。LOTO 系统是一个特定的过程,旨在保护工人在维修或维护活动中免受有害能量的意外释放。由于工人总是会暴露于不同形式的危险能源中,因此制定了规章以防止与接触有关的伤害。美国(OSHA)法规要求组织"必须处理控制程序,培训和定期检查,以确保正确隔离能源",以防止意外释放和伤害。

员工可能接触的四种主要危险能源形式为:
1) 机械系统运动部件中的动能(机械能);
2) 存储在压力容器/储气罐/液压或气动系统以及弹簧中的势能;
3) 产生的电能和静态来源产生的电能;
4) 机械功/辐射或化学反应产生的热能(高温或低温)。

工业设备和系统通常配备隔离机制,以在正常操作期间帮助保护员工。但是,在维修或维护过程中,这些机制可能会被绕开或删除,以允许员工执行其任务。这就需要危险的能量控制程序。

通过利用多重锁定机制来使用 LOTO,借此,与设备有关的每个组织/个人(即操作、维护、检查等)都将自己单独的钥匙锁固定在能量隔离装置上,用于正在使用的设备。隔离标签,用于标识工作和每个锁。因此,直到所有组织都取消各自的锁之前,无法重新激活设备。锁可以提供序列号以进行跟踪和问责。如果在某些情况下某个工人需要几个锁,则各自的组织可以为个人提供"相同密码"的锁,以便仅使用一个钥匙。能量隔离装置是物理上防止能量传递或释放的机械装置,包括但不限于以下各项:手动操作的断路器;隔离开关;手动操作的开关,通过该开关可以将电路的导体与所有不接地的供电导体断开,此外,没有一个电极可以独立操作;管路阀;一个街区以及任何用于阻止或隔离能量的类似设备。按钮、选择器开关和其他控制电路类型的设备不是能量隔离设备。

延 伸 阅 读

[1] American National Standard Institute(ANSI)/Instrument Society of America(ISA). S84.00.01, Functional safety: Safety Instrumented Systems for the Process industry sector-Part 2: Guidelines for the application of ANSI/ISA-84.00.01-2004, Part 1(IEC61511-1 Mod). ANSI; 2004.

[2] American Petroleum Institute(API). RP 14C, Recommended practice for analysis, design, installation and testing of basic surface safety systems for offshore production platforms. 7th ed. Washington, DC: API; 2007.

[3] American Petroleum Institute(API). RP 14F, Design, installation, and maintenance of electrical systems for fixed and floating offshore petroleum facilities for unclassified and class 1, division 1 and division 2 locations. 5th ed. Washington, DC: API; 2008.

[4] American Petroleum Institute (API). RP 540, Electrical installations in petroleum processing plants. 4th ed. Washington, DC: API; 2006 [Reaffirmed].

[5] American Petroleum Institute(API). RP 551, Process management instrumentation. Washington, DC: API; 2007 [Reaffirmed].

[6] Center for Chemical Process Safety(CCPS). Guidelines for engineering design for process safety. 2nd ed. New York, NY: Wiley-AIChE; 2012.

[7] Center for Chemical Process Safety (CCPS). Guidelines for safe and reliable instrumented protective systems. New York, NY: Wiley-AIChE; 2007.

[8] Engineering Equipment & Materials Users' Association(EEMUA). Alarm systems—a guide to design, management and procurement. 2nd ed. London, UK: EEMUA; 2007. [Publication 191].

[9] FM Global. Property loss prevention data sheet 7-45, instrumentation and control in safety applications. Norwood, MA: FM Global; 2000.

[10] Gruhn P, Cheddie HL. Safety instrumented systems: design, analysis, and justification. 2nd ed. Research Triangle Park, NC: ISA; 2006.

[11] International Electrotechnical Commission(IEC). IEC 61511, Functional safety—safety instrumented systems for the process industry sector, Parts I-III. Geneva: International Electrotechnical Commission; 2007.

[12] Marszal EM, Scharph EW. Safety integrity level selection: systematic methods including layer of protection analysis. ISA; 2002.

[13] National Fire Protection Association(NFPA). NFPA 85, Boiler and combustion systems hazards code. Quincy, MA: NFPA; 2011.

第十一篇 紧急停车

所有的工艺设备，无论是手动的、远程操作的或者是自动的，都应具备紧急停车功能。作为实现设备低风险的一个主要方面，固有安全措施主要依赖于紧急停车功能。如果没有紧急停车功能，在大型事故发生时很难控制设备。

11.1 定义和目的

紧急停车（ESD）系统是用来快速停止生产，隔离进出管线的连接，或者减小不期望事件的发生、继续或扩大的方法。ESD 系统的目的是保护员工，给设备提供保护，防止因生产事故对环境造成影响。

11.2 设计原理

ESD 系统区别于其他设备安全系统的方面在于它对危险状况的反应可能会影响全部设备的整体安全，因此它被作为所有设备的主要安全系统之一。如果没有紧急停车系统，某个设备在生产事故中可能会被供给无限量的燃料，从而导致摧毁整个设备。这种情形在井喷事故中得到充分证实，在没有进一步的隔离措施时，事故可以从地下储层或管道连接处持续的获得燃料，从而导致整个设备被摧毁，例如，阿尔法钻井平台大爆炸（Piper Alpha）。紧急停车系统的最低设计要求如下：

1) 停车恢复到一个安全状态；
2) 阻止后续的流程操作直到纠正造成停车的原因；
3) 防止意外过程启动直到纠正造成停车的原因。

没有紧急停车功能的设备会被认为是高风险设备。同样，如果 ESD 系统可靠性非常差，设施也会被认为没有被充分保护，因此也会被认为是高风险设施。

11.3 激活机制

大部分的 ESD 系统都有多种设计机制用来启动设备的紧急停车。这些机制包括手动的和自动的。代表性的有以下几种：

1) 从主设备控制面板手动激活；
2) 从设备内战略性位置手动激活；
3) 根据确认的火灾气体监测系统报警自动激活；

4）从过程仪表设置点自动激活（例如"高-高"振动）。

11.4 关闭等级

紧急停车系统的激活原理要尽可能的简单。通常大部分设施会指定 ESD 激活的等级。随着事故和来自最初事故的危险等级的增加，这些等级将激活针对设施数量增加或面积增大的应急措施。低危险或涉及区域不大时，仅需要将单个设备停车，但如果是大事故，需要将整套设备停车。对设施的一部分进行隔离不会对设施的另一部分产生威胁；否则，都要停车。在工业生产过程中典型的紧急停车等级如下，并且在表 11-1 中进行了强调。

表 11-1 典型 ESD 等级

ESD 等级	操作	危险程度
1	全部设施关闭	灾难性的
2	单元或工厂关闭	严重的
3	单元或设备关闭	重大的
4	设备保护系统	轻微的
5	日常警报(无-ESD)	日常的

整个工厂关闭：ESD 能在紧急情况下关闭整个工厂或设施。关闭隔离阀门来阻止可燃、易燃或有毒液体的流动，阻止热量进入过程加热器或再沸器和转动设备。ESD 激活不能阻止或妨碍消防或抑制系统、喷淋系统、污水排水泵，或者如仪表或气体处理等公共设施的运行。

单元停车和降压：在火灾或其他紧急事件中隔离整个生产单元、生产车间或生产区域，限制燃料供应。泵、船舶、压缩机等组成一个单元和整个过程包括限制边界。当需要减小沸腾液体发生蒸气云爆炸的可能性时，应给生产容器或设备配备紧急泄压系统，或减少危险物质的储量。

设备停车：设备停车和应急隔离阀系统用于隔离生产单元中的单个设备，防止在火灾、爆炸或失去控制事故中发生可能的有毒物质的泄漏。

设备保护系统关闭：系统通常给离心泵、旋转往复气体压缩机、气体膨胀和燃气涡轮机（CGT）、电动装置、发电机强压或自然通风扇提供保护。

尽管在每个事故中进行整个工厂的停车很容易，但这不符合成本效益，因为相对于大事故，有很多小事故发生，而小事故发生时，不用关闭全部设施，从而降低成本。

11.5 可靠性和故障安全逻辑

ESD 系统的设计是基于独立和故障安全部分的使用。独立意味着不同于其他常规管理和监测系统。独立通常通过物理分离，使用独立的生产地点、脉冲线、控制器、输入输出(I/O)工具、逻辑设备和配线等获得，而不是通过基本过程控制系统获得(BPCS)。这样可以避免系统的常见故障。通过确保在ESD系统所选组件具有一定的安全失效功能，工序可以恢复到"安全"状态。安全意味着由于过程释放，生产或设施不会因为过程中的灾难性事故而受到影响。对于大多数设施，这意味着给事故提供燃料的管线(即进与出)将会被关闭，而作为事故一部分的高压高流量物料供应将会被释放到远端处理系统。

ESD系统性能是根据可靠性和可用性衡量的。可靠性是一个组件或系统在规定时间和规定操作条件下执行正常功能的可能性。可用性是一个保护性的组件和系统能够按需求运行的可能性或平均总时间。增强可靠性不一定意味增强可用性。

可靠性是系统的故障率或其倒数的函数，是故障间隔时间(MTBF)。非冗余的系统失效率在数值上等于部件失效概率的总和。

故障可能是安全的也可能很危险。故障安全事件可以由偶然事件启动，进而导致设备或过程的远程停车。故障安全事件是由于未被发现的设计错误或操作启动，进而导致安全保险装置不可用。故障产生的危险也可能是由工艺液体或气体泄漏、设备损坏、毒气云泄漏或火灾爆炸造成的。

ESD系统设计应该具有足够可靠性和故障安全性：①ESD的非计划的启动可以减小到可以接受的最低水平或低至合理低水平；②系统测试和维护频率功能可以最大化；③系统的MTBA部分充分大，将危险降到可接受水平，符合系统的要求。

故障安全逻辑称为断电跳闸逻辑，因为任何对输入、输出、接线电源或组件功能的影响，都应该使最终的输出断电，使安全装置恢复到故障安全模式。阀门故障安全规范可以通过关闭失败(FC)、打开失败(FO)或者稳定失败(FS)完成，也就是说最终的操作位置取决于阀门的作用。通风或电源故障的阀门失效关闭应提供弹簧返回制动器。因为蓄电池对于故障安全机制(需要确认压力、填料、周期性测试等)是不可靠的，同时极易遭受事故的影响，因此应禁止使用蓄电池(高压容器)。如果要求在火灾情况下应急阀门(隔离、排污、降压等)可用，那么控制机制中的电力、通风、水利供应等阀门必须是耐火的。

对于ESD应急隔离阀门(也就是EIV)，故障安全模式通常定义为出现故障时，关闭阀门阻止燃料继续流入。排污或降压阀是在出现事故时用来处理储存物的。特殊情况下，可能需要一个故障稳定阀用于操作或特殊目的。这些特殊阀门应用在如容器、泵、压缩机等独立部件的隔离时，在工厂设备区要提供备用的紧急隔离阀门(EIV)，并在出现故障时将其关闭。故障安全模式可以被定义为当ESD系统被激活时采取的动作。由于ESD系统的功能是让设备处于一个安全模式，根据定义，ESD 的激活模式就是故障安全模式。

使用故障稳定-故障安全模式可能会出现未被监测到的故障发生，除非在 ESD 系统部件上加上额外的仪表，或者系统持续不断地进行监测。故障关闭或打开模式的主要特征是当组件正常发挥作用时就会立即显示。

不同的安全完整水平通常应用于石油及相关产业，见表 11-2。

表 11-2 典型安全完整性等级(SIL)

SIL	可用性	风险降低系数(RRF)
0	BPCS-固有的	无
1	90%~99%	10~100
2	99%~99.9%	100~1000
3	99.9%~99.99%	1000~10000
4	99.99%~99.999%	10000~100000

通常，通过增加适用于潜在危险事故中的独立保护层(IPL)，可以减少 SIL 的数目。应该注意的是在生产企业很少用到 SIL4，SIL4 通常会被应用到航空电子、宇航、核工业等方面。

SIL1 安全完整性等同于给故障安全设计一个简单的不重复的单路径，可用性为 0.9。SIL2 包含部分重复的逻辑结构，要素的多余独立路径可用性低，总可用性在 0.999 之内。SIL3 级由一个完全的重复结构组成。独立回路的冗余用于全部的连锁系统。多样性是一个很重要的因素，要适当使用。当 ESD 系统组件的单个错误不能导致过程保护失效时，故障容错会增加。

11.6 ESD/DCS 接口

在紧急停车(ESD)和集散式控制系统(DCS)存在的地方，它们应该分别发挥作用，不相互影响，这样 DCS 的故障就不会妨碍紧急停车系统关闭并且隔离设备，或者，紧急停车系统故障也不能妨碍操作者使用 DCS 关闭和隔离设备。在 ESD-DCS 之间的通信连接不应该存在可执行的命令。通信连接应该仅用于旁路、状态信息和报告的传送。ESD 复位操作的确认可以并入 DCS，但复位功能实际上并不能如此。

11.7 激活点

ESD 系统的激活点应系统安排，以提供最佳的可用性并为设备提供充足的保护。应该考虑以下准则：

1) 激活点距高危险位置的最小距离为 8m，但在设施内距任何位置不要超过 5min 路程。5min 是被允许的最长时间，因为历史事故表明来自火焰冲击的过程容器破裂可能发生在这一时间之后。如果风险分析计算表明容器爆炸会需更长时间，那么更长的时间周期也是可接受的。

2）选择的位置最好位于要保护的设施的上风向。下风向可能会受到热辐射、烟或有毒气体的影响。

3）它们应该位于最近区域的正常和应急疏散通道上。在应急情况下，如果激活点位于不方便的位置，人员可能会立即疏散而不启动应急控制。

4）位置选点最好远离含有大量液体或最有可能泄漏的地方（即相对风险较高的点）。

5）它们应该靠近其他应急装置或设备，因为有些事故可能需要联合使用（如启动喷淋阀、消防水炮、手动排污阀等）。

6）受影响区域的主要通道不应受到破坏。激活点位于正常的车辆或维修通道处或影响操作，最终会引起装置受损或搬迁。

7）激活点应该安装在一个方便员工操作的高度上。应该给员工提供合适通道以使其进入应急控制区。

8）控制室也应在主控制台上提供 ESD 控制，方便人员进行操作。

11.8 硬件激活功能

传统上，ESD 激活是通过嵌入一个旋钮或按钮硬件进行激活。由于人员会有意无意碰到它们，造成这些装置的 ESD 被错误的激活。这些按钮通常通过一个盖子被进行保护，按钮只有被拉出时才能发出信号，以防止发生错误的操作。所有装置都只能手动复位。

每个激活点都应贴上标签标明控制范围，这样可以识别哪个阀门是关闭哪个操作或设备的。每个装置都应该有一个特定号码。号码的位置必须清晰可见，最好与设备外壳的颜色对比明显。

在某些情况下，维护某些过程容器的清单可能是有益的，直到事件实际威胁到容器为止，因为容器的清单对于重启设备至关重要或可能非常有价值。如果频繁发生 ESD 排污系统跳闸，可能导致库存减少。在这种情况下，应该在排污阀上安装一个自动保险插塞，那么它将会在火灾事故中通过热量启动。这样物质的错误处置就会被制止。

11.9 紧急关停阀门（ESDV）

用于气体处理的 ESDV 的失效模式应该始终在关闭位置，因为这是唯一解决气体进口火灾或阻止爆炸性气云泄漏和聚集的途径。阀门应该配备一个自动故障关闭装置，如带有弹簧回位规范的控制器等。

一旦启动 ESD 阀门应该锁定在不安全模式,当确认紧急事件已解决,需手动复位。

应该安装应急隔离装置,使它们能充分进行功能测试而不影响过程操作。如果不能轻易中断流量,则需要在每个隔离阀处有一个全流旁路。当不使用 ESDV 进行功能测试时,应该使这些旁路设备锁定在关闭状态。

当电动阀(MOV)或气动阀(AOV)被当作 ESDV 时,它们至少应该具有备用启动电源,并且公用工程应该高度可靠并被保护。应该注意的是,即使进行频繁的功能测试,全电动和气动的 ESDV 与安全故障弹回阀也不同。一个内部弹簧返回致动器的可靠性被认为优于配有本机电源和电缆保护的独立 MOV 或 AOV。这是因为 MOV 或 AOV 其他部件也会带来其他故障点,相比于内部弹簧装置,对于外部事件会有一个更高级别的故障或漏洞。

11.10 紧急隔离阀门(ELV)

紧急隔离阀门应基于两个原则安装:①需要隔离物质的数量;②保护 ELV 免受外部事件的影响。ELV 通常需要对一个特定的标准进行安全消防等级评价(例如最低限度泄漏量和可操作性评价),例如 API 607。在存在潜在爆炸火灾事故的区域,涉及它们的实际操作装置要给予充分保护。

11.11 海底隔离阀(SSIV)

对于海上设施,如果风险分析表明水上隔离可能效果微弱,则需配备海底管道隔离阀。SSIV 是一个紧急安全装置,因此不被设计为用来进行操作活动,如减少生产/注入、生产控制,或作为一个回流阀。它应该被安排在不会受船、锚拖、易燃液体泄漏、可能从海上设施掉下的重物或在船设施转移中受影响的地方。API RP 14A 规定了 SSIV 的设计和建造规范。

11.12 保护要求

ESD 系统的组件位于被认为易受火灾影响的区域(例如位于防火堤内,靠近泵、压缩机等),应该为其提供适当的防火措施以确保在 ESD 操作和控制事故重大影响过程中的完整性。实际的作用机制包括控制面板、阀门驱动装置、储气罐、电缆、管道等。

11.13 系统相互作用

生产过程中可能存在以下情况,设施操作人员因为害怕由于施工不良或当前条件差而破坏生产管道,从而无法激活 ESD 系统。这就指出了一个事实,必须首先进行分析所有对系统的常规操作配置进行更改的机制,确定所建议的操作将会产生怎样的影响。每当 ESD 隔离阀关闭时，它都会停止流进或流出的流体，这些流体可能产生瞬时压力变化，并最终影响过程系统。只要有可能，必须对减缓阀门关闭时间、增加管道完整性等措施进行分析，阻止出现其他后果。

延 伸 阅 读

[1] American National Standard Institute(ANSI)/Instrument Society of America(ISA). S84.00.01, Functional safety: safety instrumented systems for the process industry sector-Part 2: guidelines for the application of ANSI/ISA-84.00.01-2004, Part 1(IEC61511-1 Mod). ANSI; 2004.

[2] American Petroleum Institute(API). RP 14A, Specification for subsurface safety valve equipment. 11th ed. Washington, DC: API; 2012 [Reaffirmed].

[3] American Petroleum Institute(API). RP 14B, Design, installation, repair and operation of subsurface safety valve systems. 5th ed. Washington, DC: API; 2012 [Reaffirmed].

[4] American Petroleum Institute(API). RP 14C, Recommended practice for analysis, design, installation, and testing of basic surface safety systems for offshore production platforms. 7th ed. Washington, DC: API; 2007 [Reaffirmed].

[5] American Petroleum Institute(API). RP 14H, Recommended practice for installation, maintenance, and repair of surface safety valves and underwater valves offshore. 5th ed. Washington, DC: API; 2007.

[6] American Petroleum Institute (API). Specification 16D, specification for control systems for drilling well control equipment and control systems for diverter equipment. 2nd ed. Washington, DC: API; 2004.

[7] American Petroleum Institute (API). Standard 607, fire test for soft-seated quarter-turn valves. 6th ed. Washington, DC: API; 2010.

[8] Center for Chemical Process Safety(CCPS). Guidelines for safe automation of chemical processes. New York, NY: American Institute of Chemical Engineers(AIChE); 1993.

[9] Mannan S, editors. Lees' loss prevention in the process industries: hazard identification, assessment and control. 4th ed. Oxford, UK: Elsevier Butterworth-Heinemann; 2012.

[10] National Fire Protection Association(NFPA). NFPA 79, Electrical standard for industrial machinery. Quincy, MA: NFPA; 2012.

第十二篇 泄压，排污，排气

过程设备普遍存在火灾、爆炸、容器破裂的严重风险。库存隔离和处理系统是预防和减少此类事故潜在损失的主要方法。这类系统主要是通过控制调节系统超压状况来预防和减少潜在损失，通常涉及 ESD（紧急停车）、排气、泄压或排污过程。

12.1 过程余料的紧急隔离和处理系统

标准过程容器都设置有泄压阀（PRV）来调节内部容器压力，防止其超过设定值而发生意外。PRV 可以避免因为工艺条件变化或者外部加热而导致的容器内部汽化增压，进而避免容器破裂。在工程计算中如果容器工作温度在其设计温度左右则假定过程容器强度不受明火影响，但是当容器设备受到烃类火焰的高温作用时，即使不考虑容器内部的压力变化，在几分钟之内单是容器材料强度的降低，就无法维持设备的正常操作压力，容器极易发生破裂。

压力安全阀（PSV）的设定动作阈值通常为：有火灾时为工作压力的 121%，无火灾时为工作压力的 110%，并且只能预防超压，不能快速泄放压力。当容器暴露于火灾时，由于过程容器达不到正常工作压力下的强度，很可能在 PSV 动作之前或动作过程中就会发生破裂。

高压容器失效通常会造成两种主要危险：一是物理损害。容器破裂会产生大量的冲击碎片，对工人或工艺设备造成物理损害，扩大事故影响范围。二是燃爆危险。容器破裂会释放出大量的蒸气，形成蒸气云，考虑到大部分烃类都是可燃物质，一旦蒸气云接触到点火源就会发生爆炸。

工业文献主要记载了露天可燃气体泄漏量为 4536kg（10000lb）及以上情形下的蒸气云爆炸，露天泄漏量较少的状况下未曾发现蒸气爆炸。当泄漏量小于 4536kg（10,000 磅）时，通常会发生闪燃。由此引起的火灾或爆炸可能损坏工艺设备，必须加倍小心以防止物料从容器中泄漏产生蒸气云并且造成爆炸冲击波。在进行加压试验、焊缝检查、压力控制阀及压力安全阀等设备的测试时需要慎之又慎。

减少由于火灾导致容器破裂的方法有很多种。泄压、隔离、水冷却或电泵抽排都是常用的技术方法，这几类方法都可以用来预防容器在其自身的操作压力下发生破裂。其中有一种方法可以定性判断出烃类火灾对容器钢结构强度的影响，并且可以预估容器破裂的时间，并进而提出相应的保护措施。

API 在 20 世纪 40 年代到 50 年代内对过程容器进行了露天烃类火灾测试（主

要是石脑油和汽油火灾），通过整理相关测试数据得到了以下参数曲线：①火焰温度；②破裂应力；③破裂时间。

这些数据绘制在了 API RP 521 第 48 页的图 2 中，所有数据均基于典型过程容器材料 ASTM A 515 70Gr 钢。如果采用其他材料，热力作用下的应力特性需要给出一定的余量。通过与图中的曲线和选择的火焰温度进行比较，可以确定特定容器保护措施（例如减压）的需求。

美国保险商实验室（UL）高风险（烃类）燃烧试验 UL 1709，即结构钢保护材料的快速升温燃烧试验，在燃烧 5 分钟后保护材料的平均火焰温度为 1093℃（2000℉）。API 在计算破裂时间时并不是按照实际火焰的表面温度，而是利用 482℃（990℉）至 760℃（1400℉）的数据来确定破裂时间。普通的石油火灾可以达到 1300℃（2400℉）的高温，然而由于各种因素的影响，如火焰冷却、风的作用、几何形状等，实际并达不到燃料的理论燃烧温度，平均温度约为 1000℃（1850℉）。因此，容器装置的工程评价应选择更为合理的耐火温度，根据耐火测试相关性通常把 649℃（1200℉）作为初始值。由于 100℃（212℉）的火焰温度差对容器的破裂时间具有较大影响，因此在使用 API 图表时需要十分谨慎。

ASME 的压力容器应力计算公式为：

$$S = P(R + 0.6t) Et$$

式中　　S——破裂应力；

　　　　P——操作压力，psi（表）；

　　　　R——壳内半径，in；

　　　　t——壳壁厚度，in；

　　　　E——接头系数（通常为 100%）。

已记录的事故中容器破裂的最短时间一般认为是 10min。由于历史上以及烃类火灾事故的普遍发展过程并没有发生过容器的快速破裂，因此破裂时间小于 10min 的计算可能并不十分准确，可以进行进一步的调查研究以验证火灾发生条件是否会产生这样的结果，如法兰泄漏、气体燃烧等。

如果容器是隔热保温的，可以认为保温层减少了热量的输入速率，但这取决于保温层品质、厚度以及保温层上升到外部温度所需的时间。通常在泄压阀的涂料上，一般认为轻质混凝土保温层（耐火材料）可以将热量输入速率降低到其原始值的大约三分之一。因此，根据耐火等级，容器从正常操作压力达到破裂的时间可以相应延长（耐火涂料延迟了钢材破裂的时间）。如果连接管道不与 ESD 阀隔离或与火源隔离，在进行场景构建时也需要考虑它们可能产生的烃类泄漏。

类似地，根据公认的标准，例如 NFPA 15《水喷淋消防系统》，如果给容器提供可靠的冷却水系统，即消防水喷淋器，很可能就不会使容器受到爆炸冲击波或火源的影响，理论上也就无需减压系统来预防其破裂。同样地，API RP 2000 没有考虑对泄压阀使用冷却水。

如果容器下方有足够的排水能力,可燃液体的径流也在一定程度上降低了热量输入。通常根据 NFPA 30《易燃和可燃液体规范》中的要求,15m(50ft)半径内要有1%的坡度。已发表的文献还表明,在高度有效的排水系统中,非保温容器的破裂时间可以增加100%。

图 12-1、图 12-2 和表 12-1、表 12-2 为两种计算容器破裂时间的例子。

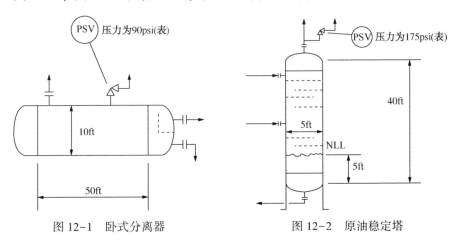

图 12-1 卧式分离器　　　　　图 12-2 原油稳定塔

12.2 分离器(卧式)

表 12-1 卧式分离器

前提条件	尺寸	$(10'\text{-}0'')\times(50'\text{-}0'')$ s/s
	壳壁厚度	0.5in
	材料结构	ASTM A 515 70 级碳钢
	相对密度	1.0
	操作压力	50lb/in^2
	设计压力	90lb/in^2
	正常液位	距离底部 9'0''
$S=P(R+0.6t)Et$	参考 ASME DIV Ⅷ(用于圆周应力)	
$S=50(60+0.6\times0.5)1.0\times0.5$		
$S=6030\text{psi}$		S=破裂压力 P=操作压力 R=壳体内径 t=壳壁厚度 E=接头系数(为100%)

来源:API RP 521 图 2。

在 6030lb/in^2、1300℉下的破裂时间大约为 5h。不需要泄压。

12.3 原油稳定塔

表 12-2 原油稳定塔

前提条件	尺寸	$(5'\sim0'')\times(40'\sim0'')$
	壳壁厚度	07/16in
	相对密度	0.85
	材料结构	ASTM A 515 70 级碳钢
	操作压力	150lb/in^2
	设计压力	175lb/in^2
	正常液位	距离底部 5'0''
$S=P(R+0.6t)Et$	参考 ASME DIV Ⅷ(用于圆周应力)	
$S=150(30+0.6\times0.4375)1.0\times0.4375$		
$S=10374\mathrm{lb/in}^2$		$S=$ 破裂压力 $P=$ 操作压力 $R=$ 壳体内径 $t=$ 壳壁厚度 $E=$ 接头系数(为 100%)

来源：API RP 521 图 2。

在 10374lb/in^2、1300℉下的破裂时间大约 0.3h。需要泄压。

一旦确定了破裂时间，就需要与该设施的最坏可信场景(WCCE)进行对比，容器的泄压能力在较短的火灾接触时间内并不是必须的。通常大多数过程装置都有 ESD 系统，至少会隔离物料流入和流出管道，装置中剩余的原料保留在容器、储罐及管道中，2~4h 的高温火灾中，一般无法对设备进行抢救。因此，超过这一时间，额外的保护措施价值较小。通常，如果破裂时间是几个小时，并不十分推荐泄压系统(或排气)。

一般情况下，容器紧急泄压会被自动激活并在 15min 内完成。容器应至少泄压到设计操作压力的一半或者完全泄压。泄压范围还应包括与主反应器互相联通的容器。如果容器没有完全泄压，蒸气就仍然存在从容器或其互连管道中泄漏的风险。因此有必要对泄压程序进行评价并计算泄压时间。

某些特定的条件和程序(例如，过程重启)会妨碍所有容器的自动泄压。如果装置无意中泄压，会导致经济损失或运行中断事件。对于这类情形，可以采取以下几种替代方法，如储气系统的远程放置，排气阀上的局部易熔塞，保温层(耐火)，容器水喷淋系统，足量的排水区域等。此外无论有没有 ESD 泄压系统都应该进行工程评估。

已发表的文献还表明当原料泄漏量少于 907kg(2000lb)时不太可能发生爆炸

和重大损害。事故 API RP 521 还建议容器在相对较低的压力下工作时也应考虑某些火灾场景下的泄压能力。

以下是需要泄压的容器的一般保守参考准则(见图 12-3)。

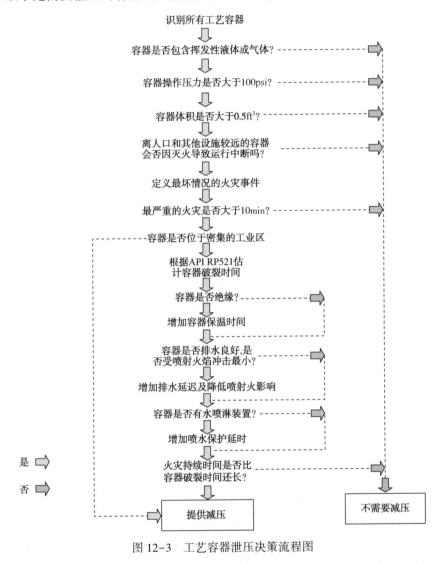

图 12-3　工艺容器泄压决策流程图

需要泄压的容器：

1) 690kPa(100psi)以上的容器；

2) 包含蒸气压在大气压以上的挥发性液体的容器，例如丁烷、丙烷、乙烷等；

3) 操作需求(如压缩机排气)；

4) 当暴露于火灾时会使钢材强度削弱到安全值以下的容器(API RP 521)。

不需要泄压的容器：

1) 690kPa(100psi)以下的容器；
2) 包含少于907kg(2000lb)蒸汽的容器；
3) 火灾下破裂时间为几小时的容器；
4) 涂有耐火材料并且可以提供保护直到其他消防措施得以应用的容器；
5) 建有消防水喷淋系统的容器；
6) 由于火灾而破裂不会危及人员、损坏重要或临界装置、造成重大经济影响、造成环境危害或产生严重公共影响的容器。

通过泄压可以防止容器在火灾环境下破裂，防止灾情扩大，降低对容器自身的影响。因此，有必要通过对破裂压力和破裂时间的评估来确定过程容器泄压系统的需求。此类评估有助于对炼油厂和整套装置的泄压系统需求提供粗略预估。

通过泄压阀的蒸气通常经过连通管流入火炬，以安全地移除蒸气并进行环保处理。值得注意的是当高压缩气体流入到管道系统后可能引起管道材料的脆性断裂。根据泄压系统情况，过程工程师应验证管道材料和流量对于压力、流体和气体的匹配性。

通过对泄压系统的计算可以很容易得出大量的气体能否通过连通管流入火炬。在某些情况下，同时对炼油厂内的所有工艺、设备、容器和管道进行泄压将难以实现(考虑到管道尺寸和经济情况)。针对这些情况，可以考虑容器顺序或分段泄压。

当流体高速流体时也会产生较大的噪声。在这些情况下，可使用特殊的降噪设备来降低系统对周围区域的噪声影响。

12.4 排污

排污是除去容器和设备内的液态成分以防发生火灾或爆炸。排污类似于泄压，只是把气体换成了液体。被排放的液体不能被输送到只能处理气态物质的火炬系统内，否则液态成分流入火炬，可能产生火雨，导致工艺装置损害。理想情况下，被排放的液体应输送至特定的大容量液体处理设施。被排液体可以输送到储罐、露天坑、燃烧坑、闭排系统(CDS)或带压下水道内。通常应避免排放到罐体中，因为泄放装置过小或者故障均能导致罐体破裂。而排放到露天坑内会造成蒸气云燃爆的风险。为避免环境影响，通常排到CDS或带压下水道内。此外为避免不适当的热效应，在选择排污系统材料时必须考虑被排液体的温度。API RP 520 为排污设计提供了指导。

12.5 排气

考虑到以下几方面因素，应避免烃类和有毒气体被直排到大气中：

1）可能产生蒸气云燃爆；
2）可能对人员短时危害和长期危害；
3）可能造成环境污染；
4）造成废气的浪费；
5）产生负面舆论；
6）可能违反地方或国家环保法律法规；
7）被排气体可能不能充分扩散，漂移一段距离后被点燃或产生毒害。

只要有条件，废气应排入火炬系统进行处理或者重新进入生产流程。如果废气内无污染物质不会对人员造成灼伤危险，那么就可以直接排放到大气中。

12.6　火炬和燃烧坑

在大多数过程设备操作中，气体和蒸气不仅需要被进行安全快速的处理，而且不能造成环境污染。如果气体或蒸气不能转换成有用的能量，就会被传输到远处的火炬内进行焚烧。火炬是过程工业中最经济常用的处理多余轻质可燃气体的手段。火炬的主要功能是将排放的易燃、有毒或腐蚀性蒸气转化成符合环保要求的气体。高架火炬、地面火炬及其燃烧坑，都可以使用。其中燃烧坑主要是用于处理液体成分的。

火炬选型主要取决于以下几个因素：
1）陆上和海上的可用空间；
2）火炬气的特性：组成、流量、压力等；
3）经济性：初始资金成本和定期维护费用；
4）公众影响（即如果火炬冒烟或存在噪声，当地公众就会反对）。

火炬的主要特点是安全性和可靠性，其目的是防止任何气体未经燃烧就被释放到大气中造成污染或风险。通观世界各地现有火炬装置——从俄罗斯到南美洲，从陆上到海上——发现大多数装置的高架火炬烟囱有时会喷出液体。因此需要在火炬头上安装液体分离筒。在大多数情况下，这并没有明显的问题，但在少数情况下却会引发灾难性后果。液体实际喷出情况可能比报道的要多得多。从技术上讲，这些问题可能是因为大多数火炬系统设计时通过火炬头和分离筒的气流并没有受到限制。因此也就无法排除液体从蒸汽处理火炬中被带出的可能性。

在经典工厂设计上，火炬位置要经过仔细考量，要考虑风速风向。一些专家建议，火炬应该位于装置的下风向，而另一些则建议放在装置的上风向。这是考虑到火炬内可能会夹带液体或存在未点燃的气体，因此在下风向这类废料不会扩散到装置上。反之亦然，上风向位置将允许气体沿顺风向流到工厂上方并在该过程中被点燃。

理想的解决方案是将火炬安置在与主风向垂直的方向上，并且留出足够的距离。考虑到部分重蒸气在火炬装置内不会充分燃烧，火炬设置高度相比其他装置更低一些更为合适。

因为火炬装置需要较大的空间（避免热辐射效应和蒸气扩散），因此应该在新装置设计之初就加以考虑。

火炬安全保护措施包括：

1）使用自动火焰监测装置对燃烧中断情况进行报警。

2）提供具有高液位警报器的液体分离罐，防止积液过多或回流到火炬。液位报警器可以对液体过多积聚情况进行示警。

3）防止系统未运转情况下蒸气进入系统。

火炬安全还需要考虑以下几方面：

1）火焰熄灭（火焰分离或爆裂）有时发生在火炬系统中，易燃蒸气会被排出。如果蒸气比空气重并且风力合适，那么它们就会沿着地表漂移很远直到消散。沿着火炬头设置挡风玻璃有助于预防熄火。

2）高架火炬在某些条件下会喷出液体，在周边临近装置和周围区域内形成降雨。即使火炬处于点着状态也会发生。针对最坏场景，应该在火炬塔火炬头内设置液体收集装置。

3）为了防止在较低流速时发生回火，火炬系统通常配备少量的吹扫气体。

液体分离筒或分离器通常用来除去火炬蒸气中的液态组分。分离筒不仅要收集管道内的液体，还要将气体蒸气中的夹带液体脱离出来。API RP 521 提供了液体收集的指导，液体在被传输到火炬头之前就要进行移除。此外，按照系统设计要求，分离筒的尺寸应适应泄压时最大液量的排放。如果大量的低温丙烷或丁烷可以到达火炬头和分离筒，在设计火炬系统时就要考虑在内（见表 12-3）。

表 12-3 物料处理一般准则

材料	排气	燃烧	加工	下水道排污
易燃的无毒或有毒蒸汽		X	X	
不可燃的有毒蒸气		X	X	
不可燃的无毒蒸气	X			
蒸汽	X			X
污水管蒸气	X			
工艺废液			X	X
换热液体			X	X
工艺疏水				X
地面径流				X

延 伸 阅 读

[1] American Petroleum Institute(API). RP 14J, Recommended practice for design and hazard analysis for offshore production facilities. 2nd ed. Washington, DC: API; 2007 [Reaffirmed].

[2] American Petroleum Institute(API). Standard 520, sizing, selection and installation of pressure relieving devices in refineries, Part I—sizing and selections. 8th ed. Washington, DC: API; 2008.

[3] American Petroleum Institute(API). ANSI/API standard 521, pressure-relieving and depressuring systems. 5th ed. Washington, DC: API; 2007.

[4] American Petroleum Institute(API). Standard 2000, venting atmospheric and low pressure storage tanks(non-refrigerated and refrigerated). 6th ed. Washington, DC: API; 2009.

[5] American Society of Mechanical Engineers(ASME). Boiler and pressure vessel code. New York, NY: ASME; 2013.

[6] FM Global. Property loss prevention data sheet 7-49, emergency venting of vessels. Norwood, MA: FM Global; 2000.

[7] National Fire Protection Association(NFPA). NFPA 15, Water spray fixed systems for fire protection. Quincy, MA: NFPA; 2012.

[8] National Fire Protection Association (NFPA). NFPA 30, Flammable and combustible liquids code. Quincy, MA: NFPA; 2012.

[9] Underwriters Laboratories (UL). UL 1709, Rapid rise fire tests of protection materials for structural steel. 4th ed. Northbrook, IL: UL; 2011.

第十三篇　超压和散热

压力泄放是指系统中内置液体或气体的自动释放，这些流体可以导致设备压力过高进而造成机械故障或者设备破裂。

过程工艺几乎每一环节都存在内部压力超过系统正常操作压力的情形，同时也存在气液（两相）同时泄放的可能，特别是在反应系统内。

13.1　引起超压的原因

产生超压的主要原因如下：

1) 火灾影响：如果设备容器暴露于火灾环境中，热辐射可能会导致设备容器内部液体汽化或物料膨胀，进而导致内部压力升高。

2) 输入热量过多：大多数过程反应系统存在不断变化的热交换。输入热量一旦超过设计限值，液体或者蒸气就会膨胀，导致超压。

3) 流量、压力、温度控制阀或设备失效：调节工况的控制阀或设备发生故障会扰乱反应过程，导致压力失去有效控制，从而会使压力升高。

4) 非预期的化学反应：异常的化学反应会导致热量或蒸气的变化，产生超压。

5) 冷却水供应故障：冷却水主要用来冷凝容器中的蒸气，如果供应减少，就可能导致容器内压力上升。

6) 隔离：当容器或罐体被完全或部分隔离时，如果没有排气口，内部压力就可能会上升。

7) 换热管故障：如果换热器壳体抗压等级低于循环介质的压力，内置换热管可能破裂或泄漏，发生超压。

8) 引入挥发性物质：液体流入容器，如果温度超过物料沸点会导致物料的快速挥发，产生大量蒸气导致容器内压力上升。低相对分子质量的物料更容易发生该状况。

9) 引入反应异物：引入可反应的异物可能产生蒸气，进而导致容器超压。

10) 回流系统故障：分馏系统中的回流量决定了蒸气量和冷凝器压差。如果回流系统发生故障，冷凝器压差变小，作为一个完整系统，容器存在超压的可能性。

11) 内部爆炸：在某些情况下可能发生内部爆炸。空气进入系统中会产生可燃混合气，有可能发生化学反应，导致剧烈的蒸气膨胀。必须严格防止这些瞬时反应的发生，因为许多设备不能进行快速超压防护。

12）热膨胀：内部液体由于热量的输入会导致膨胀致使压力升高。阳光直射和热辐射都是典型的热源。

13）不可压缩气体聚集：如果不可压缩气体不能被排放，换热器表面阻塞或冷凝器压降升高会导致超压。

14）流出量超过流入量：如果罐体或者容器内的物料在抽吸过程中流出速度比流入速度快，就会导致真空。如果容器或罐不足以承受负压，自身就会发生结构损坏。

美国化学工程师协会的紧急泄放系统项目建立了两相混合物料泄放的设计方法。这些方法包括两个计算机程序(DEERS 和 SAFIRE)以及基于试验数据的简化计算公式。

13.2 泄压阀

泄压阀同时适用于过程反应的正常工况和紧急状况。因为产生超压的原因都是随机的且频率不高，泄压阀必须自动且持续有效。反应混乱、仪器失灵、设备故障都会导致超压。紧急泄放的设定值根据 ASME 标准——锅炉和压力容器规范进行确定。ANSI/ASME B31.3——工艺管道，规定了泄放系统的管道类型和应满足的耐腐蚀规格。泄放系统中最常用的是附表 40 的碳钢管。泄放管道应倾斜以便流体排出。

在液体储存罐或容器上的泄压阀可能存在液塞，要对泄放处置系统进行仔细的评估。在某些情况下，液塞会妨碍压力泄放。

13.3 散热

当受到太阳辐射、周围热气、蒸气伴热、火灾或其他外部热源的影响时，液体输送管道需要进行散热。

管道系统中如果遇到高温将会导致管路和内部流体的膨胀。相比金属而言液体的膨胀系数更大。因此可以预料到热量的输入可以导致管路系统的超压。管道热膨胀和管道材料的膨胀在管路、阀门或盲板的承受极限内足以应对液体的热膨胀。研究测试表明，每升高 1℉，由于热膨胀导致的液态烃压力会升高 553~789kPa(70~100psi)。独立单元中管道长度不会影响液体的热膨胀压力，然而流体泄放量却与管道长度呈正比关系。

烃类生产线不会进行热传导，而是吸收热量，并且很容易致使温度上升进而导致压力升高。在一些情况下，正常的太阳辐射足以使存有液体的管线内压力升高 23685~78950kPa(3000~10000psi)。很多没有散热泄压的管线之所以没有发生破裂，其主要原因是大多数隔离阀有一定的泄漏，管道法兰垫圈也可能发生泄漏或损坏。隔离装置，例如双截止阀、双座阀门、阵列盲板等，更容易发生热膨胀造成管线破裂。此外，考虑到环境影响，不能依靠法兰泄漏来缓解管道压力。为了防止VOC排放而对无泄漏设施进行验证，需要排除掉这些过去可能不清楚的泄放点。任何散热设计必须假定泄放流出物包含在系统管道内并进行妥善处置。

任意管道长度内的微小升温都会导致热膨胀产生超压。所有可以保温的管道理论上都需要提供散热设计。当管线内压力上升时，传感器会进行报警。在一些实例中，散热安全阀并没有得到验证，例如建筑物冷水管、埋地或绝缘线路、消防水管线、高温运行的管道等。还有许多操作程序可以用来减轻超压问题，例如持续的压力监测等。然而，这些方法并不是最优的保护办法，容易出现人为失误。泄放阀是防止压力上升的优选措施。

对于充满液体的容器，散热安全阀通常相对较小。在此种情况下，小阀门已经足够，因为大多数液体几乎是不可压缩的，所以少量的流体通过泄放阀排出足以显著的降低压力。

13.4 太阳热辐射

在北纬60°和南纬60°之间的区域内，太阳热辐射导致的管线热膨胀基本一样。方向对热吸收量有一定影响，南北方向比起东西方向要吸收更多的热量。不过考虑到为了降低热吸收量所需的管道成本，这一影响可以忽略。风力效应通常会带走管道上的一部分热量，但是总量较少，通常可以忽略不计。管道颜色也会对吸收热产生一定影响。黑色吸热最高(1.0)，而较浅的颜色较少(0.2~0.3)。反射特性也有助于反射辐射。

目前主要有三种方法用来处理散热阀排出的流体。大多数情况下是采用截止阀泄放（隔离）。在特殊状况下，如果这一方法不够实用或者成本较高，可以将流体排放到下水道内。这类方法包括：

1) 隔离：两侧流体采用相同的隔离装置，并且不会产生污染，这是散热的最佳选择。考虑到负压会导致安全阀门失效，在安装时需要进行检查。

2) 对油污水排放管(OWS)的处置：油水排放系统可以直接排放含油废物，同时作为散热口。含油污水系统通常统一收集油污水并引导其流入集水坑。如果几条线连接到一个常用OWS头，要注意防止回流。在这种情况下利用收集漏斗较为有效。

3) 植被表面径流：禁止采用植被地表径流。该方法会导致火灾风险、安全和健康风险以及环境问题。

13.5 泄压设备位置

泄压设备通常存在于以下位置：
1) 压力容器：非正常的过程变化可能导致压力高于正常工作条件。
2) 储罐：所有需要进行高速输入输出的储罐。
3) 易受热膨胀的设备：
① 受环境或热膨胀影响的容器或储罐。
② 换热器低温侧如果受到阻碍会导致高温侧的过量热能输入。
③ 存在加热器循环线路堵塞风险。
4) 压缩机泄压：变速驱动器可增加压缩机的排气压力，导致过程紊乱。恒速驱动器，如电动车辆不太可能有超压。
5) 带有变速驱动器的泵：变速驱动器可以增加泵排出压力导致过程紊乱。同样恒速驱动器的应用不太可能导致超压。
6) 热交换器：会发生阻塞的混热器或者换热器壳体受到内部泄漏产生的高压影响。

延 伸 阅 读

[1] American Petroleum Institute(API). RP 14J, Recommended practice for design and Hazard analysis for offshore production facilities. 2nd ed. Washington, DC: API; 2007 [Reaffirmed].

[2] American Petroleum Institute(API). Standard 520, Sizing, selection and installation of pressure relieving devices in refineries, Part-1 sizing and selections. 8th ed. Washington, DC: API; 2008.

[3] American Petroleum Institute(API). ANSI/API Standard 521, Pressure-relieving and depressuring systems. 5th ed. Washington, DC: API; 2007.

[4] American Petroleum Institute(API). API Standard 526, Flanged steel pressure-relief valves. 6th ed. Washington, DC: API; 2009.

[5] American National Standard Institute(ANSI)/American Society of Mechanical Engineers(ASME) Code B31. 3. Process Piping. New York, NY: ASME; 2012.

[6] American Society of Mechanical Engineers(ASME). Boiler and pressure vessel code. New York, NY: ASME; 2013.

[7] Center for Chemical Process Safety(CCPS). Guidelines for process safety fundamentals in general plant operations. New York, NY: Wiley-AIChE; 1995.

[8] FM Global. Property Loss Prevention Data Sheet 7—49, Emergency venting of vessels. Norwood, MA: FM Global; 2000.

[9] National Fire Protection Association(NFPA). NFPA 30, Flammable and combustible liquids code. Quincy, MA: NFPA; 2012.

[10] XL Global Asset Protection Services(XL GAPS). GAP. 7.0.5.0, Overpressure and vacuum protection. Stamford, CT: XL GAPS; 2010.

第十四篇 点火源控制

在含有可燃液体或气体的工艺操作中，任何泄漏或溢出都可能产生爆炸性气体。为了保护员工和工厂安全，必须采取预防措施。通常认为在工艺设施中存在各种点火源，例如明火、电火花等。治理措施主要是移除点火源或者在点火源和材料之间设置屏障。这些点火源的点燃能力取决于其点火能量和构造。

点火源通常如下：明火、切割和焊接、热表面、辐射热、闪电、吸烟、自燃、摩擦热或火花、静电、电火花、杂散电流、烤箱、炉子和加热设备、烟火材料。

14.1 明火、热加工、切割和焊接

工艺设施中的明火通常源自焊接、切割或其他类似的热加工操作过程中以及设备闪燃。NFPA 51 B 为切割和焊接操作的安全预防措施提供了指导。工艺设施通常利用作业许可制度，以管理热作业操作并确保安全预防措施到位。

防火检查是热加工工艺设施中的主要安全保护方法之一。国际标准 ANSI Z49.1，API RP 2201 和 NFPA 51B 列出了在所有热作业操作之前、期间和之后的防火检查的具体要求。防火检查人员应理解消防检查要求并接受培训，同时对其提供必要的通信工具和合适的灭火设备。

14.2 电气布置

设备的电气系统和组件在过程设备或设施的设计、安装或维护过程中，都可能成为点火源。电气系统或元件可能出现短路、过热、不正常工作等情况，这些故障将成为烃蒸气可能的点火源。所有电气设备应按照认可的电气行业标准（如 API RP 540 和电气规范(NFPA 70)进行安装和维护。

14.3 电气区域分类

电气区域分类的总体目的是保证人员和设备安全，可以通过消除点火源和易燃易爆气体来实现。通常基于以下几方面将装置设备分类为危险区域：

1）确保点火源与可燃液体和气体的安全隔离；
2）确保在可燃液体和气体附近使用的电气设备具有合理的设计和结构，以防其成为点火源；

3）合理调整通风系统和燃烧设备的空气入口位置（防止可燃蒸气或气体的进入）；

4）定义从通风口、排水管和其他开放气体或蒸气排放源的可燃程度；

5）确保可燃气体探测器和火灾探测装置到位；

6）确保救生设备和器具，可燃液体存储区，放射性区域和应急控制点在安全区域；

7）在可接受的安全保障前提下尽可能保证成本最低。

存在争议的是：如果点火源不能全部去除，仍存在于含有可燃气体或蒸气的区域中，任何持续的泄漏都可以被引燃以防止大型蒸气云的形成，以避免造成更严重的破坏。原因是如果这些泄漏物料进行燃烧，则燃料被消耗，从而避免更严重的损坏，可以减少安装电气分类设备的成本。

需要注意的是，泄漏可大可小，并且可以一直扩散下去，因此即使在点火燃烧的情况下，也可能发生大量的燃料泄漏。此外，在无点火源的区域，发生过许多没有火灾的大规模泄漏事件。因此，必须采取相关预防措施。

为了使电气设备能够安全应用于可燃蒸气或气体区域（即危险区域），专业组织开发了各式各样的危险区域界定技术。各种国际、国家标准或操作规范为这些技术提供了保障。这些技术定义了如何设计和应用设备，独立认证机构确保设计符合标准与规范。危险区域分类的目的是限制可燃性蒸气和气体被点燃的可能性，通过在可燃蒸气或气体可能存在的区域中限制电气设备安装类型来实现。美国工业的危险区域划分通常遵循：国家电气规范（NFPA 70），美国石油协会推荐操作规范（RP）500和NFPA 30易燃和可燃液体规范的第500条。其他国际规范标准有可能与这些标准要求不同，但其中一些更加严格。

西欧国家遵循CENELEC标准。欧盟（EU）成员国按照标准颁发合格证书，并接受由其他欧盟成员国认证合格的产品和系统。其他国家（例如澳大利亚、巴西、日本等）遵循IEC-60079标准，接受符合欧洲或北美标准的设备或系统。

一些国际认可的电气危险区域设备测试机构见表14-1。

表14-1 国际认可的电气危险区域设备测试机构

国家	机构英文简称	机构全称
比利时	INIEX	Institute National des Industries Extractives
加拿大	CSA	Canadian Standards Association
法国	LCIE	Laboratoire Central des Industries Electricques
德国	PTB	Physikalisch Technische Bundesanstalt
意大利	CESI	Centro Electtrotechnico Sperimentle Italiano

国家	机构英文简称	机构全称
瑞士	SEV	Schweizerrischer Elctrotechnischer Verein
英国	BASEEFA	British Approvals Service for Electrical Equipment in Flammable Atmospheres
美国	FM	Factory Mutual Global
美国	UL	Underwriters Laboratories, Inc.

不产生或存储大量电能的简易设备可以在没有认证的情况下使用。它们包括热电偶、电阻传感器、LED 和一些特定的开关。在一些情况下，互连电缆可以在其电容或电感中存储能量，并在故障时突然释放能量。任何接口设备的证书都定义了允许的最大"电缆参数"。接口设备通常被设计为能够容纳长电缆。在实际工作中，虽然用户应该进行检查，但是很少出现问题。

14.4　电气区域分类

在美国，含有易燃/可燃液体和气体的区域的电气区域分类通常按照国家电气规范(NEC)的要求定义，即 NFPA 70、API RP 500 和 NFPA 30。

使用类、区和组的分类法，具体定义如下：

Ⅰ类：气体和蒸气。

1 区：气体和蒸气可以正常存在；

2 区：气体和蒸气受限。

NFPA 基于某些材料的闪点，使用Ⅰ、Ⅱ和Ⅲ类来定义主要的类别范围。Ⅱ类和Ⅲ类材料通常不能提供足够的蒸气，因此区域主要由Ⅰ类可燃材料限定。Ⅱ类和Ⅲ类区域通常分别用于灰尘和纤维，并且不广泛用于过程工业中。

易燃材料根据点燃所需的火花能量而不同，定义为：

A 组：乙炔；

B 组：含有大于 30%的氢、丁二烯、环氧乙烷、环氧丙烷和丙烯醛的氢气和燃料气体；

C 组：乙醚、乙烯或同等危险气体；

D 组：丙酮、氨、苯、丁烷、乙醇、汽油、己烷、甲醇、甲烷、天然气、石脑油、丙烷或同等危险的气体和蒸气。

14.5　表面温度限制

危险区域设备根据在环境温度为 40℃(104℉)或其他规定的故障条件下产生的最大表面温度进行分类。一些沙漠地区可能会有高于 40℃(104℉)的环境温度，在这些情况下必须进行适当的调整(见表 14-2)。

表 14-2　电气设备表面温度限值

等级	最大允许温度/℃（℉）	等级	最大允许温度/℃（℉）
T1	450（842）	T3A	180（356）
T2	300（572）	T3B	165（329）
T2A	280（536）	T3C	160（320）
T2B	260（500）	T4	135（275）
T2C	230（446）	T4A	120（248）
T2D	215（419）	T5	100（212）
T3	200（392）	T6	85（185）

14.6　位置分类和泄漏源

下面列出了一些分类位置：
1）泄压阀出口；
2）处理可燃材料的泵以及压缩机上的填料压盖或密封件；
3）油管凸缘、配件和阀杆；
4）螺纹接头处没有密封焊接的螺纹接头；
5）漏风的采样站；
6）与容器和储罐的人孔和管道连接；
7）输油管和油罐连接处；
8）管道与设备连接处；
9）可燃流体或气体相关的通风口和排水口；
10）排水沟、坑、槽和远处的蓄水池；
11）沟、坑、开放沟槽和其他地势较低的位置，其中较重的蒸气可能积聚；
12）处理可燃液体和气体的实验室烟罩，管道和储存室；
13）含油水重力和压力下水道系统；
14）船舶、铁路或卡车装载点、隔间和连接处；
15）储油船、罐及其相关的易燃易爆液体的堤坝区域；
16）在高架道路或堤坝边缘的钢索，两边 1m（3ft）或更高；
17）管道刮板捕集器和站；
18）钻井、钢丝绳和修井钻机（包括泥浆坑）；
19）地下储罐或封闭式蓄水池（用于收集挥发性液体）；
20）集装箱和便携式罐体储存区；
21）集装箱和便携式罐式加油站；
22）汽油分配和加油站；
23）挥发性液体的罐车；

24）紧急或不间断电源设施——电池室排气系统（如果使用未密封的电池）；

25）分析器房；

26）污水处理设施（浮选装置和生物氧化装置）；

27）冷却塔（处理工艺用水）。

14.7 保护措施

14.7.1 防爆设备

在可燃蒸气区域中防止产生点火源的电气装置被称为"防爆"设备。防爆等级意味着装置可以承受可能发生的特殊气体或蒸气爆炸并防止周围的气体或蒸气被点燃。它还限制了装置外部温度，使得周围的可燃气体或蒸气不会被点燃。各种外壳，密封装置和机构也可用来实现特定设备的需求（参见附录B-3）。

14.7.2 本质安全设备

本质安全基于限制危险区域回路中可用电能的原理，使得发生电气故障可能产生的任何火花或热表面均无法引燃可燃材料。有用功率通常约为1W，这对于大多数仪器是足够的。它还考虑了人员安全因素——低电压，并且它可以在无气体环境验证的条件下，允许现场设备校准和正常运作。电气部件或设备可以制造为本质安全设备，以便在可能存在可燃气体或蒸气的区域中使用。

14.7.3 密封电气设备

特殊设计的电气设备的内部部件是完全密封的。这消除了电弧部件或电路接触可燃蒸气或气体的可能性。

14.7.4 净化

电外壳可以用高速惰性气体或空气流进行吹扫，以稀释通电电路周围的气体，使其不被点燃。

需要在危险位置提供的设备，若考虑到经济性或者技术上不被允许，可以采用此类设备。加压空气需配有气体检测装置，用于报警和关闭设备。进口区域应安装气锁，因为它们在打开时会产生危险蒸气。气锁应安装通风系统，以分散积聚的任何蒸气。

对于封闭区域，如果它们满足以下条件之一，则可认为通风良好：

1）根据详细计算，所提供的通风率至少可以将预计的泄漏气体爆炸下限（LEL）降低到25%以下。

2）封闭区域通过人工（机械）装置提供每小时六次的空气置换。

3）如果进行自然通风，在整个封闭区域每小时提供12次空气置换。

4）根据API推荐操作的定义，该区域未被定义为"封闭"。

14.7.5 设备的迁移

通常,将电气设备放置在电气分类区域之外,比额外进行防爆处理更为容易。例如,大多数内燃机不能用于分类区域环境,因此必须放置在安全位置。

14.7.6 吸烟

吸烟最容易产生点火源。应通过设置禁止吸烟标志或将吸烟区迁至远处和安全区域来控制烟火。

14.8 静电

14.8.1 静电产生

静电荷可以是正电荷或负电荷,施加外力可以将原子中的电子和质子分离。典型外力施加的方式包括流动、混合、倾倒、过滤或搅拌,将两种相似或不同材料进行分离。静电常见于以下物质运动中:液态烃、夹带颗粒(例如金属垢和锈)的气体、液体颗粒(例如喷漆、蒸气)、灰尘或纤维(例如驱动带、输送机)。增大分离速度(例如流速和紊乱程度)、降低材料传导率(例如液态烃)、增大界面表面积(例如管或软管长度,以及微孔过滤器),静电充电率会显著增大。

14.8.2 静电积累

静电荷在相反电荷的吸引下,通常会从带电体中泄漏。因此大多数静电火花仅在发电机运行时产生。然而,一些精炼石油产品具有绝缘性,并且在产品停止移动之后,在移动期间产生的电荷将在短时间保持。这种累积,而非耗散,受到物体彼此之间绝缘程度的影响。由于空气或空气/蒸气混合物通常是相反电荷之间的绝缘体,所以温度和湿度是十分重要的影响因素。因此,在静电产生期间和正常弛豫期间,高温和低温以及湿度降低都会增加静电荷的累积。

14.8.3 火花间隙

火花是由于两个电极之间的电势差造成其中间介质发生击穿而产生的。击穿会产生穿过间隙的电流,并伴随有闪光,具有较高的温度。对于静电火花,跨越间隙的电压必须高于一定阈值。在空气中,在海平面高度下,最短可测间隙的最小火花电压约为350V。所需的电压随着填充间隙的材料的介电强度以及间隙的几何形状而变化。

静电可以在工业设施的处理、存储和转移操作中的各种位置形成。实验测试已经大致证明,当释放约0.25mJ的火花能量时,一般状态下的饱和烃蒸气和气体都将点燃。一些气体甚至具有更低的最小点火能量,见表14-3。

表 14-3 特定气体的最小点火能量   mJ

气体	点火能量	气体	点火能量
甲烷	0.29	乙烯	0.08
丙烷	0.25	乙炔	0.017
环丙烷	0.18	氢气	0.017

防止静电影响的基本要求可以分为三个方面：
1) 识别潜在静电积聚区域；
2) 采取措施降低静电发生率；
3) 制定规定消除静电积累。

工艺设施的主要静电发生因素包括：
1) 流动的液体或含有杂质或微粒的气体；
2) 喷射液体；
3) 液体混合或混合操作；
4) 移动机械；
5) 工作人员。

如果气体包含液体、水蒸气或固体颗粒(例如锈颗粒或污垢)，则可产生静电荷。

14.8.4 减少静电生成

可以通过降低静电产生速率来防止静电荷电压达到火花放电位。就石油产品而言，减少产生静电的活动可以降低产生静电的速率。两种不同材料彼此相对运动时产生静电，运动的减慢将降低产生速率。这意味着通过避免空气或蒸气鼓泡，降低流速，减少喷射和螺旋桨混合来减少搅拌，避免液体自由下落。然而，这种静电控制方法因为降低生产速度而在经济上不可行。因此，通常通过接合或接地来减少或快速耗散电荷以减少静电。

14.8.5 增加静电耗散——接合和接地

两个导电体之间的火花可以借助于附接到两个主体的电接合来防止。接合防止跨越间隙的电势差的累积，因此没有电荷累积就不会产生火花。接合在所有设备上实现等电势，使得电荷没有累积的机会。接地可以用作接合系统的一部分，并且当潜在带电体与地绝缘时使用。因此，接地连接绕过该绝缘。接地是将一个或多个导电物体电连接到地电位以安全方式耗散电荷积聚的过程。大多数工艺设施设有接地网，主要目的是限制由电荷引起的腐蚀，但它作为耗散电荷的手段也可能成为点火源。

对于在管道和装载操作中由流动液体形成的静电荷，API RP 2003 具有用于估计电位电荷积聚和管道设计建议的具体指导，以将静电荷减少到可接受的限度。

由于静电荷的耗散与液体导电性相关，因此可以使用抗静电添加剂，添加剂不减少静电产生，但可将电荷更快的耗散。它们应当在分配开始点引入，其有效性可能由于黏土过滤器而降低。

14.8.6 控制环境——惰化和通风

当通过压焊、接地、减少静电产生或增加静电耗散等方法不能避免静电放电时，可以通过排除可能发生火花的可燃蒸气-空气混合物来防止点火。两种常用的方法是惰化和机械通气。惰化是一种用惰性气体置换空气以使混合物不可燃的方法。机械通风可将可燃混合物稀释至远低于可燃范围。

还可以采用以下措施：
1）保持空气湿度较高；
2）通过电离提高空气的电导率；
3）在可行的情况下使用导电材料；
4）通过添加剂提高非导电材料的导电性；
5）降低管道中流体的速度；
6）避免通过非导电设备、管道或容器传输非导电材料；
7）在可行的情况下避免使用非导电容器；
8）避免非导电材料通过非导电环境转移；
9）使用非金属防护罩或防护罩，以防止人员接触裸露的金属设备。

14.9 特殊静电点火情况

14.9.1 开关负载

当低压产品装载到含有先前使用的处于或低于可燃下限的易燃蒸气时，可能存在潜在的点火条件。最常见的例子是柴油燃料装载到先前装运过汽油的油罐车。然而，当产品管线被冲洗，歧管阀泄漏以及在真空卡车操作期间，类似情况也可能发生。以最低填充速率使得搅动最小或用惰性气体覆盖液体表面可以减少静电产生。

14.9.2 采样、测量和高级装置

导电探针和绝缘导电浮子都可能在表面电位远低于在游离油表面和容器或容器内部支撑部件之间发生火花时产生火花。目前已经发现在大型储罐或船舶储罐中存在场强比正常衰减慢的情况（即由于松弛）；因此，在手工测量或取样之前应延迟观察30min。在较小的容器（例如罐车）中，1min的延迟时间足以使静电荷消散。

14.9.3 净化和清洁油罐和容器

净化包含从封闭空间中移除燃料蒸气并且完全用空气或惰性气体进行置换。

蒸气或 CO_2 射流排入易燃蒸气-空气混合物中会产生静电荷。蒸气和 CO_2 都会在喷嘴处产生静电，应加以防治。

真空卡车通常用于从正在清洁的容器中去除液态烃类，除非抽吸软管和导电管棒具有电气连续性，否则可能发生点火。

空容器在重新使用时应以最低流速开始填充，以避免破坏液体表面。在有浮顶的情况下，应该减少流量，直到顶部浮出其支撑腿。

14.10 闪电

闪电通常被认为是大气中的颗粒释放静电的一种形式。目前已经记录了许多雷电引起的烃类火灾，露天储罐事故尤其多。NFPA 要求规定，如果设备、工艺容器和罐是由大量钢材建成的，其充分接地并且不释放可燃蒸气，则不需要其他的防雷机制。根据其结构和接地设施的性质，火炬、排气烟囱和金属烟囱也是如此。

由于大多数储罐在密封件和通风口处释放可燃蒸气，因此它们容易受到雷电影响并引起火灾。欧洲的常见做法是在设施的最高容器上安装避雷针，以提供防护锥。NFPA 780 为防雷措施制定了额外规定。

除非屋顶为结构构件，雷击可直接点燃锥顶储罐的可燃物。当屋顶上的电荷被附近的雷击释放时，可以间接点燃处在蒸气空间中的带有密封悬架的浮顶油罐。浮顶油罐通常通过不小于 3m(10ft) 的间隔将浮顶压焊至鞋型密封以防止闪电点火，在悬挂连杆中使用绝缘部分，用绝缘材料覆盖悬挂器上的尖锐点，以及在每个固定吊架接头上安装电接合带。

高度超过 15.2m(50ft) 且含有大量可燃液体或存储爆炸性材料的建筑物应根据 NFPA 780 的要求提供防雷措施。

具有钢制船体或桅杆的船舶很少遭受雷电，不需要特别保护措施。在船舶装载或卸载期间，通常做法是在出现雷暴期间暂停操作并关闭储罐中的所有开口。

14.11 杂散电流

杂散电流指除指定路径之外的路径中流动的任何电流。这种路径包括地球、管道和与地球接触的其他金属结构。杂散电流可由电源电路，阴极保护系统中的故障或由埋入金属物体的腐蚀产生的电流引起。虽然杂散电流电压通常不足以在气隙上产生火花，但间歇电荷可导致火花，该火花将点燃可燃混合物(如果存在的话)。

管线：若管道中存在已知或可能的杂散电流，通过连接具有相当低电阻的接合线来减少分离点(例如阀和线轴)处的电弧。

铁路支线：铁路罐车，在支线轨道上进入设施的装载/卸载位置通常由位于轨道旁边的管道提供。杂散电流可能在管道中或在轨道中流动。因此，管道和导轨都应该用低电阻材料进行永久连接。

运输口：船体对地(水)的阻力非常低，装卸平台管道的连接和断开可能产生火花。在管道歧管中安装轮缘通常是在连接和断开点处防止火花的最佳保证。

阴极保护系统：通常，当使用阴极保护系统来保护设施免受腐蚀时，需要进行工程研究以定位和确定尺寸。例如，外加电流系统断电不会立即消除电位使其安全，因为极化金属结构将持续一段时间。

14.12 内燃机

内燃机具有若干特性，在过程装置中可被作为点火源。它可以排出能够点燃蒸气的热燃烧气体，具有热表面(排气歧管和管道)，而且有仪表和点火系统，可能不适合可能有可燃气体存在的区域。内燃机在使用时，必须建立操作控制，例如热工作许可。

内燃机的另一个问题是，在设施中意外释放可燃蒸气云期间，它们可能在吸进可燃蒸气时超速。发动机可以加速和超速，但是大多数都设有保护装置以防止这种情况发生，此外，驱动发电机的机组将增加发电机电压频率，使其自动关闭。

14.13 热表面点火

暴露在外的热表面可作为工艺设备中容易获得的点火源。一般来说，API 关于通过热表面点燃烃的研究表明，只有表面温度比所涉及的烃的最低点火温度高大约 182℃(360°F)时，才应该假定其为热表面。测试数据和现场经验都表明，在露天的热表面点燃易燃烃蒸气需要的温度远高于所报告的烃的最低自燃温度。

当热表面对可燃气体或液体潜在泄漏源造成点火威胁时，作为预防措施，应对其进行隔热、冷却或重新定位。包含热表面的所需设备应在此类环境中工作。

14.14 自燃材料

自燃硫化铁是通过腐蚀性硫化合物与处理设备中的铁和钢的作用形成的，特别是在容器、存储罐和管道刮刀捕集器这些设备中。如果这种设备含有沥青、芳香族焦油、酸性原油、高硫燃料油、芳香气体和类似产品，则在设备内部和收集的残留物和污泥里，有形成黑色或褐色的自燃硫化铁结垢、粉末或沉积物的可能性。在设备排空、准备清洁和在通风期间，硫化铁沉积物将被干燥并与空气中的氧反应，产生热量并自发点燃。该设备应该用低氧含量(例如5%)的气体吹扫并保持湿润。使用该方法能保持自燃沉积物湿润，直到大气不可燃且沉积物被氧化或除去。

14.15　火花抑制器

在火花可能对周围环境构成危险的地方，要配备火花抑制器。内燃机、焚化炉和烟囱的排气是常见的例子。火花抑制器通常由屏蔽材料组成，以防止火花或飞火到达排气烟囱的外部。

14.16　手工工具

API 已经调查了自从 20 世纪 50 年代以来需要无火花手工工具和可能的点火风险的必要性。他们得出结论，无火花手动工具不会显著降低手动工具的点火潜能。在大多数情况下手动工具操作不会产生足够点火的能量，同时释放气体和手动工具产生足够的火花的可能性是非常低的。

14.17　移动电话、笔记本电脑和便携式电子现场设备

任何非固定的电气或电子设备，例如移动电话、平板电脑、录音或录像及回放设备、便携式无线电设备、导航接收器或发射器(即 GPS)、便携式无线通信设备和笔记本电脑，除特别审查和批准用于电分类区域的，应认为是可点燃可燃蒸气或气体的点火源。在未经批准的设备需要在电分类区域中使用的情况下，应通过潜在点火源检测的机构(例如工作许可控制)对其进行管理和控制，除非针对适用的区域分类列出了这些设备。应在分类区域的入口张贴适当的警告或限制标志，作为对此类设备受限制的提醒。

延 伸 阅 读

[1] American National Standards Institute (ANSI). Z49.1, Safety in welding, cutting, and allied processes. New York, NY: ANSI; 2005.

[2] American Petroleum Institute (API). RP 500, Recommended practice for classification of locations for electrical installations at petroleum facilities classified as class 1, division 1 and division 2. 3rd ed. Washington, DC: API; 2012.

[3] American Petroleum Institute (API). RP 2003, Protection against ignitions arising out of static, lighting and stray currents, downstream segment. 7th ed. Washington, DC: API; 2008.

[4] American Petroleum Institute (API). RP 2009, Safe welding, cutting and hot work practices in the petroleum and petrochemical industries. 7th ed. Washington, DC: API; 2007 [Reaffirmed].

[5] American Petroleum Institute (API). RP 2016, Guidelines and procedures for entering and cleaning petroleum storage tanks. 1st ed. Washington, DC: API; 2006 [Reaffirmed].

[6] American Petroleum Institute (API). RP 2201, Procedures for welding or hot tapping on equipment in service. 5th ed. Washington, DC: API; 2010 [Reaffirmed].

[7] American Petroleum Institute (API). RP 2216, Ignition risk of hydrocarbon liquids and vapors by hot surfaces in the open air. 3rd ed. Washington, DC: API; 2010 [Reaffirmed].

[8] Center for Chemical Process Safety(CCPS). Avoiding static ignition hazards in chemical operations. New York, NY: Wiley-AIChE; 1999.

[9] Center for Chemical Process Safety(CCPS). Electrostatic ignitions of fires and explosions. New York, NY: Wiley-AIChE; 1998.

[10] FM Global. Property loss prevention data sheet 5-1, electrical equipment in hazardous(Classified) locations. Norwood, MA: FM Global; 2006.

[11] FM Global. Property loss prevention data sheet 5-8, static electricity. Norwood, MA: FM Global; 2001.

[12] FM Global. Property loss prevention data sheet 5-10, protective grounding for electric power systems and equipment. Norwood, MA: FM Global; 2003.

[13] FM Global. Property loss prevention data sheet 5-11, lighting and surge protection for electrical systems. Norwood, MA: FM Global; 2000.

[14] National Fire Protection Association(NFPA). NFPA 30, Flammable and combustible liquids code. Quincy, MA: NFPA; 2012.

[15] National Fire Protection Association(NFPA). NFPA 30A, Motor fuel dispensing facilities and repair garages. Quincy, MA: NFPA; 2012.

第十五篇　消除工艺泄漏

每天在工艺设施中都会发生大气蒸气、气体或液体的释放或泄漏，它们是灾难性事故发生的重要原因。要建立一个本质安全型的装置，无论在什么地方，都要防止或消除蒸气或气体泄漏到空气中或者液体发生泄漏。这样不仅提高了设施的安全性能，还减少了无组织排放量或液体量，降低了对环境的潜在危害。遏制废弃气体、蒸气和液体，监管、增加测试、检查和维护，气体监测（固定系统和便携设备），充足的蒸气扩散特性等都是用来减小事故发生可能性的措施。

其他共同的工艺泄漏源是渗漏。除非存在氧化剂，否则可燃液体不会发生燃烧，但是一旦出现泄漏就会立刻从周围空气中获得充足的氧气。为防止发生火灾爆炸，工厂的整体性通常保持最高，必须禁止产生封闭系统。

通常以下机械在正常操作状况下，会释放可燃蒸气或气体进入大气中：

1) 开口罐和容器；
2) 通风口的储罐；
3) 安全阀、压力泄放阀或排放到火炬或放空管的排气口；
4) 气封泵或压缩机；
5) 工艺系统或罐泄放口；
6) 油污下水道(OWS)、通风口、排水漏斗；
7) 管道刮屑收集器和过滤器；
8) 样本收集点。

工艺设备应确保在可行的情况下，不产生可燃蒸气。达到这些目标的方法定义如下。

防止气流侵入的方法包括：净化、惰化、注水。

15.1　减少库存

在工艺或储存设施的故障事件中，在保护检测和减缓措施启动之前，会有大量危险物质被释放。特别需要注意的是液体可能快速蒸发或者已经以气态形式存在的地方。在石油化工行业，这些商品通常包括液化石油气(LPG)、液化天然气(LNG)、浓缩物，这些物质在工艺或存储系统中以液态形式存在需要很高的操作压力。基于历史数据表明，蒸气云量少于22000kg，在比较拥挤的工艺区域，应该考虑限制危险物质的量级。如果在拥挤区域包含高挥发性和危险性的物质，应该考虑更低的下限(即 4400kg)。

15.2 通风口和泄压阀

理论上，来自通风口、泄压阀、排污管等的废气可燃气应该被排放到火炬或通过封闭管道进行工艺回收。释放到空气中的蒸气或气体可能会产生蒸气云，即使释放点远离设施，但会漂移或受点燃的影响，即气云的爆炸冲击波会影响设施，可能导致伤害和损害事故发生。

常压储罐通常安装真空安全阀来减少蒸气排放和损失。

15.3 取样点

采样应该使用封闭系统。开口容器采集应该避免由于不正当或错误操作采样阀导致物质溢出。因为物质具有挥发性，在采样过程中会发生扩散，因此，开口采样会导致测试结果不精确。自动采样方法被普遍应用，减除了手工采样。

如果提供开口采样，采样点应该位于蒸气发生充分扩散的地方。采样点应该位于容易到达的地方，减少人为误差。

15.4 排水系统

工艺设备排水管应配备封闭的排水系统。在可行的情况下，不考虑系统背压或污染。应该避免使用排水明沟，并提供独立的污水和工艺/油污水或封闭式排水系统。地面排水应该快速有效地将溢出物排除工艺区域。排水系统通风口要提高，如此一来，在拥挤区域上方自由扩散的高挥发性可燃气体或蒸气可以从系统中扩散出去。

15.5 储存设施

在采取充分的安全保护措施和遵守操作规程的情况下，固定顶罐内部蒸气爆炸的可能性很低，每 1000 年才有可能发生一次。如果不采取防范措施，罐体内部蒸气空间可能会存在爆炸性混合物。任何蒸气都趋向于与点火源接触，无法完全预防点火来源。低导电性液体就是如此，电荷会在液体内积累。预防罐内气体爆炸的方法包括确保空气无法进入罐内存有可燃液体的蒸气空间。通常采用生成气或者氮气一类的惰性气。从长远来看，更安全的方法是在不存在此类蒸气的浮顶罐内储存该类液体。

浮顶储罐本质上比固定顶储罐更安全，因为本质上它们消除了可燃液体上方蒸气空间存在的可能。浮顶储罐的浮盘随着罐内存储液体液位的改变而上升或下降。它们限制了蒸气在浮顶边缘处的泄漏。低闪点液体应始终储存在罐中，避免了产生大量的蒸气。浮顶储罐在建造成本上通常是固定顶储罐的两倍之多，因此存在风险与成本的权衡。然而，通过减少泄漏，增加的成本可以得到抵消。

浮顶储罐不论是内浮顶还是外浮顶都存在一个可上升或下降的密封浮盘。单层密封将造成一些蒸气泄漏。正常的做法是在单层密封上再增加一层密封，减少了大多数蒸气或气体的泄漏，增加了安全性并保护了环境。

大多数浮顶储罐火灾是由密封圈处蒸气泄漏导致的微弱边缘密封圈火灾。通常情况下，雷击是主要的点火源，可以引燃泄漏的蒸气。定期进行密封维护和检查，加上分路器的充分接地将使储罐发生火灾的可能性大大降低。

按照美国石油学会要求建造的固定顶储罐在罐顶和管壁的接缝处结构较弱。如果发生内部超压，例如爆炸，接缝就会受到破坏，罐顶会被炸飞。所产生的火灾最初只会发生在储罐液体表面。

15.6 泵密封

旋转泵轴一方面需要对循环流体进行密封防止流体逃逸，另一方面还需要泵轴正常旋转。当泵密封件磨损或处理更易挥发的物料时，通过密封来预防泄漏变得更加困难。历史上，过程工业在泵密封领域有相当多的问题，因此所有处理易燃液体的泵区被认定为易着火区域。带报警系统的双密封取代了机械密封，以减轻泵密封故障造成的影响。此外，最重要的大型泵配备了振动监测，如果泵的旋转分量降低也将会提前示警。

15.7 管道振动应力失效

回顾石油工业的泄漏事件，离旋转设备较近的小直径排气口、排水管和采样管的结构损坏都起到了一定作用。由于旋转设备会产生转动力，会对与之连接的管道施加应力。虽然设备本身受到约束，但仍然会在连接管道中产生人们观察不到的应力。由于小直径管道不如主工艺管道那么大，通常人们不太关注它们。然而，它们确最容易受旋转设备影响而发生故障。破裂点通常位于小直径管道与主管道的连接处。

对于现有设备，应进行振动测量，交由权威机构进行检查。对于管道应力最大的位置要进行重点检查。应力分析可以由专业管道咨询公司开展。

15.8 旋转设备

涡轮机、压缩机、齿轮箱、鼓风机和交流发电机可能由于轴承损坏，不充分的润滑，叶片或扩散器故障，振动或者联轴器故障而发生损坏。这些故障可导致润滑剂、易燃液体气体的泄漏，进而产生火灾或爆炸。在这些情形下要有额外的监测，并且装置要有紧急停车功能。与制造商探讨采用最佳仪表和关断逻辑。在可能释放大量挥发性易燃气体或蒸气的情况下,应配备气体监测装置。

延 伸 阅 读

[1] American Petroleum Institute(API). Manual of petroleum measurement standards, Chapter 8, Sampling Section 2, Standard practice for automatic sampling of liquid petroleum and petroleum products. 2nd ed. Washington, DC: API; 2010 [Reaffirmed].

[2] American Petroleum Institute(API). Standard 520-Part II, sizing, selection, and installation of pressure-relieving devices in refineries. 5th ed. Washington, DC: API; 2011 [Reaffirmed].

[3] American Petroleum Institute(API). Standard 620, Design and construction of large, welded, low-pressure storage tanks. 11th ed. Washington, DC: API; 2008.

[4] American Petroleum Institute(API). Standard 650, Welded tanks for oil service. 11th ed. Washington, DC: API; 2013.

[5] National Fire Protection Association(NFPA). NFPA 30, Flammable and combustible liquids code. Quincy, MA: NFPA; 2012.

第十六篇　灭火和防爆系统

石油和化工工业每天都要处理大量的易燃和可燃材料，并且这些材料可能要在极高的温度和压力下进行处理，存在爆炸性、腐蚀性和毒性。因此在处理该种材料时有必要考虑其破坏特性并采取防护措施。

当进行涉及石油的操作时，需要为关键设备和个人配备防火防爆材料和隔离材料。这些防护材料会延长或保护设备的完整性，保证人员安全有序的疏散和保护厂区。

理想状况下，大多数过程工业应该通过过程关停系统（例如 ESD、卸压、排水等）进行控制，并希望发生火灾时不会使用到防火系统（耐火装置、水喷淋等）。然而，如果之前已经发生了爆炸，这些主要的防火系统可能不能控制这样的事故。在考虑灭火工作之前，应该首先分析爆炸的影响以确定保护范围。多数与烃类过程事故有关的大型火灾事故的优先级要高于爆炸事故。

16.1　爆炸

爆炸是发生在过程设备中最具有破坏力的事故。爆炸通常发生的比较快以至于传统灭火系统不能发挥作用。一旦爆炸发生，造成的破坏可能由以下的原因造成：

1）超压：爆炸导致气体膨胀和周围大气的压力增长。

2）冲击波：在一个平面上通过不同的压力，例如压力波的通过，可能会造成事物的坍塌和位移。

3）投射物、飞溅物和碎片：膨胀气体爆炸造成的物体抛掷可能造成破坏或事故升级。

爆炸超压程度通常被认为是最关键的测量。一般会预估不同破坏等级下产生的超压值。这些等级通常参照超压圆形图，除非存在其他可能的着火点，一般由最方便的点火点和最有可能的泄漏点绘制而成，见图 16-1。

16.2　爆炸潜力的定义

防爆的第一步是确定设备爆炸的可能性以及了解目前的状况，这可能适用于内部和露天爆炸。一旦通过检测确定了过程物料，应该通过风险分析对其爆炸的可能性进行确定。如果风险分析等级表明不能接受，应该采用额外的防护措施来进行保护。

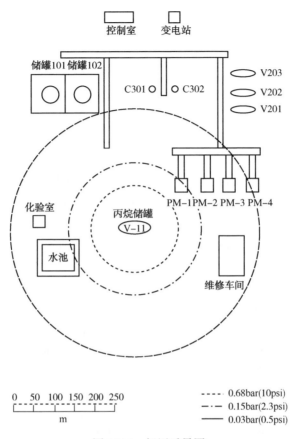

图 16-1 超压后果图

典型的需要考虑爆炸超压的区域如下所示：
1）通过冷藏或加压以液态进行储存的气体。
2）在常压沸点以上但仍以液态存在的易燃或可燃液体。
3）在 3448kPa（500psi）或更高压力下存储的气体。
4）可能泄漏总量超过 907kg（2000lb）的烃类蒸气容器和管路。
5）可能存在泄漏并符合上述规定的存在限制（全部或部分）的陆上区域。
6）符合上述规定并包括距离过程区域少于 46m（150ft）的人工控制室区域。
7）半封闭或全封闭的空气压缩建筑。
8）处理会积聚易燃气体的封闭建筑（例如水处理装置）。
9）处理烃类的海上装置。

计算爆炸超压等级的目的是减轻设备发生爆炸的后果，并且证明没有必要为由于没有爆炸可能性或距离爆炸设备较远的设备提供防护措施。

作为辅助判定蒸气云爆炸严重性的工具，超压半径圈通常绘制在带有泄漏源或着火点的配置图上，应用计算机技术可以容易地对其进行计算并应用在电子工厂设计和绘制中。这些超压圆圈可以通过最坏可信事件所呈现的破坏等级进行定义。

关键的或高度人工化的设备应该位于超压圈之外或对其提供防爆措施。其他带有超压区域的系统应该对防爆保护设计安排的特定益处进行评估。具体案例见图16-1。

16.3 防爆设计安排

市面上为小封闭空间提供的防爆系统是基于惰性粉末和气体灭火制剂制造的。这些防爆系统应用在任何设备之前需要考虑该系统的缺点。例如，持续一段时间的泄漏和着火源通常不可能被驱散和被扑灭，使用一次性防爆系统，蒸气云可能会重燃，具有很高的危险。对于大型封闭空间，需要大量的灭火剂，因此存在平衡点（例如成本与收益）。

关于水抑爆系统的研究提供了一条未来针对蒸气云爆炸的保护途径。使用水喷雾缓解爆炸的工业试验表明爆炸的火焰速度可能会减小。这个研究表明小液滴水雾系统能够降低火焰的加速度和减少破坏。一般水喷淋系统会产生过大的水滴以至于不能有效阻滞火焰速度，还可能会增加区域的空气湍动从而增加爆炸的可能性。

以下是过程工业中防止蒸气云爆炸的几种方法：

1）所有可能产生蒸气云的区域都应该具有最高的通风能力。当危险等级被定义为Class Ⅰ、Division 1或Class Ⅱ、Division 2时，所有的区域都要进行特殊检测。对烃类蒸气可能存在的区域，要确保有足够的通风能帮助可燃蒸气或气体的扩散，通常采用以下措施：

a. 要避免封闭的空间。封闭空间不具备充足的通风条件，会增加可燃性蒸气或气体的浓度。高密度蒸气特别难以处理，因为其聚集在难以提供新鲜空气循环的低处。

b. 在绝对必要的情况下再使用墙壁和屋顶（包括防火墙）。墙壁或屋顶会阻碍视线和通行，堆积砂砾和碎片，减少通风以至于可燃气体或蒸气不会快速扩散。如果发生爆炸或爆燃，墙壁或屋顶还可能坍塌，因此它们可能会造成二次影响——碎片掉入过程管路或设备，该影响大大超过原始的爆炸或爆燃。最后，墙壁或屋顶可能会造成安全的错觉。

c. 封闭空间内至少要每小时更换六次空气，这援引自大多数防止可燃气体或蒸气聚集的标准。

d. 被抬高的地面区域应该建有开放格栅，它可以使新鲜空气进行循环，防止蒸气的积聚，避免液体的聚集。硬质地面应该配备喷溅保护、火灾或爆炸屏障，否则应提高通风条件。

2）空间拥塞应该保持在最小值。

a. 容器应该具有方向性，以允许最大的通风量或防爆通风。

b. 大体积设备不应该阻挡空气循环或扩散能力。

3）应该避免可燃蒸气或气体的泄漏或暴露在大气中。

a. 废弃的可燃蒸气或气体（过程排空阀、泄压阀和吹扫）应该输送到火炬或返回过程中。

b. 取样技术应该使用封闭系统。

c. 过程设备液体排放应该使用封闭排放系统。

d. 应该避免开放的排污口，推荐使用独立的污水和油水排放系统。

e. 应当配备路面排水以立即有效地除去过程区域的泄漏物。

4）在处理低闪点且高浮力的物质（例如密度小于等于1的蒸气）的区域应该特殊配备气体检测，因为这些物质具有最难以扩散的性质。

5）应从过程系统内部（容器、管路和储罐）隔离空气或氧气。可燃性气体或蒸气会自然存在于过程系统内部。过程中包含空气会在某些时候形成可燃气氛，一旦存在点火源就会发生爆炸。

6）防护设备（例如紧急关停开关）应该配备在危险区域之外或潜在危险区域的防护屏障之后。

7）在过程区域内或邻近过程区域的半永久或永久建筑物需要建造为可以抵挡爆炸超压或使之搬迁至爆炸超压不会造成严重破坏的位置。不必要的人员或设备应该经常位于爆炸影响范围之外。

8）压力容器的方位应该避免将容器指向关键设备或高存储位置。长卧式压力容器的末端在火灾爆炸中容易成为最初的失效部位，它们可能会成为罐体的抛射物。因此这些容器末端最好不要朝向关键设备或其他可能导致事故升级的区域。

16.4 蒸气扩散增强

16.4.1 基于盛行风的位置优化

设备处的盛行风需要进行分析，并绘制在风向图（表明各个风向的频率）上。最可能影响设备的风向可以通过风向图来确定。在绘制平面布置图时，处理大量高挥发性物质的设备应该选址在盛行风向处，会使潜在的泄漏消散，不会造成其他设备的危险或不会成为泄漏物质的点火源，见图16-2和图8-2。

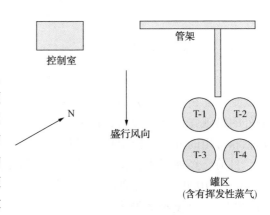

图16-2 设备布置中盛行风的利用

16.4.2 水喷雾

水喷雾系统已经被证明可以帮助蒸气或泄漏气体的扩散。喷雾使用喷射水滴产生的流通空气对蒸气或气体进行稀释。它们不能保证气体或蒸气不会达到着火源，但确实强化了扩散。

16.4.3 空冷风扇

大型立式空冷风扇会诱导空气流动进行冷却，满足过程需要。这些空冷产生了一个相当大的上升气流——吸入周围的空气，再进行上升分散。在最初厂区设计时，明智的风扇位置布置也可以在事故发生时帮助稀释可燃性蒸气或气体。

16.4.4 补充通风系统

封闭区域可能容易受到可燃气体聚集的影响，通常配备有通风系统以扩散气体或提供足够的换气使得泄漏气体不会积聚。该系统典型应用在电源室、气体涡轮封闭空间、海上封闭模块等。

16.4.5 限损结构

限制爆炸带来的破坏可以使用各种各样的方法。最好的办法是在设备设计时添加一些预先设计以将爆炸的影响转移到不重要的区域。不论使用哪种机理，使用的超压等级应该与最坏可信事件的风险分析预估结果相一致。

封闭空间可能会产生超压，需配备吹扫面板或壁面以缓解压力。面板连接处与普通面板相比具有更低的强度，因此会在低强度处失效并缓解压力。类似的配有焊接线的内置可燃液体或易燃液体的弱顶板储罐，如果内部发生爆炸，增大的压力会通过顶板吹出，而整个储罐将不会坍塌。

对于暴露在外的建筑物，通常使用整体结构，例如钢筋混凝土结构，以抵挡爆炸冲击波。结构的设计强度通过预估的冲击力和特定设计的结构组成进行计算。入口需要配备强冲击抵制门以避开暴露区域。

16.5 耐火材料

爆炸事故中，局部火灾将会发展，如果失去控制，会引起整个设备发生火灾和受到破坏，需要防火措施对这些事故进行控制。理想的防火措施是不需要采取额外的措施并且始终控制其在适当的位置。这些方法被认为是被动保护措施，最熟悉和常用的方法是使用耐火材料。

目前已经被证明：普通钢铁强度在温度高于260℃（500℉）以后会迅速下降；在538℃（1000℉），普通钢铁的拉伸和压缩强度会降低为原来的一半；在649℃（1200℉），强度将为原来的四分之一。暴露在烃类火灾中的裸钢可能以10000~30000Btu/h/ft^{2}的速率吸收热量，其吸收速率取决于暴露在外的结构。由于钢具有较高的热传导性质，暴露在烃类火灾中的普通钢铁或容器在10min或更短的时间内就会失去原有的强度。

严格来说，耐火材料是用词不当的，它与耐火毫不相关。在石油和相关过程工业中，耐火材料这个术语是指在一定火灾情况下能够耐受一定时间的材料。耐火材料的基本目的是提供一种被动保护方法以抵抗火灾对结构部件、固定财产或维持紧急控制系统或机制的完整性的影响。耐火材料不能充分地保护人员避难所，除非提供新鲜空气、烟雾防护措施、有毒蒸气吸入剂。本质上，耐火材料不能考虑为爆炸提供保护，实际上可能会起反作用。耐火材料可能仅仅易受爆炸的影响，除非规定特殊的安排去保护其不受爆炸超压的影响。

过程工业的耐火材料采用与其他工业相同的标准，除了严重暴露在火灾中的情况。火灾在过程工业中的主要破坏在于以热辐射、传导和对流为形式的迅速传热导致的高温，这会造成钢结构的立即坍塌。对于耐火材料的应用，辐射和对流的影响与热传导相比具有很高的比重。耐火材料并没有进行防止有毒蒸气或气体通过性的测试，必须安装其他屏障以阻止这些有害材料的通过。内部结构构件的坍塌并不是主要的考虑因素，这些可以很容易被替换。结构坍塌的主要考虑因素是支撑结构的坍塌、破坏，以及大量可燃液体或气体的传播可能会造成设备其他部分的泄漏，这些因素中的任何一个都可能发生，这会导致重大的经济损失，不论是直接物理破坏或者商业中断的影响，耐火材料的应用都应该被考虑。通常只有管道采用了耐火材料，这种情况下大量的可燃材料不会泄漏。在钢结构中，防火材料应用在管廊中是不经济的。普通管道和钢结构通常可以进行简单快速的更换。通常仅限于更换时间长、管廊坍塌时可能受到破坏或支撑紧急事故控制功能的位置，例如减压和排放集管，这些集管被引至火炬。

耐火材料的主要价值体现在为火灾初期时切断流程、隔离燃料供给、启动固定或便携式灭火设备、指导人员疏散等过程提供时间。如果设备并没有被保护，可能在火灾初期就会坍塌，这会造成破坏并可能引起额外的烃类泄漏；同时紧急关停系统、容器通风、灭火系统也可能不被启动。在火灾进一步扩大时，存储有烃类的大型容器可能折断或坍塌，造成整个设备的快速燃烧。

通过假设火灾类型(例如池火、喷射火等)，理论上可能计算出过程设备每一部分受到的热辐射，但这种方法是特别昂贵的，不能应用于整个设备。

石油火灾在一些基本条件下的影响(例如暴露区域的风险范围)标准已经典型应用在设备的大多数位置上。如果有必要，设备关键部分在精确火灾状况下的检查会通过理论计算进行。通常，是否需要耐火材料取决于哪些区域的设备或过程会泄漏液体或气态燃料，进而在足够的强度下燃烧，并在一定时间内造成大量财产损失。在过程工业中，这些区域通常是具有高持液量的区域或曾经可能泄漏的高压气体泄漏源头。

普遍认为的火灾风险暴露区域的典型位置如下所示：

1) 加热炉；
2) 处理可燃物料的泵；
3) 反应器；
4) 压缩机；
5) 存有大量可燃物料的容器、塔和釜。

另外，在火灾暴露的危险区域内，无论什么情况下的设备被抬高，都可能会成为液体泄漏的源头；更换时间过长，或在火灾风险区域内支撑火炬或排污集管，通常要采用耐火材料。API 颁布的 2218 标准进一步规定了工业保护中需要考虑的内容。

标准火灾持续时间(例如 2h)和高温(例如时间-温度耐受标准——UL 1709)通常通过烃类泄漏源头进行假设。

国际海洋组织(IMO)/美国船舶办公室(ABS)采用类似于 UL 1709 的持续 30min 和 60min 的受火方式对管路保护系统进行了火灾测试，共采用了四种不同等级的火焰速度。上述结论应用在工业中还存在如下局限性：

1) 等级 1 保证了全尺度烃类火灾中系统的完整性，特别适用于失去完整性可能会造成易燃液体泄漏和加重火灾状况的系统。在干燥状态下，管路暴露在火灾中最少能够耐受 1h。

2) 等级 2 倾向于在较短的火灾持续时间内保证装置安全操作系统的有效性，允许系统在火灾扑灭后能够恢复。在干燥状况下，管路需要通过火灾耐受测试，要在至少 30min 的火灾内保证完整性。

3) 等级 3 是为短期局部火灾中装满水的管路系统的火灾耐力测试。灭火后，系统的功能还能够被恢复。在湿润状态下，暴露在火灾中的管路需要在不低于 30min 的火灾中保持完整性。

4) 等级 4 是为喷淋系统的修正性测试，在模拟的干燥状态和随后的流水状态中对管路系统的火灾耐受性进行测试。系统的功能能够在火灾被扑灭后被恢复。暴露在火灾中的管路在至少 5min 的干燥状态和 25min 的湿润状态中保持完整性。

当考虑使用耐火材料时，需要考虑材料规格，如下所示：
1) 火灾性能数据(受火方式和耐受时间)；
2) 成本(材料、安装人工和维护)；
3) 质量；
4) 耐受性；
5) 机械强度(对事故影响的抵抗力)；
6) 烟雾或有毒蒸气产生(生命安全与保护相关联)；
7) 水分吸收；

8）老化；

9）应用方式；

10）表面处理；

11）硬化时间和温度要求；

12）涂层表面的检测方法；

13）厚度控制方法；

14）耐气候性；

15）腐蚀性；

16）易于修复。

16.5.1 防火规范

典型的防火材料需要在纤维或烃类火灾中暴露不同的时间。防火的主要特点是阻止火焰或热量穿过，因此可以保护设备在特定情况下不发生坍塌。因为防火测试通常不检测阻止烟气和毒气云通过的能力，因此用来保护人类住所的防火材料要格外仔细测试，特别是烟气和缺氧在环境中造成的影响。应该将是否做过防火测试作为一项基本标准，不能指望在设备生产中产生的这些标准与每种火灾情形关联。如果火灾强度高于耐火材料额定值，那么任何过程可以通过间距、布置、安排来满足防火时间的要求。防火外壳不仅用来保护设备免受火灾的影响，还要确定被保护设备的持续运行。例如，如果一个阀门制动器最高操作温度是100℃，即使耐火外壳符合一个标准火灾实验要求，在外壳内的周围温度也不允许升高。应急系统的操作要求也要与之相适应。在世界上有很多实验室可以在特定实验条件下根据确定的标准进行火灾实验。表16-1是生产企业认可的一些测试机构。

表16-1 火灾测试认证实验室

实验室	名称	地址
FM	美国工厂互保研究中心	美国马萨诸塞州诺伍德
LPC	预防损失委员会	英国赫特福德郡伯翰姆伍德
SINTEF	挪威火灾测试实验室	挪威特隆赫姆
SWRI	西南研究院	美国得克萨斯州圣安东尼奥
TNO	荷兰火灾测试实验室	荷兰代尔夫特
UL	保险商实验室	美国伊利诺伊州诺斯布鲁克
ULC	加拿大保险商实验室	加拿大渥太华
WFRC	沃灵顿火灾研究中心	英国柴郡沃灵顿

钢结构在316℃开始融化，在538℃将失去50%强度。因此钢结构和应用于生产设备的耐火材料最低忍受温度通常设置为400℃，可以暴露于烃类火灾2h

(Ref. UL Standard 1709)(见图 16-3)。

最近的研究表明，热通量是一个更现实来确定热量传送到防火屏障的方法。池火典型的热通量值为 30~50kW/m²，喷射火为 200~300kW/m²，这些通常作为热通量暴露计算的基础。

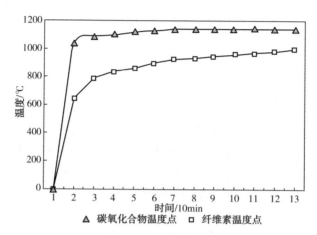

图 16-3 烃类和纤维素火灾的时间-温度曲线

16.5.2 防火材料

目前有很多可用的商用防火材料，在选择材料时，要综合考虑材料的优缺点与经济因素。通常没有单个材料非常适合特定应用，有必要对成本、耐用度、耐气候性和易于安装等一系列因素进行评估。

16.5.3 黏结材料

胶凝材料使用液压凝固水泥(如硅酸盐水泥)作为黏合剂，填充材料具有优良绝缘性能，如蛭石、珍珠岩等。混凝土之所以经常用于防火，是因为它易于使用，易于获得，非常耐用，一般相比于其他材料是经济的。它一般重于其他材料，所以也需要更多的钢结构来支撑。

16.5.4 成品砌筑和无机板

砖、混凝土砖、预制的混凝聚合板在过去通常使用。这些材料的安装通常需要大量人工，但如果需要大块板材，还需要吊车并清理通道，有时比其他方法更经济。

16.5.5 金属圈

填充有矿物棉的不锈钢空心板尺寸精确，能够承受火灾。在发生火灾时，通常重要电力设备在这些外壳的保护下，可以在规定水平上运行一段时间。

16.5.6 保温

保温材料可以是硅酸钙、矿物棉、硅藻土或珍珠岩等无机材料。如果将它们组合使用，通常需配有钢护板或夹套。这些都是用不燃物或阻燃材料组成的，为防火堤提供绝热屏障，以阻断热量传递。

16.5.7 膨胀涂料

膨胀涂料有有机碱，当接触到火时，将会膨胀产生焦炭和可能的绝缘层，阻止火灾中热辐射的影响。

16.5.8 耐火纤维

纤维材料熔点高，通常用来制成耐火板或毯子。纤维是由玻璃或矿物陶瓷制成的，它们可以被编织成毯子以保护周围物体。

16.5.9 复合材料

轻质材料。复合材料，通常由玻璃纤维和聚酯树脂制成，可以作为薄板嵌进墙体或制成围墙。它们重量轻、绝缘，可以进行配置以达到防爆目的。这些材料具有耐腐蚀和耐磨性。

火灾情形下被动保护原理特性总结如下：

优点：

1）无需启动。

2）用低导电材料直接保护；达到临界温度，活性物质会反应。

3）无电源要求。

4）符合法规要求。

5）维护费用低。

6）可以加固。

7）某些材料可以提供防腐的好处。

8）无需定期测试。

缺点：

1）相比于主动系统，只能提供短暂的保护；

2）在事件中或后，不可再生；

3）检查底层永久材料的防腐性困难；

4）可能会遭受爆炸事故的损害。

选择取决于：

1）用途；

2）保护时间；

3）性能；

4）物理性能；

5）成本。

16.5.10 辐射屏蔽材料

某些情况下，辐射屏蔽材料保护设备在火灾中免受热辐射的影响，使其满足操作要求。这些屏蔽通常有两种样式——双层金属丝网或有机玻璃层。它们大部分通常用来保护设备免受高温影响，对于固定防火监控位置，特别是在海上设施的甲板上，装置的操作者可以在事故中精确地引导水流向更有效的方向。

16.5.11 水喷雾冷却

在某些情况下，防火材料被认为是对现有状况不利或不经济的，这时可以使用水喷雾进行替代。典型例子是压力容器或管道表层的金属厚度检查是有必要的，但由于固定负荷或风负荷，结构性设备不能再承受额外的防火材料负荷；对于防火材料无法到达的表面；无法实施防火程序等。

通常实际情况中，选择防火而不是水喷淋有几个原因。防火具有无源的固有安全特性，然而，水喷淋是易受破坏的有源系统，需要辅助的控制系统启动。另外，水喷淋依靠附加的支持系统，可能更易出现故障，如泵、分布网、阀门等。在爆炸事故中，防火系统的完整性相比于水喷淋系统，通常更优越。通常在工艺容器保护中使用水喷淋系统代替防火系统。

水喷淋系统通过以下措施保护暴露物：
1）冷却暴露的表面；
2）冷却暴露物和热源周围空气；
3）限制火焰热辐射传到附近暴露物。

16.5.12 水喷雾驱散蒸汽

消防喷淋有时用来辅助蒸气扩散。关于这一课题的一些文献建议使用两种机制协助蒸气驱散水喷雾。首先，布置水喷淋可以使水喷淋方向上的空气流动。水喷淋的力量吞没空气，使它比正常循环时传播更远。以这样的方式，泄漏的气体也会在喷嘴方向被吞噬和传播。通常将喷雾方向垂直地面，在高处通过自然手段加强中性浮力蒸气和气体扩散。其次，水喷雾会加热气体或蒸气，使其变成中性或高浮力形态，也会帮助其在空气中扩散。

16.6 防火措施布置

使用防火耐热材料的位置通常是很可能发生大量可燃物质溢出或高压高容积气体的泄漏位置（即易着火区域）。这些位置通常与转动设备关联，很可能受腐蚀影响。或者，在无法提供足够间隔距离的地方，防火材料可以用来作为防火墙（如海上设施、逃生措施等）。美国石油学会出版物对工业中的应用和材料提供了进一步的指导。

在加工工业中最普遍的防火区域如下：

1）陆上：

a. 在火灾危险区域的容器、罐、管道支架；

b. 关键程序（紧急停车系统、控制、仪表）；

c. 泵和高容高压气体压缩机。

2）海上：

a. 烃加工隔间。

b. 宿舍的地板、墙、屋顶。

c. 火灾危险区域的设备结构支架。

d. 泵和高容高压气体压缩机。

3）常见加工工业防火材料的使用：

a. 容器和管道支架。

b. 陆上：混凝土，2in；UL 1709，2h 等级。

c. 海上：烧蚀或膨胀材料；UL 1709，2h 等级。

d. 电缆线架：不锈钢柜子或防火垫子；UL 1709，20min 等级；ESD 控制板：不锈钢柜子或防火垫子；UL 1709，20min 等级；EIV（如果直接暴露）：不锈钢柜子或防火垫子；UL 1709，60min 等级；EIV 制动器：不锈钢柜子或防火垫子 UL 1709，20min 等级。

e. 防火墙。

f. 陆地上：混凝土或砖石结构；UL 1709，2h 等级。

g. 海上：烧蚀、复合或膨胀材料；UL 1709，2h 等级。

某厂商已经开发了一种"增强型安全直升机甲板"，该直升机甲板采用了一种获得专利的被动阻燃系统，该系统允许燃料通过密集的铝制防爆网。在穿孔甲板内，包括地面上，防爆网中都塞进了棉絮。一个完整的排水系统可以确保液体得到引流，从甲板下被排出。正在燃烧的燃料缺少氧气，在网格中热量迅速消散。火会立即被熄灭。未燃烧的溢出燃料快速安全地排出，剩下燃烧的蒸气会在很短时间内被水喷淋浇灭。最高 97% 的未燃烧溢出燃料可以重复利用。

在 Det Norske Veritas、Lloyds Register、UKCivil Aviation Authority、不同的直升机经营商和生产商、公共安全团体、海上安全人员、飞行员和用户团体见证下，"XE 增强型安全直升机甲板"通过了严格的火灾测试试验。

目前，很多海上船只、钻井平台、医院和其他类似位置都安装了甲板。这些甲板可以安装在新建结构或在现有位置上进行翻新，但需要采取额外的安全措施。对于翻新，已存在的钢结构需要最大程度进行利用，仅需要再铺设安全甲板和排水系统即可。

这种类型的直升机甲板表面不需要泡沫或者其他灭火剂灭火，仅需在大部分火被灭掉后，用适量的水来灭掉遗留的蒸气火。最近由 UKCAA、ICAO、DNV、LRS、ABS 代表参加了一场测试，450L 燃料的喷射火控制如下：

1) 纯粹被动，即没有任何干预：少于 90s。
2) 使用甲板水消防系统单元(DIFFS)：少于 4s。

《UKCAA CAP 437》第六版中第 5 章允许安装"XE Enhanced Safety Helideck"的装置使用海水而不是泡沫炮或 DIFF 系统的泡沫。这将大大降低成本复杂性、测试、维护和更新。

16.7 阻燃性

16.7.1 内部表面

大部分防火规范为建筑物内墙、天花板和所有要求有阻燃特性的部分设置了阻燃标准(即保温、电缆等)。基于火灾数据统计，在建筑物火灾中由于缺乏对内表面适当控制造成的人员死亡仅次于楼道开口火焰垂直传播造成的死亡人数。无改良的室内材料的主要危险有：①火焰快速传播通过限制或阻止人们使用应急通道离开建筑物而对居住者造成伤害。产生的黑烟也会使逃生通道和标识模糊不清。②作为另外的燃料加剧火灾。未经改良的材料可能给火灾增加额外的燃料，从而增加居住者逃生难度和缩短其逃生时间。

16.7.2 电缆

鉴于安全、防护、防止短路和接地考虑，电导体一般都绝缘。通常的绝缘材料都是塑料，它们能在毒气云中燃烧。国家电气规范(NEC)规定了某些电缆的阻燃等级，减小电缆绝缘外皮燃烧和火灾蔓延的可能性。高危险入驻区和位置通常设定一个高的阻燃等级，因为这里可能产生高风险。

16.7.3 光纤电缆

光纤通常用于电子通信，并构成可能影响设备维修和运行的所有方面的关键通信风险。阻燃性要求类似于在 NEC 中规定的用于电缆的防火等级。

16.7.3.1 防火阀

防火阀安装在高压交流电网百叶窗或者类似的防火屏障上，用来阻止火焰或热量的传播。这种安装在通风口或竖井的防火阀保持火灾级别的功能与周围的障碍物相同。百叶窗关闭或者"激活"的方式是通过熔丝杆熔化释放弹簧或通过在正常情况下保持弹簧的遥控信号。

防火阀易熔链接验收测试应包括随机抽样的实际易熔连杆(熔化)的安装组件，允许风门关闭测试。很多时候安装不正确，会导致阀门关闭不正常，百叶窗会挂起或扭曲。有时可用的另一个选择是安装临时连杆组件，该组件可以轻易地被钳子剪开。熔丝的融化温度可以在方便的地方分开测试,而无需对装置进行加热或火焰测试。

16.7.3.2 阻烟阀

阻烟阀用来防止燃烧产物在占用设备的通风系统内扩散传播。它们通常由火灾报警系统或监测系统启动激活。阻烟阀由泄漏等级、最大压力、最大速率、安装方式(水平或垂直)和火灾退化实验温度规定。

16.7.3.3 阻火器

阻火器阻止火焰通过开口进入。该装置包括多孔板、插槽、屏幕等。在某些情况下或火焰热量要进入时阻火器关闭,从而在火焰通过之前熄灭它。当燃烧发生在管道内时,燃烧的热量会被管壁吸收。当管径减小,管道吸收的总热量会增加,火焰传播速度会减小。通过用很小的管径(如1mm或2mm),可能完全阻断火焰传播通道。经典的阻火器是一束小管,达到要求的通气能力但可以阻断火焰传播。

"戴维"矿工灯首次使用阻火器,通过在矿灯火焰前设置具有高热量吸收特性的细网以防止引燃煤矿中的甲烷气体。

16.7.3.4 管道爆轰阻火器

如果管道布置的很长,或者有足够大的湍流发生,火焰存在于这样管道的前方,可能会加速该点爆炸事故的发生。爆炸以声速或高于声速传播(这是管道内混合物密度的作用),通常达到每秒几千英尺。火焰伴随的压力脉冲可能超过之前的20倍。在管道内可能发生火焰的地方设置爆轰型管道阻火器可以阻止事故的发生。

并不是所有阻火器都被设计用来灭火或抵挡爆炸产生的高脉冲或压力。一些法规(如USCG)要求应当在蒸气回收系统中安装爆轰型阻火器。

延 伸 阅 读

[1] American Petroleum Institute(API). ANSI/API Standard 521, Pressure-relieving and depressuring systems. 5th ed. Washington, DC: API; 2007.

[2] American Petroleum Institute(API). API Recommended Practice 2028, Flame arrestors in piping systems. 3rd ed. Washington, DC: API; 2010 [Reaffirmed].

[3] American Petroleum Institute(API). API Recommended Practice 2210, Flame arrestors for vents of tanks storing petroleum products. 3rd ed. Washington, DC: API; 2000 [Reaffirmed].

[4] American Petroleum Institute(API). API Standard 2218, Fireproofing practices in petroleum and petrochemical processing plants. 3rd ed. Washington, DC: API; 2013.

[5] American Petroleum Institute(API). API Standard 2510, Design and construction of LPG installations. 8th ed. Washington, DC: API; 2001.

[6] American Petroleum Institute(API). API Standard 2510A, Fire protection considerations for the

design and operation of liquefied petroleum gas (LPG) storage facilities. 2nd ed. Washington, DC: API; 2010 [Reaffirmed].

[7] American Society of Civil Engineers (ASCE). ASCE 29 05, Standard calculation methods for structural fire protection. New York, NY: ASCE; 2007.

[8] American Society of Testing Materials International (ASTM). E-119, Standard test methods for fire tests of building construction and materials. West Conshohocken, PA: ASTM; 2009.

[9] Center for Chemical Process Safety (CCPS). American Institute of Chemical Engineers (AIChE), The design and evaluation of physical protection systems. New York, NY: AIChE/Wiley; 2001.

[10] Center for Chemical Process Safety (CCPS), American Institute of Chemical Engineers (AIChE). Guidelines for evaluating process plant buildings for external explosions and fires. New York, NY: AIChE; 1996.

[11] Center for Chemical Process Safety (CCPS), American Institute of Chemical Engineers (AIChE). Guidelines for fire protection in chemical, petrochemical and hydrocarbon processing facilities. New York, NY: AIChE/Wiley; 2003.

[12] Center for Chemical Process Safety (CCPS), American Institute of Chemical Engineers (AIChE). Guidelines for use of vapor cloud dispersion models. 2nd ed. New York, NY: AIChE/Wiley; 1996.

[13] National Fire Protection Association (NFPA). NFPA 221, Standard for high challenge fire walls, fire walls and fire barrier walls. Quincy, MA: NFPA; 2012.

[14] Underwriters Laboratories (UL). UL 263, Standard for fire tests of building construction and materials. 14th ed. Northbrook, IL: UL; 2011.

[15] Underwriters Laboratories (UL). UL 525, Standard for flame arrestors. 8th ed. Northbrook, IL: UL; 2012.

[16] Underwriters Laboratories (UL). UL 555, Standard for fire dampers. 7th ed. Northbrook, IL: UL; 2012.

第十七篇　火灾和气体探测报警系统

简单和精密的火灾和气体探测系统，都具备对烃类泄漏事故初期探测及报警的功能。火灾和气体探测系统的总目标是对即将发生的工艺运行之外的可能威胁生命、财产和连续生产操作的事件发出警告。

过程控制和仪表只能够对工艺操作系统范围之内的状态做出反馈，对超出工艺过程完整性限制之外的状态无法做出报警或控制。增设了工艺与仪表信息系统的火灾和气体探测系统独立于工艺操作系统进程之外，一旦发现有超出正常范围的有害状态，立即发出警告。火灾和气体探测系统可用于确认工艺泄漏或报告检测仪器无法充分或无法报告的情况（微弱泄漏）。

大多数过程工业蒸气和气体（烃）瞬间燃烧的火焰温度，会明显高于普通可燃物（木材，纸等）燃烧的火焰温度。过程工业的火灾探测系统的作用是快速检测出可能涉及人员、阀门和关键设备的火灾。一旦探测到，就立即动作以警示人员疏散，同时控制和扑救火灾。

17.1　火灾和烟雾探测方法

17.1.1　人工监督

人员可以为任何设备提供第一线的观察和防御。定期或经常进行操作的操作员，通过现场监控可以对设备内所有活动进行仔细观察和报告。人类具备敏锐的感觉，其监视能力尚未被仪器设备或复杂的技术所复制。因此，人在系统性能的监督上也许比普通过程控制系统更有价值。

但也应当注意，人在紧急情况下容易出现恐慌和混乱，因此在某些情况下并不可靠。如果利用适当的程序开展培训，并且挑选特定人员开展事件控制行动，也许能克服人员的恐慌和混乱情况。

17.1.1.1　手动报警器（MPS）/手动激活按钮（MAC）

手动激活的简易开关可以认为是一种火灾报警设备。大多数报警装置通常需要使用正向力，以避免误碰。为了追踪报警源，通常要求火灾报警开关只能采用特殊工具才能复位，但具有可寻址数据收集功能的精密数据报告系统不需要这样进行复位。

手动激活装置通常位于设施或装置区的主出口通道中。通常直接将其安装在高危险区的出口路线以及疏散路线周边或者人员集中的位置。

17.1.1.2 电话报警装置

所有的电话都可以用来报警。报警电话应被容易地放置在设施中,但由于其易受环境噪声以及火灾或爆炸的影响,此外,语言信息在紧急的情况下易被误解。在紧急情况下同时使用电话系统也可能导致其过载以致使用困难。

17.1.1.3 便携式无线电装置

通常会为操作人员在大型工艺设备中配备便携式无线电通信器械。虽然它们具有与电话相似的缺点,但具有连续通信,以及快速接入现场的优点。通常,典型的装置具有为应急指挥和控制操作指定的特殊紧急通信频率/频道。

17.1.2 感烟探测器

如果预期的火灾类型和设备保护要求火灾探测器具备更快的响应时间,则需采用烟雾报警器。烟雾报警器将在温度升高到足以激活感温探测器之前检测到不可见和可见的燃烧产物。烟雾探测器探测火灾的能力取决于烟雾本身的上升蔓延及燃烧速度,以及烟雾的凝结及空气流动速度。在人员密集的场所,必须在火灾发生的早期有所察觉,否则燃烧产生的有毒气体导致的氧气不足和烟雾切断逃生路线都会对人员安全造成巨大威胁,此种情况下,应考虑安装感烟探测器。

17.1.2.1 离子探测器

电离和凝结核报警器可以探测到不可见燃烧产物并报警。大多数工业离子烟感报警器都为双室结构。一个室是样品室,另一个室是参考室。燃烧产物进入电离报警器的外室,并干扰两个室之间的平衡,引起高灵敏度冷阴极管跳闸,触动报警。腔室中的电离空气由放射源产生,烟雾颗粒阻碍电离过程并触发报警。冷凝核探测器的工作原理是"云室原理",这项技术使得我们可以通过光学技术来检测不可见颗粒。这种火灾报警器对 A 类火灾(固体类可燃物)和 C 类火灾(电气)尤其有效。

17.1.2.2 光电报警器

光电报警器是点型或光散射型。这两种类型的原理都是可见的燃烧产物在光源和光电接收元件之间遮挡一部分光或者反射一束光。接收单元检测到光源的中断,则会报警。光电探测器一般安装在着火时可能会产生可见烟雾的地方。在一些正常操作便会产生不可见燃烧产物的地点(例如在车库、炉室、焊接操作中等),其他类型的感烟火灾探测器对这些不可见燃烧产物过于敏感,有时也使用光电报警器。

17.1.2.3 双室探测器

光电和离子型探测器的组合可以使用在上述操作的过程中,可以检测到阴燃(无名火燃烧)和快速蔓延的火灾。

17.1.2.4 激光火灾探测器

基于激光和微处理器控制的高灵敏度点式感烟探测器与离子型感烟探测器类

似。其工作原理是利用了光散射原理,但由于使用的是激光,其灵敏度比离子型探测器高100倍。它的灵敏度如此之高,是因为激光器可以检测到非常小的早期燃烧产物(人眼不能看到),因此它在检测能力上与早期烟雾探测报警VESDA系统相当(见下一部分)。到目前为止,激光火灾探测器是灵敏度最高的点型感烟火灾探测器,常被应用于重要的指挥中心和通信设施中。

17.1.2.5 早期火灾感烟探测器

在有重要设备和气流流速较快的场所,高灵敏度烟雾探测系统是最佳的快速烟雾探测器。早期烟雾探测器(VESDA)基本上是一个抽气泵,上面装有一个收集管道,收集管道利用光学烟雾探测设备来检测空气中是否存在烟雾颗粒。由于它能主动抽吸所探测区域内的空气,其检测速度比那些需要等待烟雾自然扩散进入探测器的普通探测装置快得多。VESDA系统可能对吸入的空气样品造成一些稀释效应,因为收集管道可能从几个采样端口收集空气样本,这可能会延迟其反应时间。

在工业领域,早期感烟探测器通常被用于电器、电子机箱或机架的内部,这些位置对于工艺控制和关闭活动至关重要,其机箱可能会包含电源或变压器。这种探测器可以在火灾早期阴燃阶段探测到事故。采用此类报探测器必须注意,采样管应采取防止机械损坏和其他事件影响的措施。

17.1.3 热探测器

热探测器能感应到火焰发射出来的热量。若存在常规的热空气、燃烧产物、辐射效应,报警器则报警。因为这种引发报警的方式需要一定时间来实现,所以与一些其他检测装置相比,热探测器对火焰的反应速度更慢。

有两种常见类型的热探测器——定温型和升温型。两者都依靠火灾事故释放出的热量来激活。当检测元件被加热到预定温度点时,定温型热探测器发出信号。当温度超过预定值时,升温型热探测器则发出信号。升温型探测器可以设置为立即反应,适用环境温度变化范围广、循环速度高,并且可以在环境温度的缓慢增加时不发出警报。将定温型和升温型探测器组合使用,则可以探测由火灾引起的环境温度的快速上升,装置将容许环境温度的缓慢增加而不产生警报,并且在环境温度下降时自动恢复。

热探测器通常比其他类型的火灾探测器具有更高的可靠性,因此很少误报警。总的来说,它们比其他探测设备更慢激活。只有反应速度不是很关键的时候,或者作为其他火灾探测设备的备用火灾探测设备,才应考虑安装热探测器。它们具有适合于户外应用的优点,但是不能感测到烟雾颗粒或来自事故的可见火焰。

该系统可以和一些其他系统串联使用,用于长距离探测,或者也可以用作点探测器。安装后的常见缺点是它们经常被涂漆,易于损坏,或者内部可熔元件在很长的安装期间内,可能经受温度变化影响而老化失效。

热探测器通过熔化可熔材料(热量会破坏装置本身),导致双金属材料上电流变化,或通过感测到环境温升速率变化对火灾进行探测。

以下是一些市面上较为常见的热探测器,也可以用于过程工业中:易熔塑料管(气动),易熔光纤,双金属条或金属丝,易熔塞(气动压力释放),石英泡(气动压力释放),易熔连杆(在弹簧张力下),定温报警器,升温报警器,速率补偿,定温和升温型报警器的组合。

笔者甚至看到过使用张紧的绳连接在一个压力触发开关上对原油储罐的浮顶密封圈进行检测的装置。虽然这种方法既原始又廉价,但在一定程度上却有效有益。

17.1.3.1 光学(火焰)探测器

火焰探测在探测到火光时报警,通常探测在紫外或红外范围内的火焰光。检测器设置为检测闪烁的火焰光。报警器可以通过设置时间延迟的方式防止来自瞬间闪烁光源的假警报信号。

在化工行业中通常使用六种类型的光学检测器:

1) 紫外线(UV);
2) 单频红外(IR);
3) 双频红外(IR/IR);
4) 紫外/红外-简单投票系统(UV/IR);
5) 紫外/红外-定比测量系统(UV/IR);
6) 多频带。

列出的六种类型的探测器,每一种都具有自身的优点和局限,使得每一个都或多或少适合于某些情况或用于探测特定的火灾风险。对于火焰报警器没有统一的性能标准,例如附带烟雾报警器。要分析探测器对特定火焰检测性能,必须通过对预期火灾发展情况评估探测器的技术指标。

17.1.3.2 紫外(UV)探测器

可以感应到在 $0.185 \sim 0.245 \mu m$ 之间的低能级波长。该波长在正常人类可见光的范围之外以及太阳光谱范围之外。

优点:

UV探测器是通用的多用途探测器。它可感应到大多数燃烧材料,但探测速度不同。有时速度可以是非常快的,即对于特殊情况(例如爆炸处理)时会小于12ms。火焰的物理特性不会影响检测效果,并且火焰无需"闪烁"也能被检测。它不会受镜头上的冰沉积的影响,特殊模块可在 $125℃(257℉)$ 的高温环境中工作。热黑体源(静止或振动)通常不是问题,紫外探测器无法感应到太阳辐射和大多数形式的人造光,可以使用内部的自动自测设备,或者使用探测距离大于

10m(30ft)的手持热源进行测试。大多数型号的报警器都可以根据对火焰灵敏度或时间延迟功能的需要进行现场调整。

缺点：

UV探测器能检测到焊接操作产生的电弧。它可能会受镜头上沉积油脂的影响而降低其监测火焰的能力。长时间的闪电可能导致假报警问题。一些蒸气，通常是具有不饱和键的蒸气，可能引起信号衰减。烟雾将导致火灾期间的信号强度降低。当受到其他形式的辐射时，例如来自放射性测试(即在处理容器和管道上定期无损检测(NDT)时)的辐射，可能会产生假报警。

17.1.3.3 单频红外(IR)探测器

该报警器对特有的波长在$4.4\mu m$附近的CO_2辐射光谱作出响应。只有火焰闪烁频率在2~10Hz之间才能工作。

优点：

它对各种烃类产生的火焰感应能力较强；除非焊弧非常接近探测器，否则即使是焊弧也无法使该报警器产生假报警。它可以在烟雾和其他污染物中工作，而紫外报警器却无法在此类环境下工作。它能够忽略闪电、电弧和其他形式的辐射，且不受太阳辐射以及大多数人工照明的影响。

缺点：

具有自动测试功能的型号较少。报警器性能测试通常只能通过距离探测器2m(7ft)的手持设备或直接在镜头测试单元上测试。如果镜头上形成冰，可能无效。它对来自热黑体源的调制发射很敏感，且大多数此类报警器具有固定的灵敏度。针对距探测器20m(66ft)的$0.1m^2(1.08ft^2)$的石油火灾，标准探测时间少于5s，且响应时间随着距离的增加而增加。此类报警器无法在75℃(167℉)以上的环境中使用，但不受可使紫外探测器无效的污染物影响。报警器对火焰的感应能力取决于火焰的闪烁特性，因此可能无法有效检测高压气体火焰。

17.1.3.4 双或多频红外(IR/IR)探测器

该探测器对至少两个波长的红外辐射响应。通常先以4.45μ的CO_2频段带为参考带，并建立远离CO_2和H_2O波长的第二参考波长带。它要求两个信号同步确认，并且两个信号之间的比率是正确的。

优点：

它对各种烃类火焰的响应良好，并且可剔除焊接电弧的影响。即便只接收到少量信号，它也可透过烟雾和其他污染物检测出火灾。它可以剔除闪电和电弧的影响，使因太阳辐射和人工照明造成的假警报问题最小化。它对稳定或调制的黑体辐射也不敏感，因此这种模式的探测器存在高水平的抑制假报警的能力。

缺点：

与单频红外光报警器相比，具有完全黑体阻挡能力的探测器通常对火不敏感。因为其对火源和非火源的区分依赖于对火焰频率和参考频率之间的比率的探测分析,所以实现的黑体抑制的量存在变化。探测器的黑体辐射抑制程度与其感测火灾的能力成反比。

17.1.3.5 紫外/红外(UV/IR)探测器

在 UV/IR 分类下存在两种类型的探测器。这两种类型的探测器对紫外波长和 CO_2 波长的红外频率都有响应。在这两种类型的探测器中,同时存在 UV 和 IR 信号,则满足报警信号的条件。在紫外/红外-简单投票系统中,一旦满足两个条件就产生警报。而在紫外/红外-定比测量系统中,在确认报警条件之前,接收的 UV 信号与接收的 IR 信号之间的比率必须满足一定值才能报警。

优点:

它对各种烃类火焰的反应良好,对焊接或电弧无反应。存在其他形式的辐射时也没什么问题。它对太阳辐射和人工照明无反应。它忽略黑体辐射。其相当快的响应速率比单频率 IR 检测器稍好,但不如 UV 检测器快。简单的组合类型将在存在电弧焊操作的情况下报警。它不会由于高强度 IR 源的存在而脱敏。简单的组合报警器的火焰灵敏度可以进行现场调整。

缺点:

若 IR 和 UV 吸收材料在透镜上有沉积且不经常维护,则对火焰的敏感性会降低。IR 通道可以被透镜上的冰粒子遮蔽,而 UV 通道可能被透镜上的油脂遮蔽。烟雾和一些化学物蒸气将导致此类报警器对火焰的敏感性降低。UV/IR 检测器需要闪烁的火焰才能使得火焰 IR 信号输入报警器。当附近存在像电弧焊接或高稳态 IR 源的强信号源时,IR 和 UV 信号比率将被锁定。紫外/红外-定比测量系统火焰检测能力受衰减器的影响,而紫外/红外-简单投票报警器可以忽略这一影响。

17.1.3.6 多频段探测器

多频段探测器通过光电池监测主要火灾辐射频率的几个波长的辐射,通过微处理器将这些探测值与正常环境频率进行比较,如果发现这些水平高于某个水平,则指示报警。假警报甚至可以被"识别"。

优点:

这些检测器具有非常高的灵敏度和非常强的稳定性。微处理器具有被编程后识别某些特定火灾类型的能力。

缺点:

可能无意中错误编程。

17.1.3.7 红外发射光束探测器

目前存在两种基本类型的光束火灾探测器,都基于光遮挡的工作原理:红外光束投射在要保护的区域上,检测烟雾的出现。如果烟雾存在于光线中,通常需要 8~10s 的时间激活火灾报警指示。

端对端型探测器具有独立的发射器和接收器,安装在要保护的区域的任一端。红外光束从发射器投射到接收器,并且监视接收的信号强度。端对端型探测器需要将电力提供给检测器的发射器端和接收器端。这需要较长的布线延伸,因此安装成本比反射型探测器大。

反射型或单端型探测器是把上述的电子器件,包括发射器和接收器,安装在同一壳体中。光束被发射到安装在保护区域内较远处的特别设计的反射器上,并且接收器随时监测返回信号的衰减情况。

优点:

红外光束烟雾探测器通常对烟雾的类型和颜色不敏感。因此,光束烟雾报警器可以应用在光学烟雾报警器不太有效的区域,如预期会产生大量黑烟的区域。然而,光束烟雾报警器需要可见烟雾才能报警,因此在一些应用中可能不如离子探测器那么敏感。

由于光束的突然封闭和完全遮挡不是火灾烟雾出现时的典型特征,探测器通常将这看作是故障状态,不会报警。这大大降低了诸如标志牌或梯子等物体放置在光束路径中遮挡光束时导致的误报警的可能性。

缺点:

它可能会对多尘环境敏感,并将烟尘检测为烟雾,以致造成假报警。部分产品可以通过调整探测器的灵敏度水平以解决这一问题(见表17-1、表17-2)。

表17-1 火灾报警器比较

检测类型	检测器类型	速度	价格
人	人	中等	昂贵
	电话	中等	中等
	便携收音机	中等	昂贵
	手动报警按钮/手动激活报警装置	中等	中等
烟雾	电离型	快	中等
	光效应	快	中等
	早期烟雾探测报警器	很快	高
	激光	极快	中等~高
热	易熔线	低到中等	中等
	塑料管	低到中等	低
	保险丝插头	低到中等	中等
	石英灯泡	低到中等	中等
	光纤	低到中等	中等
	双金属线	低到中等	低~中等
	热作用/上升速率	低到中等	中等

续表

检测类型	检测器类型	速度	价格
光学	红外线	很快	高
	紫外线	很快	高
	红外线/红外线	很快	高
	红外线/紫外线	很快	高
	多频段	很快	高
	投射红外光束	很快	高
	摄影机	快	昂贵

表 17-2 固定式火灾探测装置的应用

地点或设施	危害物	固定探测器类型选项	参考
办公室	普通易燃物 电气火灾	手动报警按钮 热 烟	NFPA 101
住宅	普通易燃物 电气火灾	手动报警按钮 热 烟	NFPA 101
厨房或餐厅	普通易燃物 烹饪/润滑油火灾 电气火灾	手动报警按钮 热	NFPA 101 NFPA 96
控制室	普通易燃物 电气火灾	手动报警按钮 烟	NFPA 75
开关室	电气火灾	手动报警按钮 烟 光 投影光束	NFPA 850
涡轮封装	电气火灾 烃类火灾	热 光	NFPA 30
加工单位	烃类火灾	手动报警按钮 热 光	NFPA 30
泵站	烃类火灾 电气火灾	手动报警按钮 热 光	NFPA 30
装卸设施	烃类火灾	手动报警按钮 热 光	NFPA 30

续表

地点或设施	危害物	固定探测器类型选项	参考
储罐或容器	烃类火灾	手动报警按钮 热 光	NFPA 30
海上钻井或生产设备	烃类火灾 电气火灾	手动报警按钮 烟 热 光	NFPA 30 API 14 C
实验室	烃类火灾 电气火灾	手动报警按钮 热	NFPA 45

17.2 气体探测器

在过程工业进行气体检测，可以防止可燃气体或蒸气混合物（可能导致爆炸超压或引发火灾）的形成。在过程工业中通常使用三种类型的气体探测器。最常见和最广泛使用的是点源催化燃烧式气体探测器。

第二种是红外（IR）光束探测器，利用特定的光线用于设施周边、边界和消防炮或工艺泵通道的监控。第三种也是最新的是超声波区域报警器，其依赖于泄漏的声音来检测火灾存在。美国保险商实验室（UL）根据 UL 2075 标准测试气体探测器，确立了气体和蒸气探测器和传感器标准。

气体检测系统可监测最可能的释放源，并拉响警报或激活保护装置，以防止泄漏的气体或蒸气被点燃，并可能减轻火灾或爆炸的影响。

大多烃类混合物中含有气体或蒸气，因此必须仔细选择用于探测的气体或蒸气物质。在这种情况下最审慎的做法是选择该区域最危险的气体或蒸气作为探测气体。

最危险的情况应该考虑：

1）可燃气体燃烧极限范围最大的气体；
2）工艺过程中体积占比最大的特定气体；
3）点火温度最低的气体；
4）具有最高蒸气密度的气体；
5）点火所需的火花能量（即 A、B、C 或 D 组）；
6）可能泄漏的物料的工艺过程温度。

由于没有特定的物质性质可以确定特定过程的整个风险，因此在一个特定区域内选择最佳气体检测时，应该检查每种物料可能发生的后果。

通过分析检查气体或液体流的组成以及特定设施处的布置或条件，我们可以很轻易地找到对应设施处的气体检测的最佳检测方式。

表 17-3 提供了在烃工艺设备中可能遇到的最常见气体特性的简要比较。

表 17-3 常见烃类蒸气危险性比较

材料	爆炸下限/爆炸上限/%	自动点火温度/℃	相对密度	组
氢	4.0~75.6	500	0.07	B
乙烷	3.0~15.5	472	1.04	D
甲烷	5.0~15.0	537	0.55	D
丙烷	2.0~9.5	450	1.56	D
丁烷	1.5~8.5	287	2.01	D
戊烷	1.4~8.0	260	2.48	D
己烷	1.7~7.4	225	2.97	D
庚烷	1.1~6.6	204	3.45	D

17.2.1 应用

目前，针对可燃气体探测器的布置，本行业内或监管机构都没有详细的指导意见及标准。由于需要检测的物料种类繁多，周围环境条件不断变化，工艺组成、温度和压力各不相同，暂时还做不到通过探测器的放置来检测气体泄漏的方式。大多数检测器放置在潜在泄漏源附近。例如，根据 NFPA 15，气体检测器的放置要考虑潜在可燃气体释放的密度和温度以及其可能发生泄漏的设备邻近位置。在 API 14C（针对海上结构）标准中，气体探测器应放置在封闭区域内，例如天然气发动机附近以及人员卧室和存在易燃气体源的建筑物中。

假设可燃气体探测器的主要目的是探测蒸气云团（其被点燃，将会产生有害的爆炸效应）的形成，挪威的克里斯汀-迈克尔逊研究所提出一般可燃气体探测器区域覆盖间距的标准约为 5.5m(18ft)。一个 5m(16ft) 的立体三角形空间（允许 10% 的调整或应急情况），足以满足密闭区域中的气体检测。第一步是定义所有可能的泄漏源，然后通过选择具有最高泄漏概率的设备来缩小可能性，这可以通过首先参考每个设施的电气区域分类图来完成。因为低闪点物料具有高蒸气密度，最容易集聚并且不太可能分散，所以应该优先处理含有该物料的设备。

泵和压缩机（无干密封）是迄今为止最常见的可能发生蒸气或气体泄漏的区域，其次是仪表、阀门密封、垫圈、排水渠和采样点，最后是可能性最小但一旦发生泄漏即有灾难性后果的工艺管道侵蚀和腐蚀故障泄漏。

必须分析泄漏气体的性质以确定气体或蒸气的扩散路径，如往高或低扩散，这将确定探测器是否需要放置在危险源之上或之下。探测器还应当适当考虑正常的空气流动以及气体可能沉降的高点和低点。

在可能发生气体泄漏且固有生产价值高或投入高的封闭区域或空间内部，应该进行气体检测。通常这些位置是气体压缩机和计量室。

作为预防措施，气体探测器通常暴露放置在易受蒸气或气体影响的有人值守设施、关键开关机柜防护间和内燃机的进气口等区域附近。设施进气口自身应当放置在可能吸入可燃气体的区域，即使在事故情况下（即升高、面向下风等）也应如此。

通常，点探测器被设置为传感器朝向下方，以方便吸收由装置释放的气体。

气体探测器不应该放置在受环境条件影响的地方，例如地表排水径流，有沙和冰或积雪的区域，应特别考虑布置在敞口下水道和油水下水道附近，因为蒸气排放会造成频繁的报警。

以下位置是可燃气体探测器放置的典型位置，可以考虑应用于过程设施上：

所有包含不完全通风的气态物料的烃类加工区域（即每小时换气次数小于6次，或者由于非循环空气空间而造成可燃气体的累积）。通常这种应用于包括压缩机外壳、海上设施的工艺流程模块和封闭极寒区域的设施。

对于封闭区域，如果它们满足以下条件之一，可以被认为是充分通风的：

1）所提供的通风率至少为封闭区域所需逸散排放稀释至低于25%LEL所需通风率的四倍。

2）封闭区域每小时通过人工方式（机械方式）换气至少6次。

3）如果使用自然通风，在整个封闭区域每小时实现12次换气。

4）根据API RP 500的定义，未被定义为封闭的区域：

① 没有干密封的气体压缩机应在密封点附近设置气体检测器，特别是安装在外壳中的气体压缩机。装配外壳应在进气和排气区域进行探测；

② 泵送高蒸气压烃类液体（检测器位置靠近泵密封）；

③ 根据电气规范（NEC）或根据设备气体分散分析摄取可燃气体或蒸气，使HVAC系统的新鲜空气进入电气分类区域的建筑物的所有进气，特别是有人居住的地方、关键或高价值设备存放处。通常，控制室、关键开关设备或主过程电源附近需要设置气体检测器；

④ 所有可能摄取可燃气体或蒸气的关键内燃机原动机；

⑤ 所有可能从电池充电操作中泄漏大量氢气或蒸气的存有电池或UPS的房间；

⑥ 通过蒸气扩散分析表明有可能暴露于蒸气中的住宿区域或海上设施入口和进气口；

⑦ 石油钻井区域，如泥浆室、钻井平台和封闭井口周围区域；

⑧ 过程冷却塔中可能的烃类泄漏点；

⑨ 会迅速触发事故的敏感（关键或高价值）过程区域，采取蒸气消减措施对于防止发生蒸气云形成和可能的爆炸是至关重要的；

⑩ 可释放及夹带气体或蒸气的封闭式水处理设施,特别是对于生产水处理操作的石油作业;

⑪ 含有大量或高压烃类气体的工艺区域,容易受到操作活动侵蚀或腐蚀的极端影响。

17.2.2　催化型点式气体探测器

催化型点式气体探测器最初于1958年为采矿业开发,现已成为世界范围内几乎所有石油和天然气操作的标准探测手段,被广泛应用于化学工业和煤炭开采。

催化气体探测基于在催化剂(例如贵金属)的表面加热可燃气体,使可燃气体在空气中加速氧化的原理。氧化反应产生的热量,可以直接测量已反应气体的浓度。它们对所有可燃气体敏感,并且对所有常见烃类气体和蒸气的爆炸下限(LEL)浓度给出大致相同的反应。然而需要注意,气体探测器不能均等地对不同类型的可燃气体做出响应,用于己烷或二甲苯的催化探测器的信号输出大约是甲烷信号输出的一半。

它们有两个缺点:首先,它们仅能够在单点处探测可燃气体。如果传感器的位置距离可燃气体释放位置较远或者危险区域中通风情况不好,气体探测器将不会检测到危险气体释放。一般来说,如果被大量布置,点式气体探测器才能对设施提供足够的保护。

其次,少量的空气污染物可能会毒害探测器中的催化剂。这会严重降低其灵敏度。探测器将变得不可靠,并且经常性发生,这需要频繁维护探测器。

已知下列物质会损坏催化气体检测器:

1)四乙基铅;

2)硫化合物;

3)磷酸酯(用于润滑油和液压油中的腐蚀抑制剂);

4)四氯化碳和三氯乙烯(存在于脱脂剂和干洗液中);

5)塑料材料中的阻燃剂;

6)氯丁橡胶和PVC塑料的热分解产物;

7)二元醇;

8)污垢或纤维颗粒。

17.2.3　红外(IR)光束气体探测器

红外光束气体探测器利用红外光束沿着长达几百米的直开路径检测气体。该传感器基于差分吸收技术,并对一定范围的烃具有合理的均匀感应。微处理器用于产生报警和故障指示的信号处理。许多红外辐射的频率线会被烃类气体吸收。通过设定特定频率,可以制造对特定气体的检测器,或者如果频率对于几种气体是共同的,则可以探测特定的气体群组。

IR光束通常用作特殊气体的探测。它们提供了长距离、大范围的直接观察和监视,而不是气体的点源。最常用的是验证泄漏气体是否扩散至设备外。其他可能的用处是在几个可能泄漏源的区域中整体监测,诸如泵组或海上设施的布置内。

1)泵组:在使用多个泵的情况下,它们通常彼此平行布置,可以在呈整列排布的泵组线上应用IR光束。

2)周边监测:可以通过设施周边上的IR光束布置来有效探测危险区域或处理单元周边的气体或蒸气释放。理论上,它们可用于监测开放空气内可燃蒸气或以相反角度接近点火源的气体,例如来自过程区域的火炬。

3)边界和非现场:对于公共照明设施附近的位置,可以使用IR探测器来指示是否可以将蒸气或气体释放到场外位置。

17.2.4 超声波区域气体探测器

这种气体检测器,使用麦克风接收来自泄漏的噪声来检测泄漏,但不能检测气体浓度。它利用通风良好区域中的气体释放产生的声音来确定是否存在泄漏。超声波气体检测器不受风向变化、气体稀释和气体释放方向的影响。气体泄漏的泄漏速率为0.1kg/s时,超声波气体泄漏检测器的覆盖范围在检测器周围的半径4~20m(13~65ft)之间。检测覆盖范围的不同原因如下:与低噪声区域相比,检测器报警触发阀值在高噪声区域中必须设置为不同值。换句话说,在高噪声区域(例如气体压缩机区域)中,对于0.1kg/s的气体泄漏,超声波气体泄漏检测器将具有6~8m(20~26ft)的检测半径,其中其将具有10~12m(33~39ft)检测半径在相同的泄漏率为0.1kg/s的正常环境噪声。这些装置通常被配置为屏蔽可能通过对仪器进行基线噪声测量而产生假报警的环境噪声。检测泄漏的响应时间据称小于1s(见图17-1和表17-4)。

图17-1 通用显示器,超声波气体检漏仪

表17-4 气体探测系统的比较

种类	速度	价格	优点	缺点	应用
催化型点式气体探测器	中等	中等	容易定位,通常用于过程工业点源泄漏	需要气体经过设备才能检测; 安放位置需要专业评价; 有毒并易堵塞; 维护昂贵	点源(泵、重要包装、密封或垫圈、故障点等)

191

续表

种类	速度	价格	优点	缺点	应用
红外(IR)光束气体探测器	高	高	可靠性高； 长线型覆盖范围； 无需特定的位置	需要清晰的线视野； 无法发现极少量的泄漏； 需要气体经过光束才能探测； 无法精确查明泄漏点位置	边界； 泵组； 周界 房间监测
超声波区域气体探测器	很高	高	不需要气体到达设备就能监测； 高可靠性； 不需要特定位置	需要背景噪声调查和校准； 无法精确确定泄漏点位置	一般的加工区域； 储存和装载设备； 燃气轮机发电厂； 管线集输站

17.2.5 报警设置

为了实现对泄漏的早期探测及发出可靠的警告，探测器的灵敏度应该在与假报警率灵敏度水平相称的最高水平。

报警面板通常设置为两个警告级别：第一个警报在低级别，第二个警报在高级别。典型的做法是将它们分别设置为"低"和"高"水平的爆炸下限(LEL)的25%和50%。一些组织需要更灵敏的设置，采用10%和25%的设定点。NFPA 15在其附录A中指出，第一个报警点应设置在LEL的10%~20%作为执行操作应发生的第二个报警点(例如用于火灾保护的水喷淋系统启动)应设置在25%~50% LEL之间。API 14C附录C也建议气体探测器在两个级别报警。第一个应该在不大于25%LEL时激活以警告操作人员，第二个在不大于60%LEL时激活，启动防护设施运行(如紧急切断命令)。

从安全角度来看，一方面，报警水平越低越好。然而，报警值越低，假警报和操作中断的可能性越大。另一方面，一些实际经验已经表明，在较低灵敏度水平下，可以检测到较小量的泄漏并修复。由于这些泄漏源被修复，与检测器设置在较高LEL水平(如25%和60%LEL)时相比，反而发出的真正报警次数更少。另外，对于瞬态泄漏，该区域中的气体或蒸气的浓度将立即上升至LEL范围(或超过)，因此低于LEL的设置可能不会有效。最重要的特点就是要设定探测器有对在此范围内可能遇到的气体进行检测的能力。

在一般实践中，气体检测器安装位置是根据装置的制造商或公司的操作要求推荐的那些位置，再根据任何给定的操作领域进行确定。设定值越低，可能的泄漏排放的检测灵敏度就越高。

17.3 校准

应在安装后检查和校准带有相关报警面板的探测器。应设置阻挡检测器遭受恶劣环境的防护措施，如风吹颗粒、冰、盐晶体、水甚至消防泡沫，或通过抑制检测器催化剂形成空气传播的污染物,例如硅、磷、氯或铅。探测器和报警面板必须定期检查和重新校准。

如果检测器对每种气体的相对灵敏度是已知的,则也可以使用一种气体(例如甲烷)来校准检测器,随后用以检测第二种气体(如丙烷或丁烷)。与正在使用的气体不同的气体检测器的校准过程通常可以从检测器的制造商处获得。

检测器应在安装后按照制造商的建议进行校准。然而,如果经验表明检测器处于校准或不在校准中,则应当相应地延长或缩短再检查的时间。

17.3.1 危险区域分类

由于探测器需要暴露于可燃气体和蒸气内,它们应该被归类为电气分类区域,例如Ⅰ类,为1区或2区,特定气体组,通常为C组和D组,以及通过温度进行分类。

17.3.2 火灾和气体探测器控制面板

在主控设施上,安装时可以加上独立的火灾或气体检测和报警面板。最新趋势是可以包括通过设施分布式控制系统(即DCS)传送火灾和气体报警信息。当报警面板位于受保护的建筑物内时,应安装在易于应急响应人员靠近并手动关闭电源设施的位置。

17.3.3 图形报告

报警器应显示在常规专用信号器面板上,或者基于火灾和气体检测系统专用控制台显示器的控制室中。每个检测器应突出显示故障指示、低报警和高报警。在提供报警器窗口面板的情况下,报警指示灯应提供指示报警的确切位置的特定标志。

17.3.4 工厂/区域警报显示

见第18篇,疏散报警和安排。

17.3.5 电源

市售的可燃气体检测系统通常使用24V直流电源作为现场设备的电源。24V直流电源本质上更安全,并且工作电压与加工区域中大多数仪器系统通常使用的电压相同。主电源电压转换器可用于降压或从交流转换为直流电源。

17.3.6 紧急备用电源

可燃气体检测系统的电源应由设备的不间断电源(UPS)提供,如果不可用,则使用具有最少30min持续时间的可靠电池作为正常电源的备用电源。

17.3.7 时间延迟

在不需要火灾报警器紧急报警的情况下,可以通过要求在预定时间段内出现一个火灾信号来减少对假警报的敏感性。然而,时间延迟削弱了报警器早期快速报警的优势。在大多数情况中,假警报与火灾的最初几秒钟内的破坏相比是无关紧要的。

17.3.8 投票逻辑

单个火灾或气体探测器的报警容易假报警,不应太重视,否则装置设施的正常操作会无法进行。目前技术表明报警器太容易受到假警报的影响,应该使用投票逻辑系统来启动警报和执行操作。投票逻辑就是在多个传感器同时检测到火灾或气体存在之后,再确认报警。该方法可以防止单个假性源或单个组件的电子故障引起的假报警。通常,选取一个二选一(1oo2)或三选二(2oo3)的检测器投票网络用于报警系统。

17.3.9 跨分区

交叉分区是指使用两个单独的电气或机械区域的探测器,这两者都必须在确认火灾或气体检测之前驱动。例如,在一个区域的探测器都可以放置在一个保护区的北侧,以定向查看保护区南部,而在第二区的探测器将位于保护区南侧以定向查看北部地区。此时,报警需要引发两个区域的报警器,这就降低了由于非事故性火源存在造成假报警的可能性,如焊接。然而,如果原来火源的探测器也感受到了辐射,那么这个方法就不再奏效。交叉分区的另一种方法是有一组探测器在该地区进行保护,另一组远离保护区并面对着保护区,以拦截外部紫外线的干扰。如果焊接或照明发生在保护区外,保护区的探测器将被第二探测器的激活而抑制。虽然这种方法是相当有效的,但保护区以外的火会抑制保护区内探测器的激活。

17.3.10 执行行动

一旦报警确认,应采取措施抑制或减少事故的影响。根据报警的优先级,应在报警点执行以下操作:

1) 应启动疏散和警告警报(音频和视频)设施,并开始人员疏散或撤离;
2) 激活紧急停机系统(ESD),如隔离、减压和排污、电源关闭;
3) 激活固定灭火系统或蒸气稀释机构,如水喷雾;
4) 启动消防和泡沫溶液泵;
5) 关闭暖通空调风机(除非用于自动烟雾控制和管理或有毒气体摄入预防关闭或再循环);
6) 在确认气体检测时,应在受影响的区域(对于在可燃气体可能存在的情况下不进行操作的设备),应立即关闭点火源,如焊接或小功率电路;
7) 应向外部机构发送火灾事件和当前情况的消息。

17.3.11 电路监控

火灾和气体检测系统的检测和报警电路应时常检查,以确定系统是否处于运行状态。一般情况下正常操作的电路只有有限的电流通过。在报警条件下,电流增加,而在故障模式期间,电流不存在。通过测量控制点处的电位,可以连续地确定电路或监测装置的运行状况。一般在每个电路中都安装有线路电阻器（EOLR），以向控制位置提供监控电位信号。

17.3.12 避免振动

如果受振动影响，探测器可能容易误报警。必须给报警器选择一个不会受设备振动影响的安装位置，否则可能导致误报警或设备过早失效。

延 伸 阅 读

［1］ American Petroleum Institute(API). API recommended practice 14C, Recommend practice for analysis, design, installation, and testing of basic surface safety systems for offshore production platforms. 7th ed. Washington, DC：API；2007［Reaffirmed］.

［2］ American Petroleum Institute(API). API recommended practice 500, Recommended practice for classification of locations for electrical installations at petroleum facilities classified as class I, division 1 and division 2. 3rd ed. Washington, DC：API；2012.

［3］ Center for Chemical Process Safety(CCPS). Continuous monitoring for hazardous material releases. New York, NY：Wiley-AIChE；2009.

［4］ FM Global. Property Loss Prevention Data Sheet 5-40, Fire alarm systems. Norwood, MA：FM Global；2007.

［5］ FM Global. Property Loss Prevention Data Sheet 5-48. Automatic fire detection. Norwood, MA：FM Global；2009.

［6］ FM Global. Property Loss Prevention Data sheet 5-49, Gas and vapor detectors and analysis systems. Norwood, MA：FM Global；2000.

［7］ Instrument Society of America(ISA). ISA RP 12.13.01, Performance requirements for combustible gas detectors. ISA；2003.

［8］ Instrument Society of America(ISA). ISA RP 12.13.02, Installation, operation and maintenance of combustible gas detection instruments. ISA；2012.

［9］ Instrument Society of American(ISA). ANSI/ISA-92.00.02, Installation, operation, and maintenance of toxic gas-detection instruments. ISA；2013.

［10］ National Fire Protection Association(NFPA). NFPA 15, Standard for water spray fixed systems for fire protection. Quincy, MA：NFPA；2012.

［11］ National Fire Protection Association(NFPA). NFPA 30, Flammable and combustible liquids code. Quincy, MA：NFPA；2012.

［12］ National Fire Protection Association(NFPA). NFPA 72, National fire alarm and signaling code. Quincy, MA：NFPA；2013.

［13］ National Fire Protection Association(NFPA). NFPA 90A, Standard for the installation of air-conditioning and ventilating systems. Quincy, MA：NFPA；2012.

［14］ National Fire Protection Association(NFPA). NFPA 496, Standard for purged and pressurized enclosures for electrical equipment. Quincy, MA：NFPA；2013［see Chapter 7, para 7.4.8］.

［15］ National Fire Protection Association(NFPA). NFPA 850, Recommended practice for fire protection for electric generating plants and high voltage direct current converter stations. Quincy, MA: NFPA; 2010.

[16] Underwriters Laboratories (UL). UL 217, Standard for single and multiple station smoke alarms. 6th ed. Northbrook, IL: UL; 2012.

[17] Underwriters Laboratories (UL). UL 268, Smoke detectors for fire alarm systems. 6th ed. Northbrook, IL: UL; 2009.

[18] Underwriters Laboratories(UL). UL 268A, Standard for smoke detectors for duct application. 4th ed. Northbrook, IL: UL; 2009.

[19] Underwriters Laboratories(UL). UL 864, Standard for control units and accessories for fire alarm systems. 9th ed. Northbrook, IL: UL; 2012.

[20] Underwriters Laboratories(UL). UL 2075, Standard for gas and vapor detectors and sensors. 2nd ed. Northbrook, IL: UL; 2013.

第十八篇 疏散警报与设置

人员疏散机制是对任意设施的首要安全功能。如果人员不能在事故中逃离，可能会因此受到伤害。人员必须首先意识到事故已经发生，然后他们要采用可用手段逃离或撤离现场以避免受到伤害。所有建筑物、工艺装置区域、高架结构和海上设施都应提供足够的逃生方式。在大多数国家的过程工业以及建筑法规条例等安全规程中都要求提供充足的人员逃生方式。

化工装置中的人员数量通常相当低。往往一眼望去可能会觉得该设施无人操作。人员通常集中在控制室、运输机构、钻井或维护活动、项目办公室和住所等这些区域。在过程工业中，这些区域造成重大人员生命损失的可能性最高。烃类和化学装置的历史事故表明，对于大多数事故，人员直接死亡率相对较低。大量人员丧生通常是由于在单个区域中发生人员拥挤，即便人们都具有逃脱能力或避免即将发生的危险的能力。

当提供紧急出口路线时，应保护其不受火和烟的影响，或者人员应具有在横穿时保护自己的手段。已经表明，烟雾内可见度降低到小于 10m(33ft) 时人们不愿意进入烟雾中，即使这样做是没有危险的。当火、烟和爆炸的影响可能妨碍使用紧急出口路线时，与不提供该出口路线的后果相同。

18.1 应急预案

应急响应计划(ERP)应包含在发生易燃或有毒气体释放事件时为建筑物居住者或工艺设施采取的适当措施。这些行动可以包括继续呆在建筑物(即就地避难所)中或者撤离到事故发生的上风或侧风的安全位置。

18.2 警报和通知

应该能够在设施的任何区域听到警报，无论该区域是否有人或无人操作。应策略性地放置和分配报警装置的数量和位置，使得声音能够有效覆盖整个区域，而不是只在中心布置一个装置。

根据经验，典型的警报器如喇叭或铃声能畅通无阻的半径约为 61m(200ft)。如果一个区域被墙壁、设备或结构隔离，应该设置自己的声音报警器。如果遇到 61~305m(200~1000ft) 的无阻碍区域，在一些情况下，根据背景噪声和装置的情况选择使用大汽笛或喇叭。

当需要几个不同的报警信号时，信号之间应当容易相互区分，以达到火灾报警、有毒气体警告、疏散等目的。此外，来自喇叭、警报器、电喇叭、蜂鸣器不同的信号强度、音高、颤音等也可以变化，通过可编程电子控制器可以很容易地配置产生不同的紧急声音。

消防和疏散报警器通常应具有85~100dB之间的音量，最大为120dB。它们应当在200~5000Hz的范围内，最好在500~1500Hz之间。当环境噪声水平较高时，为了提高认识，应使用闪烁信号。所选择的关注事件(例如气体泄漏、火灾、停止工作、疏散、全部清除)的信号颜色应该与整个设施采用的报警颜色编码原则一致。

面板报警和指示不应安装在低于约0.76m(2.5ft)或高于1.83m(6ft)的地方。这些范围以外的报警指示是不太明显的，不利于维护人员活动。

警报启动应可由此处的主要控制设施启动，应为所有的紧急、火灾和有毒蒸气警报信号提供手动启动装置。灭火系统的激活也应同时启动设施警报。大多数火灾和气体检测系统也被设置为警报确认后或者预设的阀值被超过后自动激活。现场或工厂报警站的手动激活按钮应激活装置或设施的警报。

警报激活点必须有明显的突出标识。报警操作应该简单、直接，遍及整个设施或公司区域，即便人员发生调动也能直接使用。通常采取保护机制，以防止不慎激活手动开关(例如需要掀开保护盖按下按钮，并拉动才能操作，而不是只是推动进行操作等)。

18.3 疏散路线

在紧急情况下，疏散路线对工厂员工的安全来说最重要。应该具有以下特点：

1) 在所有工艺装置区域或正常占用的工作区至少设置两个相距较远的疏散路线。低风险的区域(例如没有烃类，在邻近地区没有化学物质或其他易燃物)可设置一个逃生路线，海上设施或其邻近烃装置区域例外。

2) 疏散路线不应该受到火灾或爆炸的影响(即爆炸冲击、热、有毒蒸气和烟雾)。

3) 所有的疏散路线最小宽度需保证至少1.0m(39in)。

4) 疏散路线一般应直接通向安全地点或者登船点。

5) 从一个高度到另一个高度的通道应当通过楼梯连接；而普遍使用的是垂直的梯子，这并不好。最好是楼梯和梯子的位置应在结构上远离厂外的周界。楼梯应设计为穿过工艺设备或区域。对燃煤区域，塔设备可能非常接近燃炉，如果爬塔比较方便的话，可以修建一个连接到相邻的塔或建筑的通道桥，这对逃生来说是非常有效的。

6）即使在有紧急照明的条件下，疏散路线也应该容易被找到并保持较好的流通性。如果路线不明显，应在路线和出口点上提供足够的标识（即标志、箭头等）。

7）应指定紧急集合地点。以便对人员核查进行进一步疏散。

8）出口不应安排设置在能接触到设施排水系统的位置。

18.4 应急门、楼梯、出口和逃生

所有设施的出口路线和门应根据 NFPA 101《人身安全标准》的要求进行设计。对于安全疏散来说，两个或更多个立管的楼梯设计是至关重要的。楼梯宽度、上升和行程的设计方案都要考虑有效和有序的撤离。对在楼梯上行走的人的研究表明，最大的危险是人自己。导致最大灾祸、事故和伤害的最重要原因往往是人的注意力不集中。楼梯的安全规范要求限制使用卷曲楼梯、圆形楼梯和螺旋形楼梯，以确保为应急状态提供足够的出口线路。

疏散路线的 1.8m（6ft）内，不应储存可燃液体（例如润滑油箱、燃料池等）。

在靠近工艺区域的海上设施中的低占用房间内，除了正常出口之外，通常还设有辅助紧急逃生舱口作为替代的逃生路线。

18.4.1 标记和识别

在实际应用中，出口点之间的路线应由涂在地面或设备表面上的反光耐油涂料来明显标出。所有出口门应清楚标记。方向箭头和字样应沿着逃生路线设置，以便引导人员离开设施点或周边。定向出口箭头应该是自发光的（即冷光的）。

18.4.2 应急照明

应该向撤离路线的中心线提供至少 1.0ft 烛光的照明。在预期的紧急撤离期间，该照明应可用于撤离路线，且时间不得小于 90min。

18.5 现场避难所（SIP）

当通过某个区域进行疏散可能对正在疏散的个人造成威胁或更大的危害时，例如直接暴露于火焰、有毒蒸气或爆炸中，这就要使用避难所。这种保护的典型方法包括避难所、避风港和避难区。

任何建筑物，当停止通风并且关闭所有窗户和其他开口时可为居民提供被动保护的则可称其为 SIP 避难所。SIP 避难所通常设计成在停止通风时提供防止空气流入的保护措施，它通常包含呼吸空气供应的气密室。有时，控制室被设计为安全避难所，使操作员能够在紧急情况下安全关闭关键系统。避难所的 SIP 区域通常是指一个专门设计的空间，其包含了避风港的所有特征，但是专门设计的，目的是用于提供针对特定危险的防护并且更长期的保护。

避难所设施应设置在远离可能发生事故且离人员工作点较近的地点。它们在结构上应该能够承受火灾和爆炸的影响，没有孔、裂缝、空隙或其他结构性弱点，阻挡有害气体渗透到内部。其门窗上有足够的密封，内有通风控制或封闭系统，可以为人员提供最长时间、可靠的安全保护。

18.6 海上撤离

海上撤离的方法取决于在该地区事故发生的周围环境条件和平台至陆地的相对距离。美国墨西哥湾有近4000个活跃的油气平台，还有大量的钻井平台和供应船。

如果在较冷的环境条件下，则需要防止溺水，并且考虑岸上援助无法有效到达的海上位置。海上设施疏散的最优和最便利的疏散方式是使用直升机。由于火灾和爆炸事件影响海上设施周边大气的性质，有时候可能无法采用直升机撤离，并且也应考虑到住宿区与烃处理操作区域同时发生空气影响的概率很低。

18.6.1 北/南大西洋和北/南太平洋环境

北大西洋和南大西洋以及北太平洋和南太平洋的区域存在连续极端和恶劣的环境条件，在这种条件下没有保护措施生存非常艰难。在这些地方，需要提供固定的安全避难所而不是提供直接逃生的途径以增加生存的可能性。海上设施的历史证据表明，直升机和救生艇在一些灾难性事件中可能不适用。远程陆上设施也可能经历严峻的冬季条件，这也使得这种理论适用。

18.6.2 温带和热带环境

温带和热带是环境不太严酷的地区，在这里不需要提供环境保护设施。但这些位置上的海上设施，可能需要考虑包括风暴天气事件例如飓风和鲨鱼等其他威胁。

18.6.3 逃生口

从所有设施撤离到海上设施，应至少提供两个通道。这些通道通常包括：
1）楼梯或梯子；
2）救生艇或吊柱下水救生筏；
3）下降装置；
4）防爬网或打结绳；
5）滑管。

在存在其他半占用区域的情况下，通常通过两个远程位置向海面提供足够且适当布置的疏散装置。这些包括以下内容(见图18-1)：
1）下降装置；
2）防爬网或打绳结；
3）梯子或楼梯。

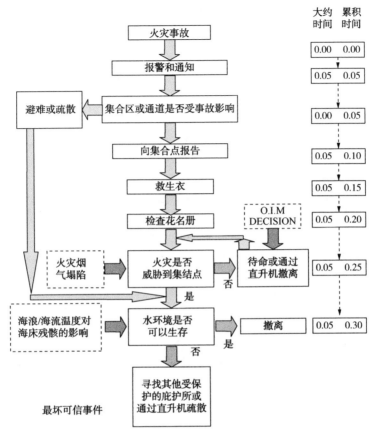

图 18-1　海上疏散流程图

18.6.4　辅助浮力装置

通常为船上的人员（辅助浮力装置）提供在公海上辅助漂浮装置的几种方法：
1）救生衣或充气救生服；
2）救生艇和救生筏；
3）漂浮装置（救生圈或救生环）。

为海上设施提供救生艇要主要考虑这些救生艇是容易获得的，并且可以立即离开设施。救生艇的方向是向外的，可以帮助救生艇离开设施，且减少被海浪或水流冲回平台或设施内的可能性。向外的方向还可以加快人员上船并离开事故现场的速度。由于救生艇的放置方向，通道大门需要位于船的后面而不是一侧，使人们容易上船。

延 伸 阅 读

[1] American Society of Testing Materials(ASTM). Standard practice for human engineering design for

marine systems, equipment and facilities. West Conshohocken, PA: ASTM; 2007.
[2] Acoustical Society of America(ASA). S3. 41, Audible emergency evacuation signal. New York, NY: ASA; 2008.
[3] International Code Council (ICC). International Building Code® (IBC). Washington, DC: ICC; 2009.
[4] International Maritime Organization (IMO). International convention for the safety of life at sea. London, UK: IMO; 1974.
[5] National Fire Protection Association (NFPA). NFPA 101, Life safety code. Quincy, MA: NFPA; 2012.
[6] Occupational Safety and Health Administration(OSHA). 29 CFR 1910. 36 and 29 CFR 1910. 37, Exit routes. Washington, DC: US Department of Labor; 2012.
[7] Occupational Safety and Health Administration(OSHA). 29 CFR 1910. 165, Employee alarm systems. US Department of labor, Washington, DC; 2012.
[8] Underwriters Laboratories(UL). UL 305, Panic hardware. 6th ed. Northbrook, IL: UL; 2012.
[9] XL Global Asset Protection Services(XL GAPS). GAP. 1. 7. 0. 1, Emergency action plans. Stamford, CT: XL GAPS; 2009.

第十九篇　灭火方法

灭火系统旨在提供冷却、控制火势（即控制火灾蔓延），并扑灭火灾事故。可以使用不同的灭火方法来保护设施，便携式和固定式都可以。所有灭火方法的有效性都可用灭火介质的流量和介质的投送方法来衡量。

在确定需要何种灭火措施之前，应当识别和分析其火害类型。通过确定预期的火灾类型，可以评估对该设施采取的防火措施是否合理。为达到保护要求，最简单的方法是确定生产过程中涉及的物料类型和压力。这两个因素一旦确定，可以通过美国国家防火协会（NFPA）325M 标准来确定最合适的火灾控制或灭火机制。表 19-3 和表 19-4 列举了已被证明可采用的火灾控制机制（见表 19-5～表 19-7）。

19.1　手提式灭火器

历史证明，手提式（即手动操作）灭火器是早期工业生产中最常用的灭火方法。人类监督和对初期火灾的快速有效反应阻止了无数化工事故向大规模灾难性事故的转变。提供手提式灭火器的目的是在火灾初期可以使用大量的易操作灭火器。当这些灭火器耗尽或者初期火灾已经发展为无法使用手动方法控制的时候，固定灭火系统和工艺事故控制系统应该被激活（例如紧急停车）。只有经过培训的人员才能使用手提式灭火器。

手提式灭火器是一种扑灭有限规模火灾的设备。根据火灾形式和预计灭火区域可以将手提式灭火器进行分类。根据燃烧物料的类型可以将火灾形式分为四种：A 类火灾是指普通可燃物如木头、布料、纸等燃烧造成的火灾。B 类火灾是指易燃液体、油类和油脂燃烧造成的火灾。C 类火灾是生活电力设备燃烧造成的火灾。D 类火灾是可燃金属如镁、钾、钠等燃烧造成的火灾。

灭火器的数值等级是一个相对数值，由认证测试实验室根据美国国家防火协会建立的方法对平均灭火面积进行测试确定，但该等级与个人使用灭火器能够预期灭火的面积不同。

便携式灭火器的使用方法的分类如下所示。其他国家也有类似分类（尽管它们不完全相同）。

A 类火灾灭火器：

A 类火灾灭火器通常是水基的。水可以通过吸收燃烧物料的热量（冷却）进行灭火。手提式水基灭火器是使用加压空气通过一段短软管将水定向排出。

B类火灾灭火器：

B类火灾灭火器通过隔绝空气、减缓易燃蒸气挥发或中断燃烧的链式反应进行灭火。三种代表性的灭火剂——二氧化碳、化学干粉和泡沫灭火剂，用以扑灭易燃液体、油脂和油类火灾。二氧化碳是一种压缩气体制剂用以置换火灾周围的氧气来抑制燃烧。化学干粉灭火器包括两种：一种填充了普通碳酸氢钠、尿素碳酸氢钾和氯化钾制剂；另一种是多用途的填充了磷酸铵制剂。多用途灭火器可以扑灭A、B、C类火灾。大多数化学干粉灭火器通过贮存压力的释放驱动灭火剂，通过中断大多数火灾的燃烧链式反应而扑灭火灾。泡沫灭火器是通过喷嘴释放一层水成膜泡沫（AFFF）用以阻隔火灾燃烧中所需的氧气。

C类火灾灭火器：

C类火灾灭火器中的灭火剂必须是非导电的。二氧化碳和化学干粉灭火剂都可以在电气火灾中使用。二氧化碳的优势在于灭火后无残留。当电气设备没有通电时，A类和B类火灾灭火器也能够使用。由于没有单独适用于C类火灾的灭火器，指定ABC类或BC类火灾灭火器在该类危险物质中应用。

D类火灾灭火器：

扑灭可燃金属火灾需要灭火介质吸热，同时该灭火介质不与燃烧金属进行反应。干粉灭火剂可以覆盖在燃烧金属表面，提供无氧表面。灭火器标签提供了操作说明、种类识别或何种灭火器在何种火灾中可安全使用的说明。通过检验的灭火器上会贴有检测实验室的标签。

手提式灭火器应该摆放在所有装置区内，使人员距离任意灭火器的距离不远于15m（50ft）。灭火器应该放置在靠近高危险区域和其他紧急装置区域的通道或出口。灭火器应安装在距行走路面约1m（2.5ft）高处，并且采用红色突出显示，以便于人员拿取。

19.2　水灭火系统

工艺设施中，不论是固定灭火系统还是手动消防装置，水都是一种最有效且至关重要的灭火介质。水的价格相对便宜且来源丰富，具有极大的吸热性能。当液态水汽化为蒸汽，3.8L（1gal）水可以吸收大约1512kcal（6000Btu）的热量。常压下，水蒸气的体积是原有液态水体积的17000倍，从而置换了区域内的氧气以限制燃烧过程。

当水中混有其他添加剂时，可以控制大多数的石油火灾。一套水灭火系统包括水源、配电系统和个人设备，例如固定喷淋系统、消防炮、软管卷盘、消防栓。水灭火系统的目的是提供表面冷却，火灾防控和抑制易燃、有毒蒸气的扩散。

水灭火系统使用时应当考虑废水的处理问题，最重要的是地表排水系统的容量和位置。与降雨或偶然的过程液体泄漏相比，消防用水的使用对重力排水系统要求更高。

19.3 供水

消防用水的水源可以来自城市公共自来水管道、专用储水罐和泵，或者最方便的湖泊；如果是海上设施，还可以取用海水。若整个消防用水系统使用合适的防腐保护措施（可使用五年以上），咸水或盐水也可以作为水源。如果消防用水系统的预计使用期限很短，则可以使用短寿命的防腐材料（例如碳钢、镀锌钢等），同时要定期检测防腐材料的完整性，确保腐蚀颗粒不影响运行效率。

按照标准规定，大部分装置区和大容量存储区域需要提供至少 4h 的消防用水以防止最坏可信事件的发生。风险分析显示消防用水的保护等级需求和这个要求差不多。一旦完成设备的详细设计工作或确认了现有的水源需求，即可进行消防用水需求的表格计算。这个表格显示了喷淋密度需求、持续时间水平、适用标准和其他事宜。表 19-1 举例说明了存储这种信息的方法（见表 19-2）。

表 19-1 消防水需求计算举例

区域/危险	使用设备	参考标准	设计强度和持续时间	消防水/(gal/min)	浓缩泡沫/gal	供水时间/h	备注
游离水脱除器区域的油品火灾 游离水脱除器和盐水分离器的暴露冷却使用泡沫管线扑灭油火	600gal/min 消防炮	NFPA 15-4.4.3.2	0.25gal/(min·ft²)	1800	1560		区域太大不能同时灭火
	280gal/min 软管	NFPA 11-3.1.5	0.1gal/(min·ft²)	560	500	6.96	在下一处灭火之前，要保证当前区域的火灾被扑灭
			15min	2360	2060		
游离水脱除器区域的气体火灾 游离水脱除器和盐水分离器的暴露冷却	600gal/min 消防炮	IRI 12.2.1.2	在半径为 50ft 的范围内的流量为 0.35gal/(min·ft²)	2100		7.83	最大预期气体泄漏和半径计算决定的保护半径
	300gal/min 软管						
加热器油品火灾	600gal/min 消防炮	NFPA 15-4.4.3.2	0.25gal/(min·ft²)	1200	1080		区域太大不能同时灭火

续表

区域/危险	使用设备	参考标准	设计强度和持续时间	消防水/(gal/min)	浓缩泡沫/gal	供水时间/h	备注
加热器和换热器的暴露冷却 使用软管和泡沫灭火	220gal/min 软管	NFPA 11-3.1.5	0.1gal/(min·ft²) 15min	660 1860	1190 2270	8.83	在下一处灭火之前,要保证当前区域的火灾被扑灭
加热器气体火灾 加热器和换热器的暴露冷却	600gal/min 消防炮 150gal/min 消防炮	IRI 12.2.1.2	在半径为50ft的范围内的流量为0.35gal/(min·ft²)	2100		7.83	最大预期气体泄漏和半径计算决定的保护半径
航运油罐火灾	储罐泡沫系统	NFPA 11-3.2.6.3	0.1gal/(min·ft²) 55min	640	1050		堤坝泄漏防火超过NFPA 11-3.2.8.2标准,1个水管,50gal/min,要求持续时间为20min
液下喷射式泡沫系统	300gal/min 消防炮	IRI 12.2.1.2	3gal/(min·ft) 按照圆周运动	900	1490		
油罐壳体表面冷却 围堤内流淌水扑救	250gal/min 软管	NFPA 11-3.2.8.2	1/6的面积, 0.1gal/(min·ft²) 20min	500	300	8.06	IRI不需要油罐壳体冷却。体积大于300000bbl的油罐需要罐体冷却
相邻油罐冷却保护		IRI 12.2.1.2	间距大于1倍的着火罐直径时不作要求	2040	2840		
废油罐火灾	泡沫灭火	NFPA 11-3.2.4	0.1gal/(min·ft²) 55min	200	330		堤坝泄漏防火超过NFPA 11-3.2.8.2标准,1个水管,50gal/min,要求持续时间为20min
Ⅱ型液上泡沫系统	300gal/min 消防炮	IRI 12.2.1.2	0.2gal/(min·ft²) 3gal/(min·ft) 按照圆周运动	600	990		
罐体表面冷却及邻近罐表面冷却	150gal/min 软管	NFPA 11-3.2.8.2	1/6的面积, 0.1gal/(min·ft²) 20min	200	120	16.43	IRI不需要油罐壳体冷却。体积大于300000bbl的油罐需要罐体冷却
围堤内流淌火扑救	200gal/min 软管	IRI 12.2.1.2	间距大于1倍的着火罐直径时不作要求	1000	1440		

表 19-2 消防泵标准

标准	名称
API 610	炼油厂离心泵
BS 5316	离心泵、混合泵和轴流泵的验收测试
NFPA 20	消防固定消防泵的安装标准
UL 448	消防安全泵标准

19.4 消防泵

根据 NFPA 20 标准(防火用的固定消防泵的安装标准)安装使用消防抽水系统，另外需要根据 NFPA 25 标准(水基消防泵的检查与测试标准)进行检查。泵的尺寸取决于消除危险的水量要求。当消防泵设计用来提供固定式消防系统消防用水时，必须选取两处水源，即主水源和备用水源。当有可靠稳定的电力网络可以使用时，大多数装置上的消防泵优先使用从两种不同的动力源(即发电机)获取能量的电动机作为驱动。或者，应至少提供一个电力装置和一个发电机(可使用柴油、天然气或者蒸汽机)装置。如果电力网络不可靠或者只从一个动力源获取能量，应使用原动机驱动消防泵。

如今，由于工业国家的电网和市售大功率电动机可靠性变高，单独的消防泵原动力需求(几十年前比较重要)变得不重要了。内燃机和电动机在维修、故障点、燃料存储、仪表漂移、控制装置要求等方面的对比都证明了内燃机并没有电动机的性价比高。当然，必须充分保证电机电源和基础设施的完整性和可靠性。当需要多个消防泵时，还是需要准备一个原动机源与电动机一起工作。当紧邻发电机的原动机为由电潜水泵或液压驱动消防泵提供电力时，比较适用于在海上设施进行使用，消除了长线涡轮泵需要特殊校准才能正常操作的要求。第三世界的生产装置通常依赖于自己的发电设备，因此选择带有原动机的消防泵可以降低发电设备的规模和成本。

为了避免常见故障事件的发生，原动机最好不要和备用消防泵放置在一起，应分开封装在设备上。它们应该在彼此距离尽可能远的地方进入消防用水分配系统。在实际应用中，除了海上设施，大多数中小型设备都带有单独消防水罐，所有消防泵都要靠近它。即使在这个情况下，也应将主、副消防泵分开放置，使用接头将其与消防水分布点连接起来实现循环。这种做法完全取决于设备的危险等级和消防泵与高风险生产装置的距离。在可行的情况下，消防泵的位置应尽可能地远离生产区，最好设置在上风向的高海拔位置处。据统计，在一百起重大石油化工火灾中，有十二起大规模设备毁坏事故是由消防泵的故障造成的。

消防泵的材质选择取决于所使用的水的性质。对于淡水水源(例如公共自来水),铸铁就可以,也可以选择青铜。对于高盐水和海水则需要高性能防腐材料或者添加涂层的材料,包括青铜、蒙乃尔铜镍合金、耐蚀高镍铸铁、带有防腐涂料或特殊涂层的双相不锈钢。

对于陆上设备,水可能来自当地公共自来水、储水罐、湖泊和河流。在这种情况下,通常使用传统的水平泵。陆上消防泵设计首选为带有相对平缓的性能曲线(例如压力与体积)的水平离心泵。出口压力取决于最长距离输送所需的最小残余压力和实际可允许的管路最大摩擦损失。

如果海上装置需要一个明显的上升力,可以选择轴驱动泵、液压驱动或者电驱动潜水泵。轴驱动深井泵曾被广泛应用于海上。提高液压传动电潜水泵的可靠性消除了未校准的影响,限制了上部重量,在某种程度上比直角引擎驱动垂直动力轴泵更加简单。计算安装在海上泵的水力必须考虑波浪和潮汐波动的影响。

安装消防泵的关键之处在于靠近消防泵吸入口的水下潜水操作。水下潜水操作通常用于为海上装置支架结构(即封皮)进行腐蚀检测、修复和检查等操作。潜水泵进水口处的高速水流对潜水者有安全危害,因为潜水者有可能被水流吸进潜水泵的进水口。在存在问题的 Piper Alpha 平台的操作中,消防泵被设置为手动启动模式(需要人员潜水至泵的安装位置进行启动),这也是该设施在晚上被火灾和气体爆炸摧毁的案例之一。最简单的解决办法是在距离泵的入口足够远的地方设置大护栅,这样水流速度就控制在可使潜水者发生危险的速度之下。国际水下工程承包商协会发布了一则公告(AODC 055)宣布了上述要求。

当至少需要安装两台消防泵时,由于直接开启所有的泵可能会对系统造成损害,因此应该依次开启这些泵。根据可使用泵的数量,它们可以依次开启用来降低消防用水压力的设定值。所有消防泵应该能够被位于控制室的远程激活开关开启,但关闭消防泵只能在泵处完成。

小容量泵,通常被称为管道补压泵,在消防水系统中用来弥补少量泄漏和偶尔代替主泵工作。小容量泵的初始流量为 $0.70 \sim 1.05 kg/cm^2$(比主消防泵的启动压力高 $10 \sim 15 psi$)。在某些情况下,公共供水系统的跨接可以代替管道补压泵,但要安装单向阀来阻止消防水回流到公共供水系统中。管道补压泵不需要像消防泵一样可靠,并且在核算可供应消防水的情况下可以不计算在内。

消防泵不应仅用于防火,也可用于向备用系统中注水来紧急冷却装置,但不能当作主要供水源。若上述备用系统被许可,消防泵应该被严格控制,并且在真正的紧急情况下可以紧急关闭。

需要一套检测方法来检验消防泵性能。另外,大部分防火审查、保险调查和当地维修需求等需要对消防泵进行常规测试以核实其性能。实际上,预测维护可以在消防泵的流量降低或压力性能不合格之前进行。在消防泵的进出口处应该设置压力表,并在每个测试点处检测水流量是否达标。测试管中的流量应该按照装置的最大流量考虑，而不仅仅是消防泵的额定流量。

目前最新趋势是安装带有精确读数的固态电磁流量计，然而，孔板流量计仍然是较常使用的。或者测试前端带有63.5cm(2.5in)出口的皮托管流量计也可以在液压工作台中使用。在极端情况下，流量测量装置在消防泵、消防栓或软管卷盘出口处无法直接使用时(参考附录A)，可使用便携钳式电磁流量计和超声流量计。最理想的情况是设计一个系统使流量测试用水能够再循环回到蓄水池以排出，这样就避免了昂贵的安装需求和不必要的水溢出。在海上区域，由于流量测试用水直接排放在设备下面可能会影响到低洼区域或海平面以下定期工作的工人，因此排水测试线路设计要使测试水流回海面。

装置操作中所使用的消防泵应该按照公认的国际规范来采购或设计。常用标准如下所示。所有标准需要工厂对装置进行验收测试。

19.5 消防水分配系统

分配系统是一种通过管道的排布确保将水输送到指定区域，即使是部分隔离维修的区域的系统。分配系统是由环形网状的管道和在关键位置布设隔离阀来实现的。该环形网络应该分布在每个装置区周围。对于陆上设施，消防水管道通常被埋在地下进行保护。对于海上设施，消防水管道应该设置在设备背面以保护其不受火灾和爆炸的破坏。如果管路需要暴露在外面，需要对管路进行水平和垂直方向的保护用来防止潜在的爆炸可能对其带来的超压负载。由于泄漏最有可能发生法兰连接处，应尽量避免使用该种连接，但法兰连接方式能避免安装和修复时的焊接费用，因此在海上设施中也常常使用。

管路的尺寸需要根据最坏可信事件情况下(WCCE)消防水分布网络的水力分析来确定，主要输送管路应按照设计流量的150%进行选型。水流从水源地流动到最远装置区或贮存位置所需的剩余压力决定了系统中其他部分的尺寸。为满足可靠性要求，通常会使用至少两处互相远离的水源，因此最小的管道分布尺寸应当由两个远程流动计算决定。NFPA 24 流消防管道和附属物的安装规定，要求消防管道的最小剩余压力不能小于6.9bar(100psi)。计算管道速度时应注意不能超过所使用材料的极限值。

消防管道的材质通常为金属(例如碳钢、铜镍合金等)，但近年来在消防水分布网络的地下部分越来越多地使用强化塑料管路。这种塑料管路可以持续输送加压消防水，如果压力消失，管道上方土壤的重力会使其变形为椭圆形。最终，在超过管路可以承受的压力处会发生泄漏。此外，在塑料管道布置处的配件应该给予特殊的防护和检查，然而确定管路是否与装置完全适合比较困难。如果管路和装置没有正确连接，连接处会很快会成为装置的一个故障点，连接处也会被扯断。考虑到将来管路的可到达性以及地基对管道可能施加的负荷，配油管道不应该在整体地基、建筑物、蓄水池、设备结构基座等位置下进行传输。由于经济性和质量(海上设施)因素，塑料管道已经在地面上得到一些应用，但塑料管道仍然具有暴露于火灾情况下的潜在危险。管道上的防火材料需至少保护管道在烃类火灾中可以安全暴露2h(即UL 1709火灾风险评估)。另外应该注意塑料受到紫外线照射时间增加会发生的变化。

消防水系统应该专用于消防使用，把消防水用于过程工业和家政服务会削弱消防水系统的功能和能力，尤其是紧急情况下的系统压力。消防水压设计系统优先选择标准方法优化消防水流动、储存水的要求以及管路的材质。在任何情况下，主集水管的直径不应小于203mm(8in)。管路连接着消防栓、消防炮、软管卷盘，其他保护系统的直径不应小于152mm(6in)。

19.6 消防水控制阀和隔离阀

消防水控制阀通常需要用公认的检测标准对其进行检测，最常用的标准由美国安全检测实验室制定，见表19-3。

表19-3 消防阀门UL测试标准

阀门类型	标准	阀门类型	标准
闸式阀	UL 262	泡沫水阀	UL 260
止回阀	UL 312	预启动阀	UL 260
喷淋器阀	UL 193	蝶阀	UL 1091
集水阀	UL 260		

所有固定灭火系统的控制阀都应该安装在火灾隐患区域之外，手动操作区域之内。对于高危险区域(例如海上设施)，应该考虑使用来自相反区域的双端灭火系统。对于海上设施，消防水隔离阀门手柄不应该包含凹陷或者不合格附件，以防止附近的装置泄漏造成重气体组分停留在低洼处。

如果一条消防管路需要被临时隔离，并且工作中系统的直接部分没有可用的隔离方法，唯一的解决办法就是采用低温液氮环绕在设备上对其进行冷冻，这个方法使得管路中会出现冰块的栓塞，这样可有效阻止液体泄漏。

19.7 喷淋系统

干式和湿式喷淋灭火装置在仓库、办公室、修配车间、检查库等室内空间中较为常见。如果自初始设计安装以来该系统得到充足的维护且火灾危险没有改变，干式和湿式喷淋系统基本上能够100%有效灭火。喷淋系统通常被火灾热量将喷淋系统顶部的张力帽盖融化所激活，帽盖融化或掉落会将分布系统的水释放出来,因此如若未发生火灾,喷淋系统是不会被激活的。消防喷淋系统需要根据特定标准要求进行设计和安装,通常喷淋系统强制要求按照标准NFPA 13 进行安装。

19.8　雨淋系统

雨淋系统通常用于大范围表面区域的紧急水雾覆盖,尤其是对容器和储罐的冷却降温,通常采用自动方式进行激活。手动激活方式违背了雨淋系统的安装目的,应该配置经济有效且人工激活可靠性高的消防水炮系统。大多数装置安装的雨淋系统都通过热检测系统进行激活。通常在设备周围会设置一个易熔丝气动回路系统或紫外/红外探测器,用以确保发生火灾时无操作人员在的情况下对雨淋系统的激活。

对于受雨淋系统保护的容器,最重要的部分是容器封头、容器中含有蒸气的部分空间(例如内部未润湿部分)、可能泄漏的法兰连接处以及靠近地表积水的容器底面。容器底面可能会暴露在由液体泄漏引起的火灾中。

19.9　水喷雾系统

工艺设施通常指定使用水喷雾系统,因为该系统可以快速应用并且具有极好的水基系统热吸收效果。水喷雾也可以在被动防火措施(例如防火装置、隔离等)不能发挥作用的情况下使用。提供一个有效水喷雾系统的关键在于保证受保护的平面能够接收到充足的水流密度,另外系统启动的安排也同样重要。目前,水喷雾系统最常被使用在容器的冷却中。工艺容器中最需要被保护的平面是蒸气空间和半球封头。水喷雾系统也安装在含有易燃液体的高价值及高风险区域的变压器中。

19.10　水淹没

水淹没是将水注入储罐或容器的内部以阻止易燃液体从泄漏点溢出或扑灭火灾。这个方法的原理是在储罐或容器中注水使得轻密度碳氢化合物液体会漂浮于水上以至于只有水会泄漏出去。实际上,对碳氢化合物的突然泄漏所进行预防和采取消防措施的原理使得水淹没这种消防措施在大体积容量的储罐和容器火灾中不能单独使用。此外,对于带压存储的产品以及可能的低温物质(例如液化天然气),需要预先安排其他的防范措施。

19.11　蒸汽灭火法

在过程工业中,蒸汽灭火法仅限于在火炉或加热箱中的管路泄漏引起的火灾中使用。当火被限制在狭小区域内,蒸汽能够发挥最佳灭火效果。蒸汽通过排除空气和降低附近区域的氧含量来灭火,类似于其他气态灭火装置。使用消防蒸汽需要了解一定的窒息灭火原理和蒸汽生成知识。未经保护的皮肤直接暴露在过热水蒸气附近会造成个人烧伤危险，因此要优先考虑使用其他的灭火设备。消防蒸汽的使用标准还未出版，然而熔炉标准 NFPA 86 中的附录 F 可以提供关于消防蒸汽的一般使用要求、设计和限制条件的一些信息。

19.12 水幕

消防水喷雾有时会帮助气体疏散和减少可能的着火源。文献中关于使用水喷雾进行气体扩散时存在两条强化灭火原理：第一，水喷雾会产生与喷雾方向相同的气流来驱散气体。以这种方式，泄漏的气体会按照喷嘴的方向被驱散。通常将水喷雾方向设置为朝向地面以强化对中性悬浮上升的蒸气驱散。第二，水喷雾会加热气体，使其浮力增大从而增大其扩散特性。一个设置在 3m（10ft）高并在 276kPa（40psi）下工作的喷头可以产生 7835L/s（16000ft³/min）的气体流动，在短时间内能够减少可燃气体的浓度。

水幕也能够冷却或消除可燃气体的着火源，可作为一种防止可燃气体爆炸的消减办法。水幕可以阻止可燃气体泄漏到附近的热表面、发出火星的装置和明火等着火源。

由于水幕是高效的阻火方式，它应该在所关注区域探测到危害气体后被自动启动。

19.13 井喷注水系统

扑灭油气井喷火灾可以使用专门的注水系统。在水油混合蒸气从泄漏点泄漏之前井喷抑制系统（BOSS）会向其注入细小的雾化水。水可以降低火焰温度和火焰速度，进而降低火焰的稳定性。在这种情况下，火焰不能充分的发展，火灾强度显著降低，保护了结构完整性，并允许人为介入进行作业。使用这种设备需要注意的是：如果气体泄漏引起的火灾被扑灭但泄漏出来的气流并没有立即被隔离时，可能会形成蒸气云并且发生爆炸，会造成比之前火灾更严重的破坏。

19.14 消防炮、消防栓和水管卷盘

在消防炮、消防栓和水管卷盘这三种设备中，消防炮是最主要的手动消防水输送装置，其余两种位列其次。消防炮是最初的手动消防设备，可以由具有较少消防训练或经验的操作者使用，消防栓和水管的使用者需要额外的人力和预先培训。然而，消防水带在水喷淋的应用中更加灵活，可以在不能安装消防炮的时候使用。消防炮通常设置在装置区，而消防栓设置在周边道路上，便于接入移动式灭火装备。大多数消防炮管路接口与消防软管的接口是匹配的。

消防栓应该作为消防炮和固定消防系统的备用供水源，并且被间隔设置在环

形干线上连接消防软管为发生火灾危险时的输送水源。在陆上设施的消防中，消防炮和消防软管应该至少距危险区域15m(50ft)。如果消防栓处在火场的上风向，则该消防栓应该能够在76m(250ft)的消防软管范围内在至少两个相反方向上对工艺装置的任何部分进行供水。海上消防栓应位于平台边缘且通向每个模块的主干道上，但消防炮和消防栓的设置不能成为道路上的障碍，这对于起重机的维修和转向作业至关重要。

对于海上装置，关于防火装置的布置规定更加严格。甲板上消防炮的安装需遵循一定标准，在露天甲板上，像钻井或管道平台这些能被消防炮覆盖的区域不能存在障碍物，以防止对封闭模块内消防炮的有效性造成影响。将消防炮安装在甲板的边缘处可以发挥其有效性。直升机甲板上的消防炮应该布置在甲板之下，应带有辐射热保护罩以保护其不受飞机接近时热辐射的影响。直升机甲板上的消防炮通常在系统中具有重要意义，需要最高压力的消防水泵和气源。NFPA 和其他国际监察机构发布了对直升机甲板的消防水的布置规定。

在所有的处理易燃转动设备和大持液量的容器附近应该配置消防炮，可以在上风向(最好)向装置提供冷却水喷雾。按照标准，在潜在的大量易燃物料泄漏处(转动设备如泵、压缩机、存储容器和储罐等)应至少提供两个相距较远的消防炮。这些消防炮在保护区域为被保护设备提供水喷雾，例如两个泵之间的水喷雾会保护其中一个泵的密封性不受另一个泵的破坏。当需要增大消防炮的覆盖面积而又不能额外设置消防炮时(例如港口码头)，消防炮可以设置到塔楼上以增加其覆盖面积。当消防炮需要设置在危险区域附近时，例如海上直升机甲板，需要为操作者提供防热罩。

在设计准备阶段，消防炮的布置位置最终确定之前，位置确定除了基于水流可以到达之外，还应该确认水流不能被障碍物(管路和电缆线架)阻挡。典型的做法是在配置图上画出消防炮的覆盖包围圈。当这些覆盖包围圈贯穿了水流的管路架、大型容器或过程塔时，水的覆盖范围将会被阻断，应该进行相应的修改。通常，当出现极端阻塞的情况，例如海上设备、消防炮的覆盖会因为大量的障碍物和阻塞而失效。暴露在危险附近的手动激活装置也是不利的。相似的消防栓覆盖范围可能也要绘制出来用来确定软管分段的直线距离。这些消防装置不一定需要避开所有的障碍物，像软管可以轻松穿过管廊或在管廊底部通过。消防炮、消防栓和软管卷盘不应该位于设计图中的溢出物料收集区(例如储罐防火堤、溢流边石、排水洼地等)。

消防炮可以设置在固定地点，此时操作者可以撤出或参加其他救援任务的作业。大多数消防炮能够有效提供剩余压力为690kPa(100psi)(NFPA 14)的消防冷却水，并且应该在高危险区域同时进行多处供水工作时进行压力验证。

逆风或侧风的影响会减弱消防炮的效果。当风力达到8km/h(5mile/h)时，水喷雾的范围会减少50%。当正常风速影响了消防炮的效果，消防炮的布置应该要重新考虑。

考虑到在装置区的即时可用性，硬橡胶管要优于可拆卸的夹布胶管。在任何相当长的时间段内，胶管都不能直接存储或暴露在阳光下以防止管路材料的老化。

所有消防栓、消防炮和软管卷盘布置处的水平坡度应该可使这些消防设施稍微远离装置使水排出以防止腐蚀。当自动交通工具普及之后，装置附近应该设置防护标示和栏杆以保护装置不受其影响。这些保护栏杆不应该影响软管连接、软管使用或消防炮产生的水喷雾，应该使用高度可视的标记或使用反光漆油制作标识。

应用在软管和消防炮上的喷头有很多种。喷头可以根据需要喷射不同流量的固体、喷雾或水雾。垂直流喷嘴具有较高的延伸性和渗透性，而烟雾和水喷雾却因为水滴具有较大的表面积而能够比垂直流吸收更多的热量。烟雾和水喷雾喷头有时也用来辅助评估泄漏蒸气和气体的扩散。

带有可调节的组合垂直流和烟雾提示的流量32L/s(500gal/min)的喷头通常用于固定安装的软管上。流量达到63L/s(1000gal/min)的喷头可能会用在高危险区域。使用更高流量的喷头需要改造现有的系统，消防水的容量以及排水系统都需要重新评定以保证喷头和系统能够适合。当可以使用泡沫剂时，喷头应该具有吸入泡沫溶液的能力。

19.15 泡沫灭火系统

当扑灭大量液态烃类产生的火灾时，可以使用泡沫灭火系统。泡沫是水、化合物和充气气泡的聚合物，可以漂浮在可燃液体表面阻止蒸气的形成。泡沫灭火主要是在被保护的液体表面形成一层凝聚的漂浮覆盖物，通过使隔绝燃料和冷却燃料的方式来灭火，例如，覆盖在液体表面并通过液体表面蒸气和空气的可燃混合物的形成来阻止液体复燃。泡沫也会冷却火灾中的燃料和周边设备。泡沫是在水源系统中添加成比例的浓缩液，进而吸收空气产生气泡。

19.15.1 类型

泡沫是一层包含了液体化合物、空气或非易燃性气体等混合物的均匀复合物。泡沫灭火系统分为高倍数泡沫和低倍数泡沫灭火系统。高倍数泡沫是泡沫溶液通过空气或非易燃性气体生成的气泡聚团。发泡倍数的范围是1∶100～1∶1000。发泡倍数低于1∶100的泡沫是由空气泡沫、蛋白泡沫、氟蛋白泡沫或合成泡沫浓缩液生成的。在分布喷嘴处或之前吸入空气会产生泡沫。高倍数泡沫是向带有连续水喷雾的湿润筛网上鼓风产生的，本身非常轻，可以完全并快速地填充在封闭空间或房间内。不同类型的泡沫提供的保护作用相似，主要基于泡沫设备的兼容性、包含材料以及所用其他制剂来进行选择。所有的泡沫都是导电的，不能用于电气火灾中。

低倍数泡沫一般应用在易燃液体的暴露表面，尤其是室外区域。高倍数泡沫通常用于不受高风速影响的大型受限空间和难以到达的内部位置。

特殊耐酒精（或兼容）泡沫需要在醇类、酯类、酮类液体或有机溶剂中使用，而普通泡沫对这些液体通常无效。商业上可以买到的泡沫产品分为用于醇类和烃类的泡沫、只用于醇类的泡沫和只用于烃类的泡沫。因此有必要设计一种性价比高、可以满足多种需要应用的特殊泡沫系统。

化学泡沫在液体浓缩液产生之前曾被广泛应用在工业生产中，但现在已被淘汰。

19.15.2 浓度

目前市场上的泡沫溶液浓度是按照1%~6%的比例与水混合而成的。低浓度配比方式意味着在特殊危险中使用较少的泡沫液，这对于药剂的需求量、存储设备的必要性以及海上设施对减轻重量的考虑都是经济合算的。低配比浓度泡沫系统需要一个清扫系统来保证其完全发挥作用。

19.15.3 系统

在石油和过程工业中，存在五种泡沫灭火系统：
1) 普通区域覆盖的消防炮、软管或便携式水箱。
2) 适合普通区域或特殊设备的固定式泡沫水喷淋喷雾系统。
3) 对常压或低压储罐进行保护的架空式泡沫室。
4) 对常压或低压储罐进行保护的液体喷射系统。
5) 应用在特殊危险区域例如仓库或受限空间的高倍数泡沫系统。

19.15.4 一般区域消防系统

一般区域消防系统通常在完全或部分封闭空间中使用，例如海上模块、卡车装载台、液体存储仓库等泄漏液体能够容易雾化、驱散和排干的大面积区域。当受保护区域很重要或具有很高价值时，要选择快速检测及释放机制（例如喷淋系统），可能会用到吸气式或非吸气式喷嘴。吸气式喷嘴的寿命较长，并且与非吸气式喷嘴相比可以产生更高倍数的泡沫。

19.15.5 泡沫-水喷淋系统

喷淋系统通常用于需要立即使用泡沫覆盖的大面积区域，例如装置区、卡车装载台等。该系统使用连接在消防管网的喷嘴，依次接入自动控制阀（也称为喷淋阀）。危险区域或手动激活区域的自动检测装置可以打开喷淋阀。为装置配备的泡沫-水喷淋系统的设计规范见NFPA 16泡沫-水喷淋和泡沫-水喷雾系统安装规范。

19.15.6 液上泡沫喷射灭火系统

液上泡沫喷射灭火系统可以用于常压或低压储罐的保护，包括一个或多个安装在储罐壳壁上低于储罐顶部的泡沫发生器。泡沫液管从处于安全区域的泡沫混合装置延伸出来，根据泡沫吸气原理要处于泡沫发生器或泡沫喷射口前端等安全位置。导向装置通常位于储罐内壁面的泡沫发生器内，用以引导泡沫远离储罐壁面，流到储罐表面及壳封闭区域。

对于拱顶储罐或带有其他浮盘结构的内浮顶罐，泡沫发生器安装在油罐壳体的上边缘。这些系统被用来输送泡沫和保护储罐内液体的整个表面区域。对于带有浮盘的外浮顶和内浮顶油罐，泡沫系统是用来保护密封圈区域的。泡沫发生器安装在油罐壳体的外边缘，泡沫在内部流入带有垂直障碍物的封闭区域内，而这个障碍物像泡沫大坝一样承接住密封圈区域的泡沫。这个方法倾向于使冷物料运动到表面辅助灭火，被输送到重组分物料中帽形层的一部分水用来控制泡沫过度起泡和溅出。

19.15.7　液下泡沫喷射灭火系统

液下泡沫喷射是另一种保护常压或低压储罐的方法。这种方法通过一种"高背压发生器"来产生泡沫，并使泡沫进入储罐的底部。喷射管路是一条已存在的生产线或专用永久性液下泡沫喷射管路。尽管储罐内容物会在液体表面形成一个气密覆盖层，泡沫浮力和空气夹带会使泡沫在储罐内流动。这种方法可以应用在任何种类的常压储罐，但由于封闭区间内泡沫的分布很难达到内部分散，该方法并不推荐使用在带有浮顶的储罐中。

19.15.8　甲板集成消防系统(DIFFS)

甲板集成消防系统(DIFFS)是一种应用在飞行甲板或飞行库混凝土地面的专用消防系统，结合甲板结构构造形成了一种更集成且少障碍的消防系统(见图19-1)。DIFFS包括泡沫混合撬块和弹出式喷嘴。这些部件永久性安装了大容量喷淋或福莱希喷嘴，以及为飞行甲板或像飞行库等较大区域设置的弹出式喷嘴。DIFFS可以被检测系统自动激活或被面板(按钮)手动激活。即使消防系统全部被激活，救援人员也可以在飞行甲板上安全地执行救援行动。

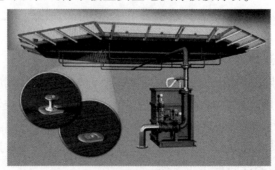

图 19-1　甲板集成消防系统(DIFFS)

一个激活的DIFFS系统可以在15s内扑灭飞行甲板上大型泄漏火灾，尽管测试显示大部分情况下这种火灾可以在10s以内被扑灭。

19.15.9　高倍数泡沫灭火系统

高倍数泡沫通常用于普通可燃物的燃烧，如A类物料引发的火灾，以及发生在难以接近的受限空间中的火灾或消防员难以进入的危险区域内的火灾。该系统通过冷却、窒息和稀释蒸气降低氧含量进行灭火。发泡倍数在100∶1~1000∶1的泡沫是通过大风扇、高吸力的抽吸设备来产生的。通常使用1.5%的小混合比制取大量的泡沫。在石油工业中，高倍数泡沫通常是为手动消防灭火准备的。

19.16　手动消防应用

在某些情况下，可以依靠临近的当地消防站或大型工业中心的专有消防站为消防系统提供备用消防。实际上，历史经验表明当固定消防水泵被大火或爆炸影响时，移动灭火器是最重要的备用措施。应该提前开展移动灭火器与消防站的联合使用能力、移动设备的可接入性、连接点、紧急通道和人力的评估，并且并入设施的紧急防火布置中。

19.17　气体灭火系统（二氧化碳灭火系统）

二氧化碳是一种不燃气体，可以渗透并蔓延到火灾的所有部分，将氧气浓度稀释到可燃点以下而实现灭火。二氧化碳灭火系统几乎可以扑灭所有的可燃物火灾，除了一些可以自己产氧的可燃物及一些可以分解二氧化碳的金属物质火灾之外。由于二氧化碳不具有导电性，因此可以应用在带电状态下的电气火灾中。同时二氧化碳也不会随时间的推移凝固或变质。由于二氧化碳能够置换氧气，因此它对人类来说是一种危险气体，浓度超过9%就是危险的，但灭火系统通常需要30%以上的浓度。由于风会迅速使二氧化碳消散，因此二氧化碳系统在室外通常是无效的。气体密度为1.529的二氧化碳由于比空气重而通常会存在于封闭区域的最低处。

用来灭火和惰化的二氧化碳以液体形式存储，并通过自身汽化进行释放。

19.17.1　应用

二氧化碳通过三种不同的方式灭火：
1) 便携存储容器中的手动软管；
2) 全淹没固定系统；
3) 局部应用固定系统。

二氧化碳是一种可以扑灭普通可燃物、易燃液体和电气火灾的有效灭火剂。它是一种清洁制剂，不会损坏设备且无残留。在二氧化碳释放时会造成一定程度的冷却，但如果该系统设计和安装得当的话并不会发生热冲击。

固定系统可以按照存储方式的不同进行分类。低压 2068kPa（300psi）或高压 5860kPa（850psi）系统会进行详细说明。低压系统通常在所需制剂超过 907kg（2000lb）时使用。保护电子或电气免于危险时通常需要 50% 的设计体积浓度。NFPA 12 给出了一个针对特定危险的二氧化碳浓度需求。作为指导，0.45kg（1lb）的二氧化碳液体在常压下能产生 $0.23m^3$（$8ft^3$）的气体。

固定式二氧化碳灭火系统专门用来保护高价值或关键设备，这些设备需要非导电的无残留泡沫制剂，且位于人们无法到达的位置。在过程工业中，二氧化碳系统通常用来保护无人的关键区域或设备，例如电器开关室、电缆隧道或保管库、涡轮或压缩机外壳等。当包含转动设备时，大部分二氧化碳排放都发生在转动设备停转时。二氧化碳的浓度可以在 1min 内达到指定浓度，通常可以维持 20min。

19.17.2 安全保护措施

二氧化碳是一种不易燃气体，因而不会导致火灾或爆炸危险。这种气体通常被认为是有毒的，是因为它比空气重 1.5 倍且易聚集，从而置换空气中的氧气而导致人员中毒。当二氧化碳开始置换时，区域内的空气供给被排挤，因此对人类有窒息危险。由于二氧化碳气体是无色无味的，因此在正常环境中很难被人们觉察到。消防二氧化碳气体通常采用高压液态存储，在释放时会膨胀 350 倍。

空气中的氧气浓度通常是 17%~21%。当空气中的氧气浓度低于 18% 时，人们需要逃出该窒息区域。当然，他们可以选择佩戴具有保护作用的自给式呼吸器以便在低氧环境下工作。二氧化碳的释放需要考虑两个因素：

1) 当环境中的二氧化碳含量增加时，人体的呼吸速率和深度都开始增加。例如，在 2% 的二氧化碳浓度下，呼吸会增加 50%；而在 10% 的二氧化碳浓度下，人体会逐渐头昏、不省人事等。

2) 当大气氧含量低于 17% 时，人体的运动协调性会受到损害；当低于 10% 时，人会失去意识。

为了警示二氧化碳泄漏而会威胁人身安全应该在二氧化碳系统启用处提供适当的警告标志、警报和可能的联动装置。

19.17.3 系统排放

当安装固定自动二氧化碳系统时，应该提供 30s 的延迟时间（为人员疏散）、警示标志和警报（声音和视觉）用以警告人员即将发生的释放和危险，应当设置终止开关以防止无意中启动开关。

19.17.4 系统泄漏

二氧化碳系统的泄漏非常少见。在充足的检查和维修下，通常不会发生系统的泄漏。当二氧化碳储罐装有压力表时，应该经常进行检查，而不能只读取初始压力，另外储罐可以进行称量以确定是否有制剂的损失。当偏差出现时，应该立即采取行动检查泄漏源头。

在小空间中存有高压二氧化碳储罐时，泄漏后液体二氧化碳以350倍的速率膨胀使这个房间变得很危险。当二氧化碳从单个储罐中泄漏时，根据储罐液体容量、房间尺寸、空气流通速率等可以计算得到从泄漏到停止时的二氧化碳浓度（百分比）。当二氧化碳消防储罐放置在封闭区域中时，应该贴上标签以警告可能出现的氧气不足的情况。房间也应该处于可以控制的位置（例如锁门），所有人进入该封闭区域必须佩带便携式氧气检测仪（除非安装了固定的氧气检测仪），这也是国家安全规程对进入可能氧气不足环境的规定。在该区域的进口和出口应该进行登记。

若泄漏发生在受保护区域，放置便携式排气扇可以疏散任何积累的二氧化碳气体以便使人可以安全进入该区域。该区域没有必要设置固定排气扇，当少量二氧化碳泄漏时，充分的通风条件使得该区域没有必要设置氧气检测仪和控制区域。由于二氧化碳气体比空气重，二氧化碳通常聚集在某处的低洼区域。目标气体可能不能到达排气扇发挥作用的区域，尤其是排气扇没有安装在房间的远端以排出气体。根据泄漏点的尺寸，气体从泄漏储罐处开始传播可能需要相当长的时间，即使安装了排气扇进行排气，它也不能保证当人进入时二氧化碳可被完全排出室内。

在安装空调的室内，排气扇会疏散冷空气，这与空调的目的相反（除非设置了传感器，否则泄漏点不能被准确预测，因此排气扇需要一直工作）。因此，排气扇作为一种安全保护装置会被认为与空调系统不兼容。

实际上，当二氧化碳储罐被安装在封闭空间内时，排气扇用来排出系统泄漏的气体后，泄漏事件结束，因此排气扇更像一种操作设备而不是一项预防措施。

二氧化碳系统的辅助设备是固定氧气检测系统、低压存储警报。

19.17.5　缺点

二氧化碳系统有如下缺点：

1）二氧化碳的泄漏对该风险承受区域内的人群有窒息危险。这些区域需要严格的通行管制和添加安全警报系统。

2）二氧化碳气体被认为是一种温室气体，在将来可能会考虑到环境问题而被限制使用。

3）深层火灾可能不能被气体灭火剂完全扑灭（见图19-2）。

4）固定二氧化碳系统需要一个大的存储区域以及较大的广度，限制了其在海上设施上的应用。

19.17.6　哈龙灭火剂

哈龙灭火剂被认为是一种破坏臭氧层的制剂，因此基于环境保护的考虑不会使用其来灭火，已经被淘汰。现存的哈龙灭火剂系统也在蒙特利尔议定书的签订后被移除。

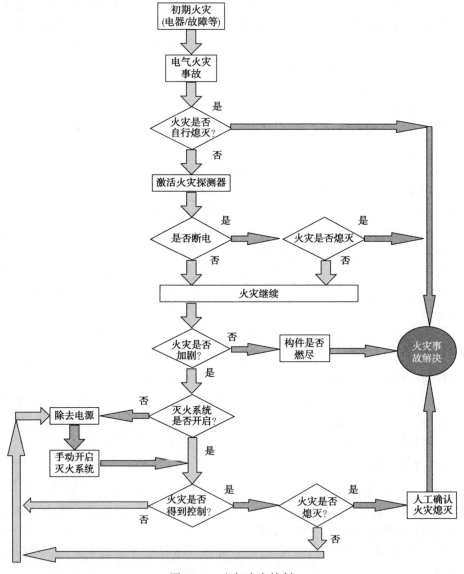

图 19-2 电气火灾控制

19.18 清洁药剂系统

灭火系统中的清洁药剂系统使用了一种非导电性的挥发物或者无残留的气态灭火剂。由于该系统对环境无害，因此是对关键电气设备进行保护的卤盐系统的替代系统，符合 NFPA 2001 清洁灭火系统的设计和安装标准。这种系统发生泄漏对人体来说会产生危险，因此在使用时需要配置合适的警报、警告和标识。NFPA 建议人体在这种药剂中的暴露时间不能超过 5min。表 19-4 列举了目前可使用的不同种类的清洁制剂系统。

表 19-4 清洁制剂类型

商品名称	说明	化学式
FK-5-1-12	全氟乙基异丙基酮	$CF_2CF_2COCF(CF_3)_2$
HCFC A 型混合灭火剂	二氯三氟乙烷 HCFC-123(4.75%)	$CHCl_3CF_3$
	氯二氟甲烷 HCFC-22(82%)	$CHClF_2$
	氯四氟甲烷 HCFC-124(9.5%)	$CHClFCF_3$
	异丙烯基甲基环乙烯(3.75%)	
HCFC-124	氯四氟甲烷	$CHClFCF_3$
HFC-125	五氟乙烷	CHF_2CF_3
HFC-227ea	七氟丙烷	CF_3CHFCF_3
HFC-23	三氟甲烷	CHF_3
HFC-236fa	六氟丙烷	$CF_3CH_2CF_3$
FIC-1311	三氟碘甲烷	CF_3I
IG-01	氩气	Ar
IG-100	氮气	N_2
IG-541	氮气(52%)	N_2
	氩气(40%)	Ar
	二氧化碳(8%)	CO_2
IG-55	氮气(50%)	N_2
	氩气(50%)	Ar
HFC B 型混合灭火剂	四氟乙烷(86%)	$CH_2FCF_3CHF_2$
	五氟乙烷(9%)	CF_3
	二氧化碳(5%)	CO_2

为了降低密闭空间内挥发性碳氢化合物对储罐带来的爆炸和火灾危险，应该在其中充入气体为其制造一种低氧环境。大型远洋游轮通常安装了典型的连续性

惰性气体系统，为储油罐覆盖了低氧气体。低氧气体是发动机排出的废气，同样装置中的一些原油储罐也在其锥形顶部的蒸汽区域通入工艺废气作为低氧气体对其进行保护(见图 19-2)。

19.19 化学灭火系统

19.19.1 湿式化学灭火系统

湿式化学系统与干式化学系统相比的微弱优势在于可以覆盖在燃烧液体的表面、吸收热量从而防止火灾复燃。湿式化学灭火系统主要应用在厨房电器火灾中——烤架、煎锅等。它通过固定喷嘴提供了一种针对液体火灾的固定灭火方式。装置中的典型应用是在现场餐厅的厨房中。湿式化学灭火系统通过连接熔丝或手动激活点进行激活并使喷雾排出并充满烹饪的物体表面。熔丝连接的额定温度是废气的最高温度，通常是232℃(450℉)。常用做法是在初始安装接受范围内进行一次制剂排放和操作测试以及系统管路的水压测试。

19.19.2 干式化学灭火系统

目前使用的干式化学制剂是粉末混合物，主要是碳酸氢钠(普通)、碳酸氢钾和磷酸铵(多功能)。应用于火灾中时，这些制剂通过使着火过程窒息来灭火。当点火源一直存在时(例如热表面)，泄漏的易燃液体或池火会在扑灭后重新闪燃，这时使用干化学制剂进行灭火是不安全的。对三维易燃液体或气体火灾进行灭火时，干化学制剂还是非常有效的。由于干化学制剂的非导电性，该灭火剂可以应用于工作中的电气设备上。

当使用干化学制剂时，可见度降低，对人体呼吸会造成危险，会阻塞通风设备滤片，并且残留物可能会引起暴露在外的金属表面发生腐蚀。在精密电气设备存在时，不应该使用干化学制剂，因为干化学制剂的绝缘性可能使其接触不良。干化学制剂也存在使用后难清理的问题，尤其对于室内灭火的使用。当系统开始泄漏时，干化合物系统应该足够快的启动以防止设备变得过热而引起闪燃，所有的干化学制剂对暴露的金属表面都具有腐蚀性。

固定系统可能是固定喷嘴或手动软管系统，通常具有 68~1360kg(150~3000lb)的流量。大多数使用高压氮气用以流化和排出干化学制剂，当不能立即获得供水源时，固定干化学系统可能是一个合适的选择。

19.20 双制剂系统

化学制剂和泡沫双制剂灭火系统是泡沫水和干化合物同时使用的联合灭火方式，具有更高的灭火能力。通常水成膜泡沫(AFFF)和碳酸氢钾被用作灭火剂，这两种制剂通常分别存放在独立的容器中。当使用时，两种制剂填充在高压氮气瓶中,并通过手动操作和导向喷嘴进行排出。喷嘴大约能配合使用约30m(100ft)长的硬橡胶管来应对火灾袭击。

自控制的双制剂系统(泡沫/水和化学干粉)是一种手动灭火系统用以扑灭三维压力泄漏和大直径池火。这种系统具有快速灭火和防止复燃的特点。当易燃液体进行燃烧而人体处于附近危险中时,可以使用带滑动底座的双制剂系统。典型的应用是与飞行器联合操作,包括固定机翼和旋转式机翼(例如直升飞机)。对于陆基操作,会在卡车平台上提供滑动垫木或小拖车来增加其在飞机场的机动性。对于海上操作,该系统通常固定安装在飞行甲板的外围。

表19-5 固定式灭火系统设计标准

区域/设备	危险	保护要求	保护方式	设计规格
陆上装置区	液体泄漏 气体泄漏	NFPA 30	1. 消防栓 2. 消防炮 3. 软管卷盘 4. 蒸气扩散喷淋	1. NFPA 24 2. NFPA 24 3. NFPA 24 4. NFPA 15
海上装置区	液体泄漏 气体泄漏	NFPA 30	1. 消防栓 2. 消防炮 3. 软管卷盘 4. 架高式泡沫系统	1. NFPA 24 2. NFPA 24 3. NFPA 24 4. NFPA 16
过程容器	液体泄漏 气体泄漏	NFPA 30	1. 消防栓 2. 消防炮 3. 软管卷盘 4. 冷却喷淋	1. NFPA 24 2. NFPA 24 3. NFPA 24 4. NFPA 15
燃烧加热器	液体泄漏 气体泄漏	NFPA 30	1. 消防栓 2. 消防炮 3. 消防蒸汽	1. NFPA 24 2. NFPA 24 3. NFPA 86
罐区	液体泄漏 气体泄漏	NFPA 30	1. 消防栓 2. 消防炮 3. 冷却喷淋 4. 液下泡沫注入 5. 液上泡沫系统	1. NFPA 24 2. NFPA 24 3. NFPA 15 4. NFPA 11 5. NFPA 11
汽车装载	液体泄漏 气体泄漏	NFPA 30	1. 消防栓 2. 消防炮 3. 架高式泡沫系统	1. NFPA 24 2. NFPA 24 3. NFPA 16

续表

区域/设备	危险	保护要求	保护方式	设计规格
铁路装载	液体泄漏 气体泄漏	NFPA 30	1. 消防栓 2. 消防炮	1. NFPA 24 2. NFPA 24
海上装载	液体泄漏 气体泄漏	NFPA 30	1. 消防栓 2. 消防炮	1. NFPA 24 2. NFPA 24
泵站	液体泄漏	NFPA 30	1. 消防栓 2. 消防炮	1. NFPA 24 2. NFPA 24
气体压缩站	气体泄漏	NFPA 30	1. 消防栓 2. 消防炮 3. 二氧化碳系统 4. 预启动喷淋系统	1. NFPA 24 2. NFPA 24 3. NFPA 12 4. NFPA 13
火炬	液体泄漏 气体泄漏	NFPA 30	1. 消防栓	1. NFPA 24
开关设备	电气火灾	NFPA 850 IEEE 979	1. 二氧化碳系统 2. 预启动喷淋	1. NFPA 12 2. NFPA 13
油浸变压器	液体泄漏	NFPA 850 NFPA 70	1. 消防栓 2. 集水喷雾	1. NFPA 24 2. NFPA 15
冷却塔	可燃物引起的火灾	NFPA 214	1. 消防栓 2. 软管卷盘 3. 干式雨淋系统	1. NFPA 24 2. NFPA 24 3. NFPA 15
海上飞行甲板	液体泄漏	NFPA 418 API14G	1. 消防栓 2. 泡沫水炮 3. 药剂系统	1. NFPA 24 2. NFPA 24 3. NFPA 11/17
住宿区	可燃物引起的火灾	NFPA 101	1. 立管系统 2. 喷淋系统	1. NFPA 14 2. NFPA 13
仓库	可燃物引起的火灾	NFPA 231	1. 消防栓 2. 立管系统 3. 喷淋系统	1. NFPA 24 2. NFPA 14 3. NFPA 13
厨房	液体泄漏可燃物引起的火灾	NFPA 101	1. 干化学制剂系统 2. 湿化学制剂系统	1. NFPA 17 2. NFPA 17A
办公室	可燃物引起的火灾	NFPA 101	1. 消防栓 2. 立管系统 3. 喷淋系统	1. NFPA 24 2. NFPA 14 3. NFPA 13

表 19-6　灭火系统的应用

灭火系统	典型应用场所
手提式灭火器	办公室
	仓库
	开关设备
	所有厂区
	装载设施区
消防栓(存在消防队的情况下)	所有过程和公共区域
	货物存储区域(油库)
	商店
	仓库
	办公室
软管卷盘	装置区
	仓库
	装载设施区
	办公室
	住宿区
消防水炮	装置区
	货物存储区域(罐区)
	装载设施区
湿式喷淋	办公室
	住宿区
	仓库
干式喷淋	仓库
	重要电缆仓库
	冷却塔
水喷雾或喷淋	过程容器冷却
	一般区域覆盖
	泵
	重要或高价值变压器
消防雨淋和水炮	潜在的碳氢化合物泄漏
	汽车、铁路和海上装载设施区
	泵站
二氧化碳系统	电气开关设备
	气体涡轮机房
	通讯面板或机柜间

续表

灭火系统	典型应用场所
清洁制剂系统	工艺设施的关键计算机处理设备
	重要通信设备
干化学系统	厨房
	装载和卸载货架(大多数不能使用水系统或使用水系统不经济的区域)
双制剂系统	飞行操作区(固定和旋转机翼)

表 19-7 消防水系统的优点和缺点

系统	优点	缺点
水喷淋(通常位于高处)	如果使用大孔喷嘴，系统不易于堵塞； 在爆炸中更容易幸存； 在无操作员的情况下能够自动启动； 启动迅速； 对于球罐、容器和储罐更有效	由于风的影响可能会损失水量； 污垢和沉积带来的潜在问题； 容器支撑物和容器下方需要补充水喷雾； 作用在水平容器上会存在水分布不均匀； 通常用于贯穿整个装置区的喷射火
水喷雾（正对设备）	在无操作员的情况下能够自动启动； 启动迅速； 不易产生润湿和衰减问题； 最不易受风影响； 危险保护中有效的水利用； 最有效的火灾控制方法	由于方向的原因喷嘴容易堵塞； 爆炸中更容易被破坏； 对喷射火作用较小； 与普通水喷淋相比针对特殊危险需要消耗更多的水； 周期性测试会加速或造成被保护设备的腐蚀； 通常是最昂贵的方法
固定消防炮	可以覆盖多个危险区域，随后可以针对特定的事故进行扑灭； 不易堵塞； 容易使用； 通常易于安装； 可以实时调整喷雾模式和密度； 可以自动或远程启动	需要操作员进行人工启动； 人员可能暴露在火灾事故中； 需要消耗大量的水才能发挥作用； 设备的有限范围； 长距离受到风的影响
软管卷盘和消防栓软管	可以覆盖多个危险区域，随后可以针对特定的事故进行扑灭； 可以实时调整喷雾模式和密度； 通常易于安装； 不易堵塞	需要操作员进行人工启动； 通常需要操作员进行持续操作； 人员可能暴露在火灾事故中； 需要消耗大量的水才能发挥作用
便携式灭火设备	爆炸中不易遭到破坏； 易于安装； 可以在局部区域使用消防水或消防制剂； 可以随意调用至其他区域； 最低成本方式	需要人员支持； 高强度； 人员可能暴露在火灾事故中； 一些设备具有有限的容量； 通常需要前期培训； 可能受到风的影响

延 伸 阅 读

［1］American Petroleum Institute(API). RP 14G, recommended practice for fire prevention and control on fixed open-type offshore production platforms. 4th ed. Washington, D. C: API; 2007.

［2］American Petroleum Institute(API). API Standard 610, centrifugal pumps for petroleum, petrochemical and natural gas industries. 10th ed. Washington, DC: API; 2010.

［3］American Petroleum Institute(API). RP 2021, management of atmospheric storage tank fires. 4th ed. Washington, DC: API; 2006 [Reaffirmed].

［4］American Petroleum Institute (API). RP 2030, application of fixed water spray systems for fire protection in the petroleum and petrochemical industries. 3rd ed. Washington, DC: API; 2005.

［5］American Water Works Association(AWWA). M17, installation, field testing and maintenance of fire hydrants. Denver, CO: AWWA; 2006.

［6］American Water Works Association(AWWA). M31, distribution system requirements for fire protection. Denver, CO: AWWA; 2008.

［7］Center for Chemical Process Safety (CCPS). Guidelines for fire protection in chemical, petrochemical and hydrocarbon processing facilities. New York, NY: Wiley-AIChE; 2005.

［8］International Association of Underwater Engineering Contractors. AODC 055, protection of water intake points for diver safety. London, UK: Association of DivingContractors; 1991.

［9］National Fire Protection Association (NFPA). Fire protection handbook. 20th ed. Quincy, MA: NFPA; 2008.

［10］National Fire Protection Association(NFPA). NFPA 10, standard for portable fire extinguishers. Quincy, MA: NFPA; 2013.

［11］National Fire Protection Association(NFPA). NFPA 11, standard for low-, medium, and high expansion foam. Quincy, MA: NFPA; 2010.

［12］National Fire Protection Association (NFPA). NFPA 12, standard on carbon dioxide systems. Quincy, MA: NFPA; 2011.

［13］National Fire Protection Association(NFPA). NFPA 13, standard for the installation of sprinkler systems. Quincy, MA: NFPA; 2013.

［14］National Fire Protection Association (NFPA). NFPA 14, standard for the installation of standpipe and hose systems. Quincy, MA: NFPA; 2013.

［15］National Fire Protection Association(NFPA). NFPA 15, standard for water spray fixedsy stems for fire protection. Quincy, MA: NFPA; 2012.

［16］National Fire Protection Association(NFPA). NFPA 16, installation of foam-water sprinkler and foam-water spray systems. Quincy, MA: NFPA; 2011.

［17］National Fire Protection Association(NFPA). NFPA 17, standard for dry chemical extinguishing systems. Quincy, MA: NFPA; 2013.

［18］National Fire Protection Association(NFPA). NFPA 17A, standard on wet chemical extinguishing systems. Quincy, MA: NFPA; 2013.

[19] National Fire Protection Association (NFPA). NFPA 20, standard for the installation of stationary fire pumps for fire protection. Quincy, MA: NFPA; 2013.

[20] National Fire Protection Association(NFPA). NFPA 22, standard for water tanks for private fire protection. Quincy, MA: NFPA; 2013.

[21] National Fire Protection Association(NFPA). NFPA 24, installation of private fire service mains and their appurtenances. Quincy, MA: NFPA; 2013.

[22] National Fire Protection Association(NFPA). NFPA 25, inspection, testing and maintenance of water-based fire protection systems. Quincy, MA: NFPA; 2011.

[23] National Fire Protection Association (NFPA). NFPA 30, flammable and combustible liquids code. Quincy, MA: NFPA; 2012.

[24] National Fire Protection Association(NFPA). NFPA 86, standard for ovens and furnaces. Quincy, MA: NFPA; 2011.

[25] National Fire Protection Association(NFPA). NFPA 101, life safety code. Quincy, MA: NFPA; 2012.

[26] National Fire Protection Association(NFPA). NFPA 418, standard for heliports. Quincy, MA: NFPA; 2011.

[27] National Fire Protection Association(NFPA). NFPA 850, fire protection for electric generating plants and high voltage direct converter stations. Quincy, MA: NFPA; 2010.

[28] National Fire Protection Association(NFPA). NFPA 2001, standard on clean agent fire extinguishing systems. Quincy, MA: NFPA; 2012.

[29] Society of Fire Protection Engineers(SFPE). SFPE handbook of fire protection engineering. 4th ed. Boston, MA: NFPA; 2008.

[30] Underwriter's Laboratories(UL). UL 193, Standard for alarm valves for fire protection service. Northbrook, IL; 2004.

[31] Underwriter's Laboratories(UL). UL 260, standard for dry pipe and deluge valves for fire protection service. Northbrook, IL; 2004.

[32] Underwriter's Laboratories(UL). UL 262, standard for gate valves for fire protection service. Northbrook, IL; 2004.

[33] Underwriter's Laboratories (UL). UL 312, standard check valves for fire protection service. Northbrook, IL; 2004.

[34] Underwriter's Laboratories(UL). UL 448, standard centrifugal stationary pumps for fire protection service. Northbrook, IL; 2007.

[35] Underwriter's Laboratories(UL). UL 1091, standard for butterfly valves for fire protection service. Northbrook, IL; 2004.

[36] XL Global Asset Protection Services (XL GAPS). GAP. 12.2.1.2, fire protection for oiland chemical plants. Stamford, CT: XL GAPS; 2010.

第二十篇 特殊环境下的设施和设备

化工设施随处可见,其所处环境多种多样。针对环境的不同及偏僻的情况,需要对这类情况下的化工设施的火灾和爆炸保护提出特别的要求。

20.1 北极环境

对大多数装置来说,北极环境与普通环境相比具有不同的环境条件。最明显的是外界温度会非常低,可以低至-45℃(50℉),会发生大雪和冰暴。

在这些区域,首先需要关心的是关键设备的保护以使其能够持续发挥相应的功能。这其中既包含了容器、管道以及控制系统的金属的性质,也包括仪器仪表的性能。在这种环境中人员操作也受到限制。通常,由于积雪或恶劣天气造成道路阻塞时,员工去查看设备必须要穿高保温的防护衣。极地偏南或偏北的地方在四季中都存在较长时间的黑夜和白昼,这可能使不熟悉环境的人们迷失方向。

对于灭火方式,使用水基灭火系统在消防水的处理上存在危险,因为暴露在外的区域会非常容易结冰,这种情况也有可能发生在裸露的工艺流体管线上。如果将管线与紧急关停系统(ESD)隔离起来,很容易因为缺少流动而冻结,这会妨碍设施的重新启动。气体灭火系统通常应用在封闭区域内。其他方法包括对消防水储罐进行保温,配备深埋在地下的不断循环的消防水管等。

20.2 沙漠干旱环境

对于大多数装置而言,沙漠环境与普通环境相比也很不同。最明显的是环境温度可以达到极高的水平,最高为54℃(130℉),并且会发生沙尘暴。这些问题对自由放养的家畜(绵羊、山羊、牛、骆驼等)以及放牧人同样存在。

暴露在阳光(太阳辐射)下的管路需要考虑散热问题,通常通过喷涂反光油漆或深埋来进行处理。工艺管路通常喷涂成反光颜色用以方便反射太阳辐射(吸热),避免系统中的流体受热膨胀。

当装置暴露在恒定阳光辐射中时,覆盖在设备外部的遮阳罩在高温下可能不起作用,连续暴露在直射阳光中会迅速老化变质失去效用。除了特殊说明外,大多数电气和电子设备的最大操作温度是40℃(114℉),危险区域的照明温度通常规定不高于40℃(114℉)。灭火系统中需要特殊考虑的是泡沫液、橡胶管和其他橡胶组件可能会出现干裂的问题。由于长期暴露于高温或太阳辐射,橡胶或塑料组件(例如密封圈、传动皮带等)会迅速老化,从而失去弹性。

当装置和设备需要新鲜空气时,需要配备防沙栅栏和过滤器,它们需要背对主风向以防止直接暴露在沙尘风口中。沙尘暴也会造成暴露在外的设备硬件的磨蚀并有可能会引起设备故障。

暴露在直射阳光下的标识、标签和指令牌可能在安装后很快褪色或者表面发生磨损。

20.3 热带环境

热带环境对于装置和设备具有独特的环境影响。暴雨(季风、飓风、台风等)、动物或昆虫骚扰、太阳直射等都是热带区域中设置消防水系统需要主要考虑的因素。暴雨会引发洪水,可能会淹没消防泵,尤其是当消防泵在无防洪措施的情况下被设置在河边取水时,这种情况下需要抬高消防泵的位置。暴雨通常伴随着大风,夹杂的物体可能会毁坏系统组件。昆虫或啮齿动物的骚扰可能会造成泵通风口的阻塞或燃料系统的污染以及软材料的恶化变质,可以考虑进行频繁的检查和适当的遮蔽来进行解决。太阳直射会破坏橡胶组分,降低其弹性。消防泵站用来保护消防泵不受雨水、风、太阳及动物干扰的侵害。

20.4 地震带

易受地震影响的装置应当设置适当的消防设施。通常根据当地法规进行,主要考虑管道工程的支撑、消防泵基座和控制面板的安全。消防泵站应当十分牢固以防止消防泵或分布管路坍塌。

20.5 勘探作业(陆上和海上)

探井作业主要考虑在钻井作业时井喷的可能性。井喷是井口压力失去控制导致的。通常正在进行钻井作业的井口压力需要通过钻井泥浆进行控制,钻井泥浆的重力与井中油气的上升压力相抵(例如正在钻探的储层)。当泥浆流动中断时,比如通过循环损失(例如钻杆、循环泵失效等),则钻机设备和人员之间的唯一阻隔是一堆阀门——称为防喷器(BOPs),可以阻隔油气压向油井的压力,一般在34.5~68948kPa(5~10000psi)之间。理论上,只要井内压力小于防喷器密封的额定压力并且防喷器能及时、正确发挥作用,防喷器就可以阻隔上升的压力。

在进行钻井作业时,地下井喷仍然可能发生。当泥浆控制发生问题时,储层流体开始从一个地下区域流到低压区域,地下井喷就会发生。因为流体损失发生在地下,因此被认为是地下井喷,对其进行评估和调整就更加困难和复杂。

钻井泥浆是一种重晶石、黏土、水和化学助剂的混合物。最初,在勘探初期,钻井泥浆是在得克萨斯州、阿肯色州和路易斯安那州的河床上获得的用来修复钻井工地的。泥浆被从泥浆池泵入钻井管路中用以钻井润滑、去除粉屑和维持压力控制,离开钻头后,钻井泥浆从井管钻孔的环隙循环到地表后去除颗粒物后被重复利用。通过调节进入钻堆间的钻井泥浆的质量,可以对钻井井口压力进行有效的维持。天然生长的重晶石相对密度为4.2,8lb或9lb的钻井泥浆被认为是轻泥浆,而18lb或20lb的钻井泥浆被认为是重泥浆。由于重泥浆包含了大量的重晶石,比轻泥浆贵,因此钻井公司尝试在钻井时使用最轻的泥浆。理论表明,在原油流出或流经油田时,较重的钻井泥浆可能会堵塞油田的毛细孔造成油田的地层损害。有时油田地层损坏也可能会造成井喷。

井喷防喷器可以切断潜在的井喷流动。在所有的钻井作业中,通常在油井表面的管道中存在三个孔洞或管路-导管、井壁管和钻杆。钻杆实际上是空心的,内管外部嵌套两个外管,它们其中的任何一个都可能成为钻井时油气的出口。环形防喷器是枪管状的阀门,位于防喷器堆栈中的一个或多个其他防喷器上,它可以封闭油井的环形区域-钻杆和内部孔洞的空隙,也可以封闭没有钻杆的油井。当油井开始"颤动"但没有井喷时,环形防喷器允许像钻井泥浆这样的流体通过,将其压入钻洞用来控制压力,防止其他物质喷出。处于环形防喷器下的井喷防喷器被称为闸板防喷器,使用压制在一起的大型胶面钢板来封堵油井。闸板防喷器与环形防喷器相比可以抵挡更高的压力,可以作为井喷的第二道防线。现在使用的还有一种封堵无套管钻孔的全封闭防喷器闸板和封堵钻杆孔洞的管子闸板,以及将管路切断的剪切氏闸板。由于剪切氏闸板会将钻头切断并将其送入孔洞底部,因此使用该种防喷器是最后的选择。油井防喷阀通过实际安装在远离油井的蓄压器进行液压操作,启动用的控制面板在钻井操作或其他情况(例如海上平台)上是现成的,在其他关键紧急控制点上要配备备用启动面板。

最常见的导致油井失控并井喷的原因是泥浆控制操作不当和系统故障导致的井喷防御体系失效,例如缺少检查和维护。

一旦油井火灾发生,最好是让油井持续燃烧直到油井自身能够被封堵或堵塞,或直至用于阻止井喷的减压井连通,以减轻爆炸的危险和污染的风险。临近的暴露源,尤其是其他油井,如果是特别靠近着火油井,应当进行冷却。研究机构和运营公司的检测结果显示若井喷时水喷雾立即喷洒在油井上方而不是下方时,油井事故的着火和热量辐射强度会大幅度减小。图20-1显示的通常测试分析结果表明最有效的水喷雾喷嘴的几何结构是可以提供平行于火焰轴向方向水雾的喷嘴结构,这个方向的调控是基于水和气体的质量流量比值而确定的。

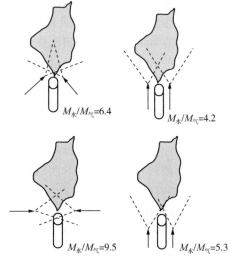

图20-1 油田火灾中喷雾设置方式变化的相对有效性

20.6 管线

跨州管道是一种经济性高的液化石油气产品的运输系统，这种系统也存在一些固有的安全风险，需要在设计、布线和建造前进行检查。为进行风险分析，管道应当被认为是无流量限制的细长压力容器，通常包括大量的高压易燃物质。全部管道的损坏不太可能，管道中损坏的那部分通常是容易被更换的。管道的主要风险在于它们泄漏后对周边区域的污染和对设施、商业干扰及环境的影响。为了维持充足的保护措施去防止风险，适当的选址、防护能力和完整性保护措施是应当具备的。对于危险液体和气体传输管线，管线的主要故障原因是腐蚀、材料/焊点失效和挖掘损坏。

运输管线经常毗邻或穿越住宅区、商业区、农田和工业设施。在这些区域，人们与管线的接触时间增多。许多传输管线安装在该位置已有数十年，通常早于周围环境的发展。现有传输管线中许多部分的建造初衷是在人口稀少的区域使用，但随后人口增长使一些地区变成人口众多的发达区域，伴随有不断增加的住宅、学校、购物中心、商业区等，同时经济的发展需要制造更多的管线来满足人们对能源需求的增长。

除了增加的住宅、商业区和学校之外，其他方面的发展也在继续，越来越多的人口要在输送管线的附近居住、工作和购物。类似的，随着对能源需求的增长，在现有的发达区域需要建造新的输送管线。因为这些预计的趋势，地方政府渐渐需要考虑土地利用规划以及传输管线附近的发展。

根据泄漏物质及周围环境的不同，管线泄漏的潜在后果不同。如果存在点火源，气体的泄漏会立即造成泄漏点附近发生火灾或爆炸，在泄漏停止后气体消散，危险会在相对较短的时间内降低。当管线中存在硫化氢等有毒气体时，毒性效应在距离管线较远处就可以感觉到，该距离要远大于火灾和爆炸的影响区域。当蒸气在建筑物内积累时，危险时间延长，还有一种可能性是蒸气云的运动可能造成其远离初始泄漏点。泄漏点附近的结构及地形因素会成为障碍物，阻碍泄漏物向附近其他区域扩散。

对特殊位置处的管线的泄漏进行潜在后果评估时，应当基于管道及其所处的特殊位置开展评估，包括如下四点：

1）哪种或哪些物质会泄漏？

2）运输物质可能会泄漏多少？这个问题的答案随着管线位置、物料流量、泄漏检测时间、管线停止时间、流失体积和其他技术性因素的不同而不同。

3）泄漏的物质会去哪儿？这个问题的答案取决于泄漏的物质、泄漏体积、潜在的越过陆地和水源的流动路径，以及潜在的气体扩散。陆地上的流动受到一些因素影响，例如气体或液体性质、泄漏区域附近的地形、土壤类型、附近的排水系统和障碍物等。类似地，泄漏物在水中的流动受到水流速率和方向以及泄漏流体的性质影响。气体扩散会受到泄漏蒸气的性质和风向、风速的影响。

4）哪些区域会受到影响？这个问题需要考虑包括火灾的热影响、爆炸造成的超压、毒性和窒息影响以及环境污染在内各类因素的潜在影响。当进行这些评价时，计划的疏散路线也应当被考虑在内。

可以使用商业软件及程序评估和预测管线泄漏对附近区域的影响。这些模型的分析基于如泄漏体积、陆地或水域的泄漏路径、气体扩散图、泄漏对人体的影响、性质和环境等因素分析。这些模型中的关键因素在于保证输入数据是正确可用的，同时保持泄漏尺寸和风等因素假设的一致性。

20.6.1 主管道安全特点

选址：输送大量物料的管线系统的优选布置方式是将其埋于地下，这增强了对管路的保护，可以抵抗陆上事件的影响。这同样适用于海上管线，因为捕鱼船拖锚过程中会对暴露在海底的管线产生影响，这已经造成了许多事故。基于物质、压力、泄漏开口、风影响的管线潜在的火灾、爆炸、有毒蒸气暴露半径是容易被计算的。从这些计算结果可以定义一个影响区域，区域内通过风险确定的保护措施可被评估。

隔离能力：所有的管线应该在设施的进出口处能够被紧急隔离。海上设施可能更容易受到管线事故的伤害，就像 Piper Alpha 事故灾难那样。在此次事故中，造成灾害的决定因素是由于火灾爆炸造成顶部隔离阀或管路失效以致气体管线中的组分上升至平台，更进一步的隔离方式（即海底隔离阀）无法被使用。

完整性评估：在首次安装之后，需要对管路系统的焊接接头和法兰接头处检查其是否会发生泄漏。焊接接头通常通过 NDT 方法进行检测（如 X 射线或染色渗透液）。根据检测方式，管线通常被进行液压或气压检测。通常将管路按法兰接头分割为段进行检测，一旦开始检测，受检测部分底端的管口盖板会被移除。为了操作启动，被检测部分也会被永久的连接。这种检测方式会遗漏一些未被进行完整性检测的法兰接头，很有可能在系统启动时成为泄漏点。一旦操作开始，管线容易受到腐蚀或侵蚀，必须定期进行厚度确认以定义其可接受的使用期限和采用泄漏或破裂的预防措施。这样看来，在管路中每隔一段距离设置隔离阀并不如预防措施如厚度检查或测试划算。

20.6.2 管线失效原因

对于危险液体和气体传输管线，主要的管线失效原因是腐蚀、材料/焊点故障和挖掘损害。对于危险液体管线设施（泵站、储罐设施等），最可能的故障原因是设备故障、不正确操作和腐蚀。对于气体传输管线设备（压缩机站、调节/计量站），占比较高的事故是设备故障、外力破坏和自然力破坏，但是占比最高的事故是由于"其他"原因。该目录中收录的事故都是原因不明或者原因不能归于已经定义的故障原因中。收录在其他原因目录中的气体运输事故包括一些由于压缩机站设备失灵造成的泄漏。

对于严重事故(如包括死亡或受到伤害需要住院治疗),挖掘破坏、不正确的操作、外力破坏和"其他"原因都是危险液体和气体输送管线发生事故的原因(虽然任何目录下的事故数量都很少)。腐蚀、材料/焊点故障和设备故障是所占比较低的危险事故原因。

目前,腐蚀是造成管线事故最严重的危险因素。对于运输危险物质的所有管线有必要进行充分的腐蚀检测。较老的管线,可能存在水或其他腐蚀物质,在提高温度后进行操作与其他管线相比更容易发生腐蚀故障。

其他管线失效通常由于第三方施工或自然危险。海上管线容易受到船只浮锚的拖拽,而陆上管线容易受到建设或道路修整作业中运土作业的影响。有时,移动设备可能会直接冲击或损坏一条管线。

20.6.3 历史管线事故

过去二十年(1999~2009)间美国危险液体管线事故的历史数据显示每年重大危险液体管线事故的数量呈下降趋势;其中,大约有近3%的重大危险液体事故包括死亡或受伤被列为严重事故。数据中的死亡和受伤人员包含了公众和管线操作人员。

过去二十年(1999~2009)间美国气体输送管线的事故历史数据显示,每年的天然气输送管线重大事故数量呈现全面增长的趋势。一个主要的原因是2003年、2005年、2006年和2009年的气体输送管线重大事故数量相对较高。在2003年和2006年,事故数量较高的主要原因是物质和焊点失效引起的事故数量较多(2003年15件、2006年16件,而1990~2009年平均每年8件)。在2005年,相对较高的事故数量反映了自然灾害对管线造成的伤害——卡特里娜飓风和丽塔飓风(由这个原因引起的事故有11起,而1990~2009年期间平均每年8起)。在2009年,相对较高的事故原因包括材料和焊点失效和设备故障。平均16%的重大气体输送管线事故包括死亡或受伤,并被归于严重事故中。这些数据中的死亡和受伤人员包括公众和管线操作人员。

20.7 储罐

从1960年到2003年间,世界范围内共报道了242件油罐区事故。从这些事故的分析中可以发现最常见的事故原因是雷击,其次是维护经验缺失、破坏、裂缝、泄漏或管线破裂、静电和明火等原因。从2005年到2013年,共有六件大型油罐区事故(2005年英国邦斯菲尔德事故、2009年斋普尔印度石油公司事故、2010年中国NPC事故、2011年美国佛罗里达州迈阿密机场事故、2012年委内瑞拉的艾姆威炼油厂事故、2013年哈吉拉印度石油公司事故)。

石油和石化工业中使用三种通用类型的地上储罐。分类是根据服务对象和内容物的闪点来进行的。这些储罐包括固定顶储罐、外浮顶储罐和内浮顶储罐。

固定顶储罐：该种储罐包括一个圆柱形基座和永久连接的圆锥形顶部，通常储存高闪点液体。圆锥形顶部减少了油气的环境排放，并且提供了附加强度以允许比大气压力稍高的存储压力。这种储罐通常在顶部与罐壳连接处存在薄弱的接缝，这会使得罐顶在内部爆炸中分离，使罐壳得以完整的保存内容物，任何产生的火灾只会发生在暴露的易燃液体的表面。

外浮顶储罐：具有敞口圆柱形底座和浮在内部液体表面并随着储罐操作而上下浮动的浮筒式顶部。罐顶与大气连通，浮顶四周具有机械密封或管式密封用来密封暴露的液体表面。这种设计排除了储罐内的蒸气，有效地减少了产品蒸发带来的损失。像石脑油、煤油、柴油和原油等具有中等闪点的液体存储在这种储罐中。

内浮顶储罐：在内部浮顶储罐之上存在一个永久固定罐顶。这种设计可防止有毒气体泄漏到大气中，通常应用于极易燃液体的存储。

储罐及其附属设备的安全建造、材料选择、设计、操作和维修可以参照API、ASME、NFPA和其他国际标准及保险指南。这些标准涵盖了储罐选择、通风、位置、间距、给排水、消防系统、静电/接地和雷电保护等的损失防护措施。另外，储罐设计和安装的风险评估会增强其安全性。图20-2定性显示了储罐风险的鱼骨型框架。

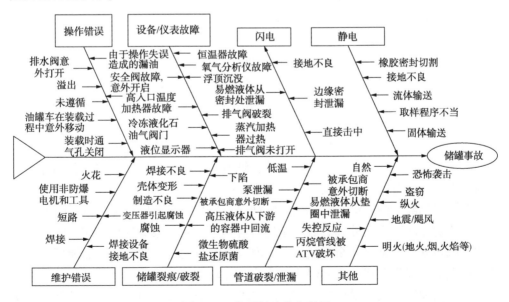

图20-2 储罐风险的鱼骨图

20.8 装卸设施

装卸是化学工业中最危险的操作之一，这些设施代表了工艺中的战略要点。若失效，则可能会对设施的整个操作造成不利影响。管路运输是物质运输的最佳方式，但是不适用于小流量运输或跨海运输。装卸设施中最常见的危险是装填过满、可燃蒸气的泄漏和置换、静电积累、传送设施和运输工具（船只、驳船或卡车）的碰撞。

装卸操作的主要安全考虑特征包括：

1) 与其他设施的距离；
2) 紧急关闭与隔离能力（ESD：阀门、按钮、控制器等）；
3) 防止装填过满的措施（流量计、液位计等）；
4) 装载设备的结构完整性（管道应力、风力、负载等）；
5) 静电耗散和机架接地（流量、材料、粘合/接地）；
6) 连接软管和装载臂的完整性；
7) 对灌装桥台受到装载集装箱（船只、卡车）的冲撞进行的保护措施；
8) 固定防火措施（检测和灭火）和手提式灭火设备；
9) 安全进出口、热保护、滑移和坠落保护；
10) 船只、轨道车或卡车车辆安排、检车和等候区域；
11) 装载人员的培训和取证；
12) 个人保护设备和洗眼液/安全喷淋；
13) 溢出物质的存放和清洁；
14) 应急预案（警报、公告、政府协助）。

装载设施应该设置在运输过程中运输车辆不暴露于其他工艺设施中的位置处。所有手动装载设施应该提供自封闭阀门。所有设施都应该考虑物流的紧急隔离方法和传输泵关闭方法。

首先，最主要的保护区域应该集中在产物传输区域的固定设备、最有可能的泄漏点或溢出位置，包括装载臂、软管、管道连接和传输泵。固定设备的保护能够保证事故后设备的快速启动，降低对商业的干扰。其次，应该保护运输交通工具（船只、铁路槽车或卡车），其中最重要的是可能带来大量经济损失的大型货轮。一些货轮的巨大尺寸和装载安排使得对其进行完全保护变得不切实际。船只事故的风险分析通常表明全部船只立即卷入火灾中的可能性较低，而泄压装卸作业时可燃蒸气聚集造成的内部爆炸的可能性却较高。

对船只和轨路装卸设施的最实际的保护方法是通过使用固定式消防炮。由于卡车装载站台的卡车以及可能的液体溢出量相对较小，通常为其提供架高式泡沫水综合区域密集喷淋系统，同时在泄漏处增加喷嘴。一些卡车装载设施会使用大型固定化学干粉系统以应对水源不足的情况。

20.9 海上设施

海上设施与陆地设施相比完全不同,这是因为海上设施的设备是隔离在隔室内或位于复杂的平台上的。海上设施的关键问题在于人员疏散以及风险评估没有考虑到的全部资产损失的可能性,需要对人员生命安全和财产保护进行全面的分析。这些分析应该与特定设备的危险等级相匹配,无论是暴露的人员、财产损失或环境影响。无人钻井平台可能只需要检查关闭钻井、流线保护和平台船舶碰撞的有效性即可,而有人钻井和采油平台需要开展最广泛的分析。通常海上设施最高等级的危险是井喷、运输工具的影响和工艺异常。当钻口或管线与设施间的连接不完全隔离时,大量的燃料存储可能会造成事故。

20.9.1 海上直升机甲板

海上设施的直升机甲板通常设置在海上装置的最高点以便为直升机起降提供必要的空间,因此生活区的屋顶通常被作为直升机甲板的最佳位置。这个位置接近人员密集区域最高处而有利于人员的疏散,然而除了增加了一条海上设施逃生的通道外,但同样会暴露在许多危险之内。生活区成了直升机碰撞或撞击、燃料泄漏及直升机燃料储仓和转输设施事故的多发地。

由于与飞行甲板操作有关的固有危险,应为其配备不少于 20min 供给能力的泡沫炮。该泡沫炮应该布设于可覆盖甲板的三个方向,同时,泡沫炮应该低于甲板高度且带有热辐射防护屏。近年来,随着科技进步,将飞行甲板与防火系统结合在一起,称为甲板综合防火系统(DIFFS),是通过在甲板表面启动水雾喷嘴来实现的。甲板综合防火系统的详细信息见第 19 篇。

飞行甲板与生活区房屋间应留有一段高度以保证燃料泄漏时蒸气可以扩散。若直升飞机的燃料装载和存储位置靠近住宿区域时,要保证紧急情况下可以投弃或处理掉油罐。

20.9.2 浮动式海上勘测和生产设施

浮动式海上勘测和生产设备有时把产物处理容器设置在自升式钻塔、半潜式船只或原油运输油轮上。这些设备本质上与固定的海上平台或设施相同,它们只是停泊在海上或使用临时支撑结构,而不是海上平台所用的固定海底支撑结构。该种设备的火灾和爆炸风险与海上平台相同,另外需要设施漂浮力的维护。如果火灾或爆炸造成了平台漂浮力或稳定性减少,整个设施就会处于下沉的危险之中,因此在这种情况下必须提供充分的区域化和完整性保障。

20.10 电气设备和通信室

所有的工艺设施都包含电源和通信设备对操作进行控制和管理。由于电源和通信室需要靠近工艺流程区域，因此这些设备通常位于保密区域。这些设备通常都带有压力，以防止危险蒸气或气体进入并可以保证设备内部为非带电环境。

在靠近易燃材料的受限空间处应该考虑在进气口设置可燃气体探测仪。因为当装置处于最坏可信事件(WCCE)还未完全发生的距离之内时，这种设置显得非常重要。另外一种选择是安装空气自循环调节系统以避免外界新鲜空气直接进入设施内部。这种设施一般都是无人操作设备。

开关设备和工艺控制室需要配备烟雾探测器，需符合 NFPA 850 发电厂和高压直流变电站的防火演练和 IEEE979 变电站防火指南。火灾报警器的启动应该可以切断空气调节系统。如果设施对于连续过程操作特别关键，应该考虑配备固定灭火系统。

电气断路器设施有时会出现称为"电弧"现象，主要是由于不正确维护操作或灰尘聚集使潮湿环境出现了一个导电通路，导体间高电流持续放电现象产生了非常明亮的光和密集放热。由于强放热会引起重度烧伤和熔融金属喷溅，危险区域内的电弧会对人体造成致命的危险。电弧也会产生危险噪声和压力，并且由于对绝缘布线的弯曲损害，同时对人体也存在潜在的吸入性伤害。电弧释放的热量由电弧电流强度、电弧持续时间、工人与电弧之间的距离、导体布置和周围的环境有关。过去事故扩大超过初始电弧环境的主要原因在于这些设施上的不可燃物质。在这些环境中对人体的主要保护是在工作服中填充充足的热保护耐火面料。NFPA 70E 工作场所的电气安全标准，以及被推荐的电击危险分析和电弧危险分析(AFHA)被用来确定操作是否采用了预防电气危险造成的伤害的措施。

20.11　油浸式变压器

装有可燃油的变压器具有火灾危险。按照 NFPA 70 国家电气规程、NFPA 850 发电厂和高压直流换流器操作建议以及 IEEE 979 变电站防火指南要求露天变压器与临近的物体间要有充足的间隔或采用 2h 防火墙隔离开来。预制混凝土墙板或混凝土砌块制成的防火墙是上述情况下性价比最高的防火墙。

NFPA 850 标准 7.8.6 部分要求若发电厂的油浸式变压器主体、站点服务和启动变压器不能满足防护墙隔离或火灾屏障要求，应该使用自动水雾或泡沫喷雾系统进行保护。另外，发电设备的变电站和户外配电装置以及油浸式设备的使用应该考虑使用消防栓进行保护，而电力传输装置的关键变压器应该采用水喷雾进行保护。

对于泄漏物应该提供充分的封闭和脱除设备。变压器一旦发生泄漏应该立即将其排入覆盖有碎石的盆地或排水系统进行收集，防止泄漏液体暴露后蒸发进而引发火灾。

20.12 电源室

电源室在进行工艺控制时提供备用和不间断电源(UPS)，通常位于或靠近设备控制室或电气开关设备。电源室应该装备有通风设备以限制氢气的体积分数在1%以内，更多的信息见 ANSI/IEEE 484 发电站和变电站内安装设计大容量铅蓄电池的操作规程。

典型的行业惯例是在电源室的排气系统提供防爆风扇，对排风管道和排气孔附近 1.5m 半径范围内区域作为一个分区。

电源室的排水规范规定流体应该在进入油污废水管道系统(OWS)之前首先被收集到中和罐内，以防止电池酸液污染下水管道和环境。

当使用封闭电池和废旧电池时，将不需要遵守这些要求，因为没有自由氢会被释放出来。

由于电池本身具有可燃性以及含有有限数量的布线或充电装置，因此选择电池时需要考虑电池要具有一定的防火能力。火灾事故的发生的可能性较小，但历史证明氢气的积累(可能是由风扇失效或电池过度充电导致)和小房间爆炸很可能会发生并造成房间内的物品破坏。

20.13 封闭涡轮机或气体压缩机

涡轮机和气体压缩机通常完全由制造商装配在隔声罩内。因为设备是封闭的且手动气体供应，因此涡轮机和气体压缩机成为会发生气体爆炸和火灾的主要潜在设备。最明显的会造成瓦斯聚集的原因是燃料发生泄漏。其他较少发生的是由于润滑失效，造成设备过热，引起后续的金属疲劳和分解。一旦金属发生分解，燃烧室的热量会沿着碎片传播，并且转动装置会由于惯性力抛出弹射物。

大多数密闭空间会装备有高效室内空气冷却系统，同时帮助消散任何气体泄漏。密闭空间内部和排气口都装有易燃气体检测器和固定温度检测仪。

密闭空间中防止气体爆炸的主要方法是通过气体检测和氧气置换或惰化。二氧化碳或清洁制剂灭火系统一直被用作惰化和灭火制剂。这些制剂在室外合适的位置存储，应用于对应的危险中。一旦事故发生，紧急停车信号(ESD)会切断涡轮机的燃料供应，ESD 燃料隔离阀的完整性保护是十分重要。

在涡轮机和空气压缩机之间应该备有耐火一小时的防火墙或充足空间。隔音罩内的放喷板也会减小爆炸带来的破坏。虽然强化隔板会防止弹射物喷出，但安装成本、低事故发生率和低人员暴露周期都致使这个防护措施成为一个高成本低效率的改进措施。

20.14 应急发电机

过程工业中应急发电机可作为重要和关键设备的备用电源。主要设备的火灾危险源于燃料的使用和存储。另外，由于这些系统在大事故中经常使用，因此必须保护其不受火灾和爆炸的影响，可以通过较远距离或适当的爆炸阻碍防护围栏来实现，其保护能力需要在发生最坏可信事件（WCCE）时保护所有的设备。

20.15 换热系统

换热系统通常利用可获得的化工生产过程热量以达到节约热量扩大其利用率的目的，可利用热量对燃料进行预热或用于发电厂的热回收。它们通常被认为是主要生产过程的次要过程供给系统，但可能会非常关键，因为如果不能恰当的设计，可能会造成单点失效。

大多数换热系统是闭合环路设计，将传热介质在加热器和换热器之间进行循环。工艺上使用循环泵和调节阀来控制流量。传热介质通常是蒸汽、高闪点油或炼油厂使用的易燃液体和气体。与其他介质相比，蒸汽是一种较安全的介质。当没有蒸汽供给时，有时会使用高闪点油（有机的或合成的）。

对于油品系统，通常指的是热油系统，有时会在高架储罐中设置蓄水池。热油系统的火灾危险包含循环油的温度、传输泵的位置和蓄水池的保护。循环油可能被加热到闪点以上，因此在系统中会更容易产生易燃液体，而不仅仅是可燃液体。这可能会使事情进一步复杂，循环系统（例如泵、阀门和管道）的温度可能最终达到可燃循环油（通过循环油的传导）的闪点以上，因此任何泄漏都会导致立即着火。

小型热油系统有时配有带泵和阀门的滑轨以及位于滑轨上的高架储罐。循环泵的任何泄漏都会危及滑轨和储罐的部件。循环泵的密封处通常是系统泄漏的源头。加热介质泄漏，通常是低闪点的碳氢化合物进入热油系统，进一步增加了不可预料的火灾危险。这些泄漏会使闪点相当低的碳氢化合物冷凝，使得热油系统最终呈现易燃液体的特点，本质上产生了较大的火灾危险，近似于过程容器操作而不是自身安全的换热系统。如果怀疑存在泄漏，应该对热油样品的组成进行检测确认。如果进行了系统的脱气处理，泄漏应该被立即纠正。

如果系统自身对生产操作非常重要，泵可能会成最关键的组件。它们应该远离其他过程危险并备有典型的排水设施（包含边石、表面坡度、下水道通量等）。应该对储罐的坍塌风险进行分析以确定其对传热系统和周围设备会造成哪种影响，以确定使用的耐火结构方式。通常，如果储罐处于其他火灾危险之中或存储温度高于介质闪点温度，应该对其支撑结构进行防火处理。否则，对支撑结构进行防火处理可能不经济。储罐的设计容量应该进行考虑，并保持在最小容量。

20.16 冷却塔

在大多数过程工业中的冷却塔通常由可燃材料（例如木材、玻璃纤维等等）

构建而成。虽然塔内部会通过充足的水流，但是其外表面和一些内部位置仍保持完全干燥。在维修期间，大多数冷却塔也不进行操作，整个装置将会变得干燥。引起冷却塔发生火灾的原因主要是接线、照明设备、电动机和开关的电路缺陷。这些缺陷转而点燃了干燥可燃结构的表面。有时，可燃蒸气从工艺水中泄漏并燃烧，用来冷却易燃气体或燃烧液体的冷却水可能造成非同一般的危险。当冷却水压力小于材料被冷却的压力时，这个危险就存在了。气体或液体会与冷却水混合，通过冷却水循环管线进行传输，在塔分布系统中泄漏出来，随即可能被点燃。因为冷却塔被设计成高流速空气冷却循环，也会增加因电器过热点燃冷却塔可燃表面的可能性。

大部分的冷却塔火灾是由外部火源引燃的，例如焚化炉、烟囱或暴露于火灾下。冷却塔火灾也可能会对附近结构、建筑和其他冷却塔造成新的火灾暴露危险，因此预防这些火灾要主要考虑冷却塔与其他结构、建筑和点火源的安全距离、冷却塔的保护和非可燃结构的使用。

NFPA 214 标准为冷却塔的防火系统设计及冷却塔的保护措施提供指导，应该对可燃材料制作的冷却塔内部和可能的点火源（例如电动机）进行特殊保护。当冷却塔对操作十分重要时，通常会配备喷淋系统，否则也会安装软管卷盘或监控器。当冷却塔配备有喷淋系统时，必须采用高效防腐措施，因为暴露的金属表面是理想的腐蚀产生部位。

由于可燃材料的高火灾危险特性和喷淋灭火器的检查及维修带来的维护费用使得工业冷却塔中非可燃材料的使用趋势增加。

20.17 检测实验室（包含油或水检测、暗室等）

若实验室的可燃材料的数量符合 NFPA 的要求，实验室通常被归类为非危险区域。当使用暴露在外的危险材料进行取样和检测时，通常需使用蒸气收集罩。实验室主要考虑蒸气或气体的排出、存储和已经饱和吸收危险液体的材料的移除。电气分类区域应该考虑装有排气罩和管道，并应处于排气孔 1.5m 半径的范围以外。

20.18 仓库

仓库通常被认为是低危险区域，除非存储了高价值、关键或危险物质。仓库中被忽视的一些高价值部件通常是金刚石（工业级别）钻头或关键工艺控制计算硬件部件。在这种情况下，应该考虑并评估安装自动灭火喷淋系统的经济效益。

20.19 自助餐厅和食堂

大多数生产企业为职工提供食堂，通常在食堂冷却装置之上和排气室及管道中安装有干式或湿式化学固定灭火系统。当排气温度超过232℃(450℉)时，位于排气管道或排气室的熔丝连接将启动系统。手动启动方式不应该靠近烹饪区域，应设置在位于设备的出口路线上。火灾报警应该根据固定灭火系统的启动而启动，通往烹饪装置的电和气应该同时被自动切断。通风系统也应该切断以减少事故的氧气供给。灭火喷嘴上应该安装保护帽用以防止油脂或烹饪颗粒的堵塞。

延 伸 阅 读

[1] American Petroleum Institute(API). API RP 14G, Recommended practice for fire prevention and control on open type offshore production platforms. 4th ed. Washington, DC: API; 2007.

[2] American Society for Testing Materials(ASTM). F1506, Standard performance specification for flame resistant textile materials for wearing apparel for use by electricalworkers exposed to momentary electric arc and related thermal hazards. West Conshohocken, PA: ASTM; 2010.

[3] EDM Services Inc. Hazardous liquid pipeline risk assessment. Sacramento, CA: California State Fire Marshal; 1993.

[4] Factory Mutual. Property Loss Prevention Data Sheet 1-6, Cooling towers. Norwood, MA: Factory Mutual Insurance Company; 2010.

[5] Grouset D et al. BOSS: blow out spool system. In: Fire safety engineering, second international conference. Cranefield, UK: BHRA; 1989. p. 235-48.

[6] Institute of Electrical and Electronic Engineers(IEEE). IEEE 484, Recommended practice for installation design and installation of vented lead-acid batteries for stationary applications. IEEE; 2002.

[7] Institute of Electrical and Electronic Engineers(IEEE). IEEE 979, Guide for substation fire protection. IEEE; 2012.

[8] Littleton J. Proven methods thrive in Kuwait well control success. Petroleum Engineer International 1992: 31-7.

[9] National Fire Protection Association(NFPA). NFPA 37, Standard for the installation and use of stationary combustible engines and gas turbines. Quincy, MA: NFPA; 2010.

[10] National Fire Protection Association(NFPA). NFPA 45, Standard on fire protection for laboratories using chemicals. Quincy, MA: NFPA; 2011.

[11] National Fire Protection Association(NFPA). NFPA 69, Standard for explosion prevention systems. Quincy, MA: NFPA; 2008.

[12] National Fire Protection Association(NFPA). NFPA 70E, Standard for electrical safety in the workplace. Quincy, MA: NFPA; 2012.

[13] National Fire Protection Association(NFPA). NFPA 110, Standard for emergency and standby power systems. Quincy, MA: NFPA; 2013.

[14] National Fire Protection Association(NFPA). NFPA 214, Water-cooling towers. Quincy, MA: NFPA; 2011.

[15] National Fire Protection Association(NFPA). NFPA 850, Recommend practice for fire protection for

electric generating plans and high voltage direct current converter stations. Quincy, MA: NFPA; 2010.

[16] Office of Pipeline Safety. Building safe communities: pipeline risk and its application to local development decisions. Washington, DC: US DOT, Pipeline and Hazardous Material Safety Administration; 2010.

[17] Patterson T. Offshore fire safety. Houston, TX: Penwell Publishing Company; 1993.

[18] Pederson KS. STF88 A83012, Fire and explosion risks offshore, The Risk Picture. Tronheim, Norway: SINTEF; 1983.

[19] XL Global Asset Protection Services(XL GAPS). GAP. 17.3.4, Crude oil and petroleum products storage terminals. Stamford, CT: XL GAPS; 2001.

第二十一篇　人为因素和人体工程学的考虑

　　人为因素和人体工程学组成了石油化工工业中防止事故发生的关键因素。一些重大事故调查，如 1987 年得克萨斯州 Marathon 精炼厂事故、1988 年 Piper Alpha 海上平台灾难、1989 年飞利浦 66 聚乙烯工厂爆炸、1984 年墨西哥石油公司 PEMEX 液化石油气站场事故等都显示事故的主要原因是人为错误，或存在设计、操作、维修或安全管理方面的问题。一些安全理论和保险组织将所有事故中 80%~90% 的事故都归于人为因素，因此必须对人为因素和人体工程学进行检查以预防装置的火灾和爆炸事故的发生，历史事件也表明人为因素是主要因素，也是事故发生的基本或潜在的根本原因。人为因素包括可能带来或造成事故的设计者、操作者或经营者的行为。

　　人为因素和人体工程学关系到人员执行工作职能的生理和心理能力或局限性。人类存在一定的偏差和个人看法。偏差与接收信息的能力、理解信息的速度和执行个人活动的能力和速度有关。当信息复杂、不完整或过多时，会缺少理解信息和迅速有效应对信息反应的能力，因此有必要为所有由每个特殊任务组成的工作提供简明的、充足的以及相关的信息。这包括与紧急火灾和爆炸防火措施相关的活动。

　　态度反映了管理部门的领导能力，若企业文化和员工的个人特质不是积极的，可能会促进事故的发生。

　　应当意识到从事故中几乎不可能剔除人为错误，因此一个组织的现任领导者有必要提供额外的保护措施来阻止事故的发生。人们可能会忘记，在某些时候变得困惑，或对手头上的任务并不十分了解，尤其是当处于紧张情况和环境中时，因此在关键操作上应该将系统设计为十分安全，而不仅仅是故障安全。这种理念不仅仅需要应用于操作系统的设计上，也要应用于维修作业（历史上大多数灾难性事故都在此时发生）中。

　　人为失误或可靠性分析（HRA）可以用来识别可能会促成事故的点。人为失误可能发生在一个设备生命周期的所有方面，通常与设备的复杂程度、人机接口、紧急行动的硬件设施和操作、测试及训练的步骤有关。特定种类失误发生的可能性一般可被预测，见表 21-1。可以分析单个任务以阻止失误发生的可能性。从这些可能性中可以确定后果和特定失误的风险。

药物和酒精的影响也会促成事故的发生，对其进行严格控制或测试可降低事故发生的可能性。

表 21-1 人为失误的可能性

可能性	失误类型说明
0.1~1.0	包含创造性思维、不熟悉的操作、短时间或高强度的过程
0.1~0.01	疏忽失误，取决于情境线索和个人记忆
0.01~0.001	责任失误，例如操作错误的按钮、读取错误的显示/计量等
0.001~0.0001	平常任务中的规律性失误
0.0001~0.00001	离奇的难以想象的会发生的错误，发生在存在强大线索的无压力环境下的失误

21.1 人员态度

影响人为表现的最大单因素是人的态度。态度是心态、观点、文化影响和看待事物的方式。看待事物的方式在一定程度上是影响人的行为和表现的本质原因。较差的态度可能会造成失误并导致事故。目前许多组织致力于形成一个学习型组织——一直不停地学习新知识、技能、能力和态度的组织，KSA（Knowledge，Skills，Abillities，Attitude）。其中相当大的工作是增加我们的知识、技能和能力，结果通常使用"我们在哪儿"的图示通过关键成绩（KPI）指示出来。在 KSA 中，不容易看到或考核的因素常常是促进或损害学习组织的因素——这就是态度。为什么员工的态度这么重要？因为这是通向组织安全行为的途径。近来研究表明员工的成功因素有 85% 与行为特征有关，只有 15% 与技能有关。

一些更常见影响事故的行为的态度见表 21-2。

表 21-2 常见的影响事故行为的态度

态度	说明和结果
冷漠或漠不关心	懈怠、不关心、被动的、无警惕性的。这些态度对同事具有有害影响，进而可能影响整个组织机构
自满	自满的、舒适的。这发生在缓慢进行的事物中，工人会放弃警惕变得脆弱
敌对	生气或疯狂、准备吵嘴或打架、傲慢的、好辩的、有时候愠怒的。他们的视野变窄，变成无形危险中的受害者
无耐心	轻率的、匆忙的、焦虑的。失去耐心会让人们做出平时不会做出的事情，这会增加冒险心态，尤其存在来自同事的压力的情况下
冲动	无意识的或自我鼓舞的。这是一种冒险行为，是一种先行动后提问的态度
免受惩罚	没有惩罚和后果感，感觉不会发生在自己身上
免受伤害	认为自己战无不胜、是超人复合体。认为自己不会受到伤害，是一种不会实现的幻觉

续表

态度	说明和结果
疏忽	松懈的、怠慢的、不谨慎的。这会造成该做的事情没有做或故意地做了不该做的事情
自负	傲慢冒险者，可能会走捷径
裙带关系	组织结构中的家族亲戚会支持我，因此可以做任何事情都免受惩罚，其他人都怕受到惩罚而不敢行动
叛逆性	挑衅的、不服从的、破坏规则的、通常具有敌对的本性，难以共事
鲁莽	不负责任的、不值得信任或依靠，经常以自我为中心、冒险者
无所有权	在任何事情中都无个人利益，是有责任心的反面
拖延症	时常将事情拖至最后一分钟才去做，缺乏组织性和纪律性。这最终会导致无法在规定时间内做完事情

对待大多数上述态度的最好办法是提升组织机构内的有效安全文化。高层领导对积极安全文化的示范与员工参与证明了组织机构和个人在无事故环境的互惠互利。有时，主管发现他们不能一直直接影响员工的行为，规则可能失效，培训可能无用，但态度常常驱动人的行为。人们通过观察别人进行学习。员工态度反映了他们学到的东西。

员工可以通过他们自己的信仰来帮助改变每一个人的态度，他们展现出的态度趋近于他们的信仰。如果他们相信工作场所的事故可以避免，在工作场所的态度和行为将反映这个信仰。他们的态度反过来将影响其他员工的信仰，并且最后影响他们的行为。行为、言语和如何去表达会改变生活并且防止事故的发生，可以达到改变态度效果的组织机构是真正的学习型组织。

21.2 控制室的控制台

控制室的控制台是为正在进行的过程系统进行主要观察和给出命令的场所，对车间安全操作至关重要。正确显示、易于操作和理解是进行这些操作的要求。一般这些设施的主要问题如下所示：

1）观察失误：从显示窗口中读取了错误信息；
2）错误指示：读取了一项信息但错误地认为是另一项信息；
3）信息饱和：显示窗口中具有太多信息或者需要寻找信息；
4）报警饱和：同时提供了过多可能性警报导致操作者无法处理；
5）缺少预感：如果对"普通"数据理解不清晰，对满意过程状态的观察可能会导致对发展中故障的预见性变差；
6）操作失误：可能从较差的图形设计中读取了数据进而执行了错误行动。

控制室的监测仪一般通过电脑控制视频显示对工艺过程进行及时指示和控

制。为了减少失误频率，应该实施如下技术方案：

1）显示窗口中的所有设备应该提供名称和识别编号；

2）显示窗口应该被清晰地分割为各个区域，子屏幕显示更多细节或支持系统；

3）应该提供设备的颜色编码和状态；

4）设备的单独仪表读数可以汇总，并且在任何时候都能提供；

5）显示窗口应该能确认设备参数，例如泵操作，阀门位置等；

6）对警报等级程序进行规定，与一般警报相比，更重要的警报在窗口中要高亮显示；

7）操作警报的等级与工厂可接受程度应该一致。

21.3 现场设备

现场警报指示和控制面板应该布设在易于发现、易于接近的位置处。应急设备、过程控制/阀门和消防设备应该设置和安装在员工平均身高的高度上。这包含手提灭火器、消防栓的软管接头、固定消防软管卷盘、紧急关闭阀、紧急停止/静电放电按钮等。

21.4 说明、标记和识别

目前共有六种基本分类标志，如下所示：

1）消防标志：为防火和消防设备提供信息和说明（例如禁止吸烟、禁止开灯、灭火器区域等）；

2）强制命令标志：提供必须服从或遵守的说明或信息（例如禁止拍照、禁止停车等）；

3）紧急命令标志：在紧急情况下提供说明（例如火灾情况下的出口、集合地点等）；

4）警告标志：提供应该注意的预防性信息以避免可能发生的危险（例如噪声危险、危险物质信息提示、有毒气体标识等）；

5）禁止标志：用来禁止一个特定的活动（例如禁止使用手机、禁止大声喧哗等）；

6）其他标志：包含非关键特性的普通信息和不在上述五种目录的其他信息（例如：工厂安全事故统计、区域的信息/位置等）。

在应急系统上并不明显的操作装置或系统上都应该张贴指示标志，例如消防泵的启动按钮、固定泡沫系统等。应该在设置隔离方式的管路上用箭头表明流动方向，为消防栓、消防炮和消防泵泡沫发生室进行编号会增强这些设备的可操作性。为管廊支撑结构、管廊等进行编号也能在紧急事故中帮助识别位置。控制面板标签应该具有一定说明而不仅仅是编号。

警告和指示标志以及说明应该优先采用本国语言，并且简明、直接，同时应该避免术语、俚语和方言的使用，与描述语言相比，缩写更常用易懂。英语已经在世界范围内被使用，西方石油公司通常使用英语作为标识语言。

标签应该尽可能精确，不能扭曲信息。标签应该清晰，不应使用商业名称、公司标志或其他不能直接包含在所需功能内的信息。

如下是石油和化学工业中关于标签可能面临的问题：

1）标签残缺、磨损或丢失；
2）使用相似名称，可能使人困惑或误导别人；
3）提供的标签不易懂；
4）标签形式不统一；
5）标签（例如设备）不按照顺序或逻辑进行编号；
6）标签印刷不正确，质量不合格；
7）标签安装位置不容易被人看到；
8）对于提供的科技信息（例如 HMIS 材料系统的危险等级，会造成数值等级的不统一性）没有统一的国家标准。

21.5 颜色和标识

21.5.1 颜色

工业界已经认可了标准颜色以进行危险、安全装备标记和典型设备的操作模式的识别。这个惯例已经被编入标准和规定中（参照 OSHA29 CFR1910.144），在国际范围内用来进行设备的识别见表 21-3。

表 21-3 颜色编码的应用

颜色	应用
红色	停止机器的按钮或电动开关
	机器的紧急手柄
	控制面板、警示面板或设施内的危险指示灯
	防火设备和系统（例如消防栓、软管卷盘、警报点等）
	停止状态
	静电释放启动器和阀门的识别
	障碍灯
	危险标志

颜色	应 用
橙色	警告标志
	机器的警戒标志
	风向袋
	个人漂浮设备和救生艇
黄色	警告标志
	高亮的物理危险(例如黄色和黑色条纹、危险警告标志)
	易燃液体存储柜
	装有腐蚀性或不稳定材料的标记
	警告状态
	交通或道路标志
绿色	安全说明和安全设备位置标志
	安全设备标志(例如担架、急救药箱)
	紧急出口和疏散路线的标志
	一种操作状态下操作面板显示的一种安全状态
	安全淋浴和洗眼器
	电气接地导体
	安全或可接受的状态提示
蓝色	通知标志
	公告、新闻和指导性标志
	强制操作标志
	硫化氢警示指示灯
白色	道路标志
	医疗或灭火车辆

紫色、棕色、黑色和灰色并不是安全用色。特定的颜色编码也被用在警报面板指示器、管路、压缩气缸、电线、灭火器温度计等的识别。应当注意，一种设备和另一种设备(例如管路和塔)的颜色编码可能是不一致的。

同时，特定颜色指示灯、控制台显示器或按钮可能会造成轻微的混乱。工业上通常应用红色作为危险状态的指示(例如操作一台泵)，而交通信号红灯的红色代表停止。红色也作为 ESD 按钮的颜色。字面意思显示这是一个矛盾的意义。如果心中存在所有危险对比安全的意义，颜色就含有更多的关联性。NFPA 79 提供了一个特定颜色的意义，不过这对于初到工厂的人员可能会引起些许困惑，例如红色在高亮色彩中的代表意义。

21.5.2 编号和标识

生产过程仪表显示器应该按照各自使用顺序或职能关系进行排布，要进行分组，可能的话视觉上要从左到右，从上到下进行排布。

过程容器和设备应该配有30m(100ft)开外可以清晰看到的标识。标识要能够从常规位置观看设备时可见并使用对比色进行标识。标识通常由设备标识编号和设备通用名称组成，例如"V-201，丙烷缓冲罐"，这在日常和紧急情况下是有利的，因为远距离装置的快速辨识是十分重要并且必要的。

21.5.3 噪声控制

设备发出的高分贝噪声会造成设备附近人体听力的损伤，引起当地社区的厌恶，干扰紧急警报和指令的通告。噪声主要来源于转动设备(泵、压缩机、涡轮机等)、空冷器、炉子或加热器、通风口和喇叭等。在紧急状态下，由于无适当减噪措施的卸压、降压、排空和火炬系统在最高负荷下工作，会产生相当大的噪声，与此同时可能还伴有工厂警报声和紧急车辆鸣笛声。

距离是减少噪声的主要因素，在工厂的最初布局中就应当考虑距离的合理性。设备采购中应该考虑所能接受的噪声等级。当噪声已经不能通过改变设备材料来降低时，应当选择合适的消音设备(例如密封)。当环境噪声等级超过了紧急警报信号或声调时，受影响区域内的所有部分应当配有闪光灯和指向标。闪光灯的颜色应当与设备采用的安全警示颜色相一致。

21.5.4 恐慌

在紧急情况下，人们可能会发生恐慌或非理性行为，这是陌生、混乱和惊慌的结果。恐慌对个人的影响具有多种方式。个人恐慌是由于特定的个人反应而发生，可能不会引起别人的恐慌。恐慌可能会加剧爆炸的后果，阻碍人们做出正确的反应，对人们的影响方式如下所示：

1) 在控制事故或减小事故时，它可能会造成不合逻辑或犹豫不决的行为，例如开错阀门或不能激活紧急控制程序。

2) 人们可能选择了错误路线妨碍了逃生，不能有组织有秩序的疏散等(近来研究表明在火灾事故疏散中，人们并不会争相逃生)。

3) 它可能造成人们极度活跃，频繁呼吸会加剧刺激物或有毒气体的影响。

4) 个人需要进行紧急制动时可能会失去行动能力或不能做出果断决定。没有果断行动，人们将会屈服于事故带来的不断增加的影响中。

训练(比如频繁的真实应急演习)、明确任务(应急预案概述)和个人意识是防止或减少恐慌的途径。职工应该被训练使用书面应急预案应对所有可能的紧急事件。对紧急事件及疏散的常规训练和工厂及政府的支持机构应该使员工熟悉紧急事件、紧急设备的位置、缓解关注点和疑惑。后续训练会对解决可能出现的问题有帮助。机制可以自动化(例如紧急呼叫系统),一旦紧急事件发生,可以减轻人员压力,减少人员错误的发生。

21.5.5 安全

不幸的是大多数装置,尤其是石油生产设备,已经成为政治/宗教极端主义分子的目标。许多恐怖主义活动针对这些设施进行开展,或为了某种意义的开展,或真正想要将其摧毁。另外,工业生产也是劳资纠纷容易产生的地方。

在2007年,美国国土安全部(DHS)发布了化学设备反恐标准(CFATS),目的是鉴定、评估和保证高风险化学设备的安全有效性。标准包括设备进行高于阈值的化学品操作时需要提交安全脆弱性评估(SVA)以供DHS进行审查和根据设施安全计划(SSP)进行批准。另外,公司内部的程序即使是保密的,也应当进行授权以对这样的风险进行识别和评估。API和AICHE已经发布了安全检查的指导方针,在某种程度上类似于安全质量风险评估。检查的第一步是进行威胁分析以识别最适用于这个设备的风险以及容易作为打击目标的位置。风险分析可以识别风险的源头、可能的结果、敌人的目的以及风险发生的可能性,考虑敌人的动机和能力以及目标吸引力。通过SVA确定风险后果和保障措施。

与火灾和爆炸防护方法相似,安全措施通常也是分级的。

21.5.6 对宗教职能的适应

在世界上某些地方,每天可能进行多次宗教活动。这些宗教活动需要在个人活动最近的地点进行,且必须是受人尊重的,要配合设备值班人员的时间。通常,设备布置在哪儿,宗教活动就在哪儿进行,通常需要提供特殊的处所(例如清真寺)。安排这种宗教处所主要考虑的问题是:它不能影响设备的操作,不能设置在危险区域(例如装置区)范围内,需要被隔离或远离爆炸或火灾的影响。通常做法是将其安置在设施的围栏和大门之外。

延 伸 阅 读

[1] American National Standards Institute(ANSI). Z535.1, Safety colors. New York, NY: ANSI; 2006.

[2] American National Standards Institute(ANSI). Z535.2, Environmental and facility safety signs. New York, NY: ANSI; 2007.

[3] American Society of Mechanical Engineers (ASME). A13.1, Scheme for the identification of piping systems. New York, NY: ANSI; 2007.

[4] Center for Chemical Process Safety. Guidelines for analyzing and managing the security vulner abilities of fixed chemical sites. New York, NY: American Institute of Chemical Engineers(AIChE); 2002.

[5] Center for Chemical Process Safety. Guidelines for preventing human error in process safety. New York, NY: American Institute of Chemical Engineers(AIChE); 1994.

[6] Instrument Society of America(ISA). RP 60.3, Human engineering for control centers. ISA; 1986.

[7] National Fire Protection Association(NFPA). NFPA 79, Electrical standard for industrial machin-

ery. Quincy, MA: NFPA; 2012.

[8] Nolan Dr DP. Loss prevention and safety control: terms and definitions. Boca Raton, FL: CRC Press; 2010.

[9] Nolan DP. Safety and security review for the process industries, application of HAZOP, PHA and What-If Reviews. 2nd ed. Norwich, NY: William Andrew Applied Science Publishers; 2008.

[10] Nolan DP. Unsafe—What does it really mean? Loss Control Newsletter, Saudi Aramco, Dhahran, Saudi Arabia; November, 2009.

[11] Noyes J, Bransby N, editors. People in control: human factors in control room design. London, UK: Institution of Engineering and Technology; 2001.

[12] Occupational Safety and Health Administration (OSHA). US regulation 29 CFR1919.144, safety color code for marking physical hazards. Washington, DC: Department of Labor, OSHA; 1992.

[13] Perrow C. Normal accidents: living with high-risk technologies. Princeton, NJ: Princeton University Press; 1999.

[14] Salvendy G, editors. Handbook of human factors and ergonomics. Hoboken, NJ: John Wiley& Sons Inc. 2006.

[15] Stanton NA, Salmon P, Jenkins D, Walker GH. Human factors in the design and evaluation of central control room operations. Boca Raton, FL: CRC Press; 2009.

附录 A 消防系统测试

以下附录提供了过程工业中消防系统定期操作测试参数的通用信息(即泵、喷淋系统、消防水炮、软管卷、泡沫系统等)。更详细的信息可以在相关的出版物上找到,标准 NFPA 25 适用于以水为基础的消防系统的检查、测试和维护。

附录 A-1 消防泵系统测试

下面是一个通用的测试程序,可用于固定消防泵的流动性能测试。本程序的目的是为运营和工程人员提供基本的步骤和工程知识,以充分和有效地执行符合公司政策和程序的性能测试。明确且特别要求项目和阀门应酌情修订和修改此程序。该程序也应根据当地工作许可的安排和程序进行。

即便设备工作指令获得批准或许可,测试时间也应在所有设备得到适当管理下开展。在测试时,仔细观察设备并检查是否存在异常和可能导致失效的迹象。操作测试区域仅限测试人员停留。

每年正常的消防演习和标准都推荐采用消防泵测试来确定业绩水平。在过程工业中,常见的做法是通过预测设施的流动性能来为维护和更换做准备。通过预测可以预知泵性能不佳的情况,并且在发生这种现象之前帮助维护机构实施纠正措施。通常与泵额定曲线相比,当存在5%或更大的误差时有必要进一步调查和改善(NFPA25、第8篇和附录 C)。

A-1.1 基本程序

1)获得泵单元特性曲线。确认被测试泵已正确标识,即核实铭牌标记号、制造商的序列号等。

2)确认泵的管道布置符合 NFPA 20 要求,如连接、冷水循环、异径接头等。

3)观察消防泵控制器面板的状况。确定操作中没有故障迹象并能正常读数。

4)确保校准压力表,$0 \sim 1380 \text{kPa}[0 \sim 200 \text{psi}(表)]$,测试安装在每个消防泵的吸入口和流出口的压力表(在流动性能数据表中记录校准日期,精度误差在±3%以内)。对水泵吸水高度,计算到泵出口水平位置的汽蚀余量。对于海上安装的立式涡轮消防泵需要计算垂直压头损失与各点的压力读数,需考虑潮位和海水密度。

5）确定在测试期间使用的流量测量方法，即在系统上距离最近的可用水出口采用流量计、皮托管测量，确保流量测量装置按照消防泵最大输出流量校准或调整。

6）确保验证动力(即发动机)与泵转速的独立测量装置可用、精确，即手持式频闪转速计。

7）在局部水流出口处进行测量时务必要关闭循环阀，或当水回收存储时，确保系统排出阀关闭。

8）如果安全阀合适(适合不同水流速)，在测试管路是否适合最大泵压头期间，安全阀是关闭的，否则安全阀在测试期间要一直开启。

9）消防泵排出阀打开大约50%。

10）启动消防泵进行测试，为了机械系统的稳定消防泵至少需运行30min。消防泵可以从手动控制器启动，但首选的方式是打开局部消防设备(即消火栓)，在低管路压力检测下模拟消防水泵自启动。如果几个消防泵按顺序启动，应确认编程逻辑安排。

11）调节泵(即发动机)转速来操作泵，使泵尽可能接近额定转速性能曲线。

12）在以下额定流量点附近——0、50%、100%、125%和150%(通过开启或关闭出口管路阀门)，记录五个压力(在进口和出口)和泵的流量读数，同时记录转速。

13）在进行测试时，测试过程中应对动力和泵进行连续监测。应特别注意观察泵轴承润滑、密封性能、驱动条件(油泄漏、水冷、测量操作等)、异常振动、漏水、消防泵控制器警报等。维修人员应该注意观察任何异常情况。

14）测试时针对泵额定曲线，调整消防泵的额定转速，画出测试点。如果条件允许，在测试期间应立即绘制数据，显示能够被纠正的异常情况，如关闭或打开部分阀门。

A-1.2 补充检查

对于发动机驱动单元，应检查日用油箱燃料供应的样本。分析样本可以显示水或沉积物污染的情况。为了确定结果，样本应稳定24h。夹带的水将会被收集在样本容器的底部，碳氢化合物的液体会聚集在上面。颗粒沉积在容器底部。

保证发动机驱动单元没有水或油泄漏的情况。应检查冷水和燃料供应的柔性连接是否存在恶化、裂缝等。

如果提供和测试了泵的启动能力，未进行流动性能测试，在低压指标下验证消防泵启动。

如果提供了消防泵启动的验证、流量和压力指标，并且它们作为工厂监测系统的一部分，在工厂控制系统(DCS)中应该确认这些指标。不应允许消防泵的远程遥控停止。

A-1.3 驱动的测试转速到额定转速的修正因素

额定转速下的流速＝(额定转速/观测转速)×(观测流速)。

额定转速下的净压力＝(额定转速/观测转速)^2×(净压力)。

消防泵测试典型数据记录表

补充消防泵信息

泵编号：

位置：

测试日期：

测试项目：

压头：_____ m 或 _____ ft

流量(GPM)校正：额定转速/泵转速×流量＝流量校正因子(GCF)

修正 PSI：(额定转速)^2/(泵转速)^2×PSI＝PSI 校正因子(PCF)

测试点校正(每个发动机速度变化都需要一个新的校正系数)

GPM_____×GCF(　　) = Corr.　　GPM 1____2____3____4____5____

PSI_____×PCF(　　) = Corr.　　PSI 1____2____3____4____5____

发动机性能：平稳_____ 波动_____

温度：低_____ 正常_____ 高_____

燃料液位：1/4　1/2　3/4　充满

燃料样品：清洁_____ 污染_____ 水_____ 其他_____

注明：_____

(注意任何异常噪声、烟气、机械状态)

直角传动装置：平稳_____ 波动_____ 注明_____

泵性能：

流量:%以上_____%以下_____额定曲线

压力:%以上_____%以下_____额定曲线

注明：_____

附加消防泵测试形式
消防泵测试报告

地点：_____ 泵编号：_____ 测试日期：_____。
位置：_____ 型号：_____ 功率：_____。
时间：开始_____ 额定功率_____ 发动机时数_____。
　　　结束_____ 转速_____ 齿轮比_____。
校准日期：_____
仪表：_____ 流量计：_____ 安全阀：_____ 安全阀设置：____ bar ____ psi

转速	泵压力			流量计		额定转速纠正		额定容量百分比
	排出	吸入	净余	读数	x/(gal/min)	净水头	流量	

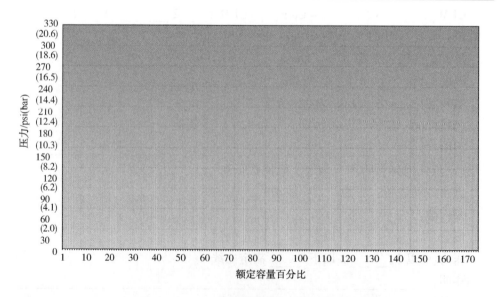

泵特性曲线

附录 A-2 消防给水管网系统测试

A-2.1 一般注意事项

进行消防水分布系统的测试，以确定该系统的条件是否适应消防泵性能最差的状况。管道系统、泄漏、封闭的阀门、沉积物以及消防水供应系统（洒水器、喷淋系统、水龙软管、绕线轮、监控器）中阀门可操作性的情况每年都应该被核定，最少每五年进行一次。

通常消防水在过程设备中是封闭循环的。这些管网可以被分隔为多个部分，每个部分的性能可以通过流动测试来测定。流动测试是对泄漏量进行测量和绘图。最初可接受的泄漏量和每年的记录结果可以确定消防水系统的性能和系统的可用年限。

流量通过皮托管流量计进行测量，将皮托管流量计插入水流中测量水流的速度、压力。基于出口尺寸，工程表根据公式将速度压力转化成流量，$Q = A \times V$，式中 Q 为流量、A 为面积、V 为速度。

下面是一个通用的测试程序，可以用来进行消防水流通管网流量的性能测试。

确定需要分析的消防水管后，在这部分中选择系统上离供水源头最偏远的消火栓。最偏远意味着最远程液压而不是按照最偏远的距离选定的消火栓。然后确定试验消火栓和流动消火栓。收集的数据适用于试验消火栓，流动消火栓是试验消火栓下游的第一个消火栓。

在测试期间水必须只向一个方向流动（即从试验消火栓流向流动消火栓）。在交错循环的管网中，水可能在两个方向流动，水是否从流动消火栓流出取决于特定的测试。

A-2.2 消防水分配系统

做好进行测试前的准备——准备好测试进度表，协调好操作过程，准备校准好的压力表（精度误差不大于±3%）和皮托管测量工具，确保水的流动不会影响测试等。

根据静态压力和残余压力读数选择试验消火栓，并记录测试日期、时间和位置。取下一个消火栓出口盖并安装上一个最近校准过的压力表，压力表需配备泄气阀。慢慢地打开消火栓，通过压力表上的泄气阀排出残留的空气，然后关闭泄气阀。

将压力表上的读数记录为消防水流静压。把试验消火栓的阀门打开。

在水流方向沿着消防水管直到被认为是流动消火栓的下一个消火栓。取下流动消火栓出口盖，并验证出口内径 t 是否最接近 1/16in。

确定流动消火栓的流量系数 C。

缓慢地全打开流动消火栓，并等待至少 1min 或更长时间，直到流量稳定，并形成一股清澈的水流。

将皮托管流量计插入流动消火栓出口水流的中心，排出皮托管工具中的空气，然后测量皮托管压差计的压力。皮托管尖端必须插入水流的中心，距离消火栓出口直径的一半，以获得准确的读数。

记录皮托管表压。如果表压针振动，记录读数的平均值。最精确的结果就是皮托管读数在 69.9~206.9kPa（10~30psi）之间时获得的数据。如果压力计读数高于此值，则打开流动消火栓和皮托管上的另一个出口，或关闭出口，直到获得小于 206.9kPa(30psi) 的流量的读数。如果测试下游的消火栓，也可以使用附加的流动消火栓。如果打开了多个出口，请一直测量每个出口的皮托管压力，并记录每个出口的读数。

如果皮托压力计读数小于 69.9kPa(10psi)，在流动出口应该放置光滑锥形喷嘴，可以减少开口的大小并增加流动压力。

与上一步同时进行，记录试验消火栓上的压力作为消防流量、残余压力。

如果整个系统需要压力梯度，则可以沿着供应源头至流动消火栓方向选取几个点，在这几个点分布的消火栓上安装压力表，为每个流量测量获得残余压力读数。

如果需要再次测试，流动消火栓出口可以节流到任何想要的点，并且随着流动消防水的残余压力读取皮托表压力。获得第二流动点将提高流动测试数据的准确性。

如果不需要进一步的测试读数，通过缓慢关闭所有的消火栓阀门和更换出口盖，将系统恢复正常。确保所有的水都已停止流动，并且在更换盖子之前，将消火栓内的水排干。

当水流遇到环路或网格时，会发生两种情况——①流体分成可确定的比例，②两个分支中的压降将是相同的。

有四种方法被用来测试环路或网格系统：

1）隔离支路：通过关闭适当的隔离阀，水可以被迫流过其中一个支路。记录一条支路的适当数据后，操作隔离阀隔离并流过第二条支路。然后可以将两个流动组合以提供通过系统的总流量（提供的设备消防泵具有的容量和压力）。

2）在大型管道上选择两个消火栓：正常水路总是流向最小阻力的方向，换句话说，通常从较大的管道流到较小的管道。通过在大管道（在环路或网格中）处选择两个消火栓并估计水流方向，可以进行测试。

3）同时流动：在具有良好压力和体积的多供应系统中需要使用该方法。选择一个居中对称的消火栓（这是试验消火栓），同时使两个或更多消火栓里的水流动。获得皮托管测试读数。

4)单一消火栓流量测试：该方法在试验消火栓和流动消火栓中使用其中一个。从同一个消火栓读取静态、残余和流动压力。这种技术比其他方法产生的测试数据具有更高的误差。

A-2.3 准备测试结果

在系统中任何单个点可用的总消防水有时被称为"在137.9kPa(20psi)残余压力下可用的流量"。137.9kPa(20psi)是消防部门或公司消防队为避免损坏水管而使用的一个安全压力。通常对比每年消防水测试结果(压力梯度图)来确定恶化发生的主要原因，或者为新的固定消防水系统设计确认在一个特定地区的可用水供应和压力。因此特定区域完整的消防水供应图总是有用的。

考虑到皮托管压力读数，现成的流量表提供了通过给定尺寸孔的流量。所有的皮托管流量测量应该首先将其从压力读数转换成流量读数，然后通过乘以合适的系数来纠正出口流量。然后，每个消火栓单独流量的结果通过在无流动时标记的静态压力，然后在残余压力下标记的流动压力来绘制。连接的点可以提供任意期望点的流量和压力。利用图形可以直观表达所有通过试验消火栓中水管的期望压力和体积。

附录 A-3 喷头和喷淋系统测试

A-3.1 干湿管道洒水装置

在结构被批准的过程中，若已充分进行了后检查再安装，由于设计规范已经规定了分布模式的问题，湿式和干式喷头通常不会再被进行功能测试。常规测试需要验证在适当的压力下，喷头装置喷射正常、管道无堵塞、流量报警能被激活(NFPA 25，第5篇)。

总排水管：根据总排水管中水的流动可以估计系统的残余压力。根据水的状况也可以确认供应水是否清洁、自由流动。

测试阀流：测试系统安装部分的阀门流动可以确保系统流动可以实现。测试阀出口应配备一个孔板，利用这个孔板可以模拟洒水喷头的流量。

激活警报：所有的系统都应该配备警报，它可以显示是否有水流。当洒水喷头工作时，警报也被激活，这些检查阀门出口时通过安装孔板来实现。水泵马达应该每季度测试一次，其他设备每半年测试一次。

压力表：安装在主立管的压力表应工作准确(即经过最近校准)，准确率不能超过±3%的偏差。

管路：测试操作期间系统没有发生泄漏。

洒水器：没有损坏、腐蚀、改装，或其他损伤的迹象。

A-3.2 喷淋系统

喷淋灭火系统通常需要进行全功能有水测试。测试可验证可获得的覆盖面积和密度模型。测试期间可以利用密度计算平面图来确认每分钟的密度速率。形成大喷淋的机制需要进行测试，并且测试条件模拟的真实度应与可获得的真实条件一样。如果要保护的设备通常不在原位，如卡车、轮船或轨道车辆，在它们运行至正常位置之前不应进行试验（NFPA 25，第 10 篇）。

覆盖范围：验证喷雾范围（即无干燥表面或障碍物）和密度。观察任何堵塞或喷嘴损坏或过度腐蚀的情况。

激活：完成完整的水流覆盖并且易于操作。如果由自动检测系统激活，则测试模拟检测系统激活（即易熔塞检测降压），如果远程激活可用，则完成此操作。

报警激活：所有的系统都应该配备警报，警报可以指示是否有水流形成。在水流流动时验证报警激活（近距或远程警报指示，如工厂 DCS 指示）。

排水系统：使用的消防水应该排放到远离被保护设备以及不是水池或收集池的地方（如下水道大小合适并且不发生堵塞），特别是被保护设备和容器之下，在大水量流动完成后，喷淋系统管道需要充分排水。

管路：在水流流动时，验证集水系统管道是否被限制运动。

压力表：压力表应安装在主立管，并且压力表应处于准确工作状态（即经过最近校准），精确度不能超过 ±3% 的偏差，以及在工厂 DCS 系统中的指示（如有）。

喷头：没有损坏、腐蚀、变形，或其他损伤的迹象。

附录 A-4　泡沫灭火系统的测试

固定式泡沫灭火系统用在具有高危险性的可燃性液体的工艺设备上。此外，移动消防车辆也可以使用泡沫灭火系统。使用泡沫灭火系统最主要的就是选择适当的泡沫剂产品和为指定需要保护的区域表面提供足够的泡沫密封覆盖所需的时间。

泡沫灭火系统的设计是为了使液体泡沫以一定比例集中于泡沫水分配网络中（通常以百分比表示）。其中最常见的比例是 1%、3% 和 6%。然后可以根据风险要求将泡沫水吸入或不吸入到适当的液体表面。应验证泡沫是否按照系统设计的比例产出，否则泡沫浓度可能不够，泡沫供应将以高于预期的速度消耗。配料系统的可接受范围不能低于额定浓度，且不大于额定浓度 30% 或高于额定浓度一个百分点，以较小者为准。例如，3% 浓缩液的可接受的比例范围是 3.0%~3.9%。

有两种测量水中泡沫浓度百分比的方法：折射率法或电导率法。两种方法均基于将泡沫溶液试样与预先测量好的溶液进行比较，根据预先测量好的溶液浓度绘制成了与仪器读数相对应的百分比浓度基线图。使用电导率计可以获得最高的精度，但是当使用不同品质的水(例如咸、微咸或温度波动)制备泡沫溶液时，结果可能会有偏差。手持式折射计具有接近电导率计的精度(不太容易出现不同水质的问题)，可作为大多数比例测试的最佳选择。

应该对每个独特的系统进行验证，诸如覆盖确认、提供泡沫充分覆盖的时间、泄漏、堵塞、破裂盘的状况与功能、泡沫老化(未过期)、分配校准机制、输送泵或罐的性能、泡沫排出时间等。NFPA 11《低、中、高倍数泡沫标准》和NFPA 25《水基防火系统的检查、测试及维护标准》等为几个典型的泡沫系统的特定测试要求提供了指导。

附录 A-5 消防水软管卷轴和消防水炮测试

A-5.1 一般要求

所有的手动导向设备都应测试喷水范围和覆盖范围。流动测试应能发现水压力缺陷、阻塞等情况，并验证设备是否可以正常操作。风力强度可以增强或降低喷水范围，这取决于是逆风还是顺风。在满流量条件下应注意残余压力(NFPA 25 第6篇，NFPA 1961 和 NFPA 1962)。

A-5.2 软管卷轴

在整个过程设施中通常提供硬橡胶消防水龙带。在软管卷轴上的盘管对通过它的水流有相当大的摩擦损失。在一些情况下，消防水软管卷轴在使用之前可能不会完全展开。因此，明智的做法是通过移动部分软管并使其完全展开谨慎地进行软管卷轴流动试验。然后可以充分评估和观察每一个的喷雾程度。

应检查以下项目：

软管的状况：老化程度、开裂、磨损和连接的情况。

喷嘴的状况：腐蚀、颗粒/矿物收集、功能等。

操作测试：覆盖和达到的范围、压力、水质和沉积物、隔离阀操作/泄漏。首选是每年进行流量试验，但最低限度应在每5年进行最大液压远程软管的流量试验。

软管卷轴：条件腐蚀、易于使用、损坏、涂装和识别、结构支撑完好无损。

辅助功能：清除/接入软管卷盘、地板/路面标线清晰。

环境保护：阳光、冰冷天气等。

A-5.3 消防水炮

消防水炮的放置应该考虑到障碍物。应确认喷雾覆盖的弧度和深度。

如果消防水炮放置在靠近危险的地方，例如直升机着陆点，则应考虑增加隔热罩以便保护操作员的安全。隔热罩不应阻碍操作员的视线，在某些安装场合应使用透明的耐热有机玻璃面板。在实际流量测试期间，应对高泄漏潜在区域(例如泵、压缩机)的双重覆盖进行验证。应检查以下项目：

显示器的状况：腐蚀、易于使用、损坏、涂漆和识别。

操作测试：覆盖和到达的范围、压力、水质和沉积物、隔离阀/喷嘴操作/泄漏。首选是每年进行流量试验。

辅助功能：允许接近消防炮。

附录 A-6 消防水压试验要求

固定系统	压力要求(系统管道)	持续时间/h	参考
消火栓分布网与监测点	1.8bar(200psi)	2	NFPA 2410.10.2.2
竖管系统与软管卷	1.8bar(200psi)	2	NFPA 1411.4
喷洒灭火系统	1.8bar(200psi)①	2	NFPA 1310.10.2.2
水喷淋系统	7.8bar(200psi)①	2	NFPA 1510.2.4
泡沫水系统	1.8bar(200psi)①	2	NFPA 168.2
CO_2固定系统②③	未提及	N/A	NFPA 12
干粉系统②	管道不进行流体静压测试	N/A	NFPA 1710.4.3.2 和 11.5
湿化学系统②	未提及	N/A	NFPA 17A7.5

① 或当管道最大静压超出 10.3bar(150psi)时，超过最大静压 3.4bar(50psi)。
② 限于软管和药剂容器。
③ 用于系统的阀门通过低压存储进行承受水压试验，试验压力为 12411kPa(1800psi)。

附录 B

以下附录可为标准、耐火性术语、额定电功率、液压数据和转换因子提供参考，这些通常会在过程工业检查和防火与防爆设计过程中涉及。

附录 B-1 防火测试标准

下面是关于过程工业中火灾风险测试消防性能的美国工业标准列表。

API Spec. 6FA	阀门防火测试标准，2011 年重新审定
API Spec. 6FB	端部连接的防火测试标准，2011 年重新审定
API Spec. 6FC	带有自动后座的阀门防火测试标准，2009 年
API Spec. 6FD	止回阀防火测试标准，2008 年
API Bul. 6F1	根据 API Specification 6FA 标准进行的 API 和 ANSI 端部连接性能的防火测试报告，1999 年
API Bul. 6F2	API 法兰耐火性能提升的科技报告，1999 年
API Std. 607	阀门防火类型测试——测试要求，2010 年
ASTM E-84	建筑材料的表面燃烧特性测试方法，2013 年
ASTM E-108	屋顶覆盖物的防火测试方法，2011 年
ASTM E-119	建筑物结构和材料的防火测试方法，2012 年
ASTM E-136	750℃下在竖直管状炉内的材料燃烧行为测试方法，2012 年
ASTM E-162	辐射热源下材料表面耐火测试方法，2013 年
ASTM E-648	辐射热源下地板系统的临界辐射热通量测试方法，2010 年
ASTM E-662	固体材料产生的烟雾的比光密度测试方法，2013 年
ASTM E-814	渗透阻火系统的防火测试方法，2011
ASTM E-1529	大型烃类池火对结构和装配体的影响测试方法，2006 年
ASTM E-2032	按照 ASTM E-119 标准进行的耐火测试的扩展数据导则，2009 年
IEEE 1202	工业用和商业用电缆槽中电缆防火特性标准，2006 年
IMO A763(18)	烃类生产管道系统中的塑料管道应用导则，2005 年
NFPA 251	建筑物结构和材料的耐火测试方法标准，2006 年

NFPA252	门组件的防火测试方法标准,2012年	
NFPA 253	辐射热源下地板系统的临界辐射热通量测试方法标准,2011年	
NFPA 257	窗户和玻璃组件的火灾测试,2012年	
NFPA 259	建筑材料的潜热测试方法标准,2013年	
NFPA 260	软垫家具组件在香烟点火源下的耐火测试及分类系统方法标准,2013年	
NFPA 262	空气处理空间用电线、电缆火焰传播和烟雾的标准测试方法,2011年	
NFPA 268	辐射热源下外部壁面组件的可燃性测试方法标准,2007年	
NFPA 288	安装在具有耐火等级的地面系统的耐火门的防火测试方法,2007年	
SOLAS	防火测试标准(第二篇)	
UL 9	窗户组件的防火测试,2009年	
UL 10A	包铁皮防火门,2009年	
UL 10B	门组件的防火测试,2009年	
UL 10C	门组件的正压防火测试,2009年	
UL 263	房屋建筑及材料的防火测试,2011年	
UL 555	阻火器,2012年	
UL 555S	阻烟器,2013年	
UL 723	建筑材料的表面燃烧特性测试,2013年	
UL 790	屋顶覆盖物的防火测试方法标准,2013年	
UL 1256	屋顶板防火测试,2013年	
UL 1479	渗透防火墙防火测试,2012年	
UL 1666	轴中垂直安装的电缆和光缆的着火高度测试,2012年	
UL 1685	火灾下电缆和光缆的垂直火灾传播和烟雾扩散测试,2010年	
UL 1709	快速火灾下结构钢的材料防火测试,2011年	
UL 1715	内部装修材料的防火测试,2013年	
UL 1820	火灾下气动导管的火焰和烟雾特性测试,2013年	
UL 1887	火灾下塑料喷淋管的火焰和烟雾特性测试,2013年	
UL 2080	装有可燃和易燃液体的水槽的耐火测试,2000年	
UL 2196	耐火电缆测试,2012年	
UL 2431	喷雾用耐火材料的耐久性,2012年	

附录 B-2　防爆与防火等级

B-2.1　耐火等级

A、B、C级耐火等级通常规定用于船舶，最初由海上人身安全(SOLAS)规则定义。从那时起，它们已广泛用于海上石油和天然气安装施工规范。随着对烃类火灾知识了解的越来越多，H防火等级屏障通常由诸如UL耐火测试UL 1709的高层耐火试验来定义。对J类防火等级已进行讨论，并用于对抗高压烃类喷射火灾。

B-2.1.1　A级耐火等级

A0	纤维火灾，阻挡火焰和热传递60min，无温度绝缘
A15	纤维火灾，阻挡火焰和热传递60min，15min温度绝缘
A30	纤维火灾，阻挡火焰和热传递60min，30min温度绝缘
A60	纤维火灾，阻挡火焰和热传递60min，60min温度绝缘

A级耐火等级要求甲板及隔板的材料符合下列要求：
① 由钢或具有等效性能的材料构成。
② 适当的强化。
③ 以阻止烟和火焰通过一小时的耐火试验标准建造。
③ 与被认可的不可燃材料绝缘，使得未暴露侧的平均温度在所列的时间(A60：60min，A30：30min，A15：15min，A0：0min)内不会升高超过初始温度180℃(356℉)。

B-2.1.2　B级耐火等级

B0	纤维火灾，阻挡火焰和热传递30min，无温度绝缘
B15	纤维火灾，阻挡火焰和热传递30min，15min温度绝缘

B级耐火等级要求天花板、隔板和甲板的材料符合下列要求：
① 以防止烟和火焰通过30min的耐火试验标准建造。
② 具有绝缘层，使得未暴露侧的平均温度不会比初始温度升高超过139℃(282℉)，任何点(包括任何接点)的温度也不会升高超过225℃(437℉)(即B15：15min，B0：0min)。
③ 不可燃结构。

B-2.1.3　C级耐火等级

C级耐火等级的材料由不可燃材料制成，并认为不能提供对任何烟雾、火焰或温度限制。

B-2.1.4 H类防火屏障

H0	烃类火灾，阻挡火焰和热传递 120min，无温度绝缘
H60	烃类火灾，阻挡火焰和热传递 120min，60min 温度绝缘
H120	烃类火灾，阻挡火焰和热传递 120min，120min 温度绝缘
H180	烃类火灾，阻挡火焰和热传递 120min，180min 温度绝缘
H240	烃类火灾，阻挡火焰和热传递 120min，240min 温度绝缘

B-2.1.5 国际海运组织标准(用于管道系统和海运)

1 级	烃类火灾暴露 60min，干管
2 级	烃类火灾暴露 30min，用干管
3 级	烃类火灾暴露 30min，用湿管 30min
3 级	烃类火灾暴露 30min，用最初的干管 5min，剩下的 25min 用湿管
改进实验	

B-2.1.6 J类防火等级

喷射火或 J 等级是由一些供应商规定的，用于防止烃类喷射火灾。目前，整个行业或政府监管机构没有采用具体的标准或测试规范。一些公认的消防测试机构(例如 SINTEF、Shell Research、British Gas 等)建议将目前一些主要石油公司正在使用的 J 级火灾测试标准代替公认的标准。

B-2.1.7 热通量

对于烃类火灾，第 5 分钟时的热效率输入通常为 $205kW/m^2[65000Btu/(ft^2 \cdot h)]$。喷射火的研究报告显示其热通量高达 $300 \sim 400kW/m^2[94500 \sim 126000Btu/(ft^2 \cdot h)]$。

B-2.1.8 防火门

0.1h(20min)，纤维火灾。

0.5h(30min)，纤维火灾。

0.75h(45min)，纤维火灾。

1h，纤维火灾。

1.5h，纤维火灾。

3h，纤维火灾。

B-2.1.9 防火窗

0.2h(20min)，纤维火灾。

0.5h(30min)，纤维火灾。

0.75h(45min)，纤维火灾。

1h，纤维火灾。

1.5h，纤维火灾。

2h，纤维火灾。

3h，纤维火灾。

B-2.1.10 防爆

请参阅以下文献：

[1] ASCE Report Design of Blast-Resistant Buildings in Petrochemical Plants, Second Edition, American Society of Civil Engineers, 2010.

[2] Unified Facilities Criteria(UFC), UFC 3-340-02 Structures to Resist the Effects of Accidental Explosions, (formerly TM 5-1300), US Department of the Army, 2008.

附录 B-3 美国电气制造商协会(NEMA)分类

以下摘自 NEMA 出版物 NEMA 电气设备外壳定义的综述。电气设备外壳最大承受电压为 1000V。

B-3.1 类型 1——通用型

通用型外壳主要是用来防止设备与外界接触。适用于室内(不暴露在非正常条件下)，主要是用来防止固体外来物，例如灰尘。

B-3.2 类型 1A——半防尘式

半防尘式外壳的设计与类型 1 类似，它在盖子周围多加了一个垫片。

B-3.3 类型 1B——平面嵌入式

平面嵌入式外壳与类型 1 类似。但是它安装在墙上，并且有一个外壳起到平槽滤板的作用。

B-3.4 类型 2——室内防水

防水外壳主要是用来防止水滴与设备接触。另外该设计也可阻挡下落的水滴或灰尘但它并不是防尘的。类型 2 外壳适用于容易发生冷凝现象的设备，比如冷凝室和洗衣房的设备。

B-3.5 类型 3——室外防尘、防雨、防雨加雪(冰)

不受天气影响的外壳用来保护设备不受特定天气灾害的影响。适用于室内和室外。一定程度上防止水分(雨雪)、灰尘和风沙的渗入。外部结冰也不会损害该外壳。

B-3.6 类型 3R——室外防雨、防雨加雪(冰)

不受天气影响的外壳用来保护设备不受特定天气灾害的影响。适用于室内和室外。一定程度上防止水(雨水、雨夹雪和雪)、灰尘和风沙的渗入。外部结冰也不会损害该外壳。应满足美国保险商实验室公司(出版物 UL508, 工业控制设备)应用于防雨水外壳的要求。

B-3.7 类型 3S——室外防尘、防雨、防雨加雪(冰)

不受天气影响的外壳用来保护设备不受特定天气灾害的影响。适用于室内和室外。一定程度上防止水(雨水、雨夹雪和雪)、灰尘和风沙的渗入。外部结冰也不会影响外部机械运行。

B-3.8 类型 3X——室外防尘、防雨、防雨加雪、防腐蚀

不受天气影响的外壳用来保护设备不受特定天气灾害的影响。适用于室内和室外。一定程度上防止水(雨水、雨夹雪和雪)、灰尘和风沙的渗入。对腐蚀与外部结冰危害具有额外的保护作用。

B-3.9 类型 3RX——室外防雨、防雨加雪(冰)、防腐蚀

不受天气影响的外壳用来保护设备不受特定天气灾害的影响。适用于室内和室外。一定程度上防止水(雨水、雨夹雪和雪)、灰尘的渗入。对腐蚀与外部结冰危害具有额外的保护作用。

B-3.10 类型 3SX——室外防尘、防雨、防雨加雪(冰)、防腐蚀

不受天气影响的外壳用来保护设备不受特定天气灾害的影响。适用于室内和室外。一定程度上防止水(雨水、雨夹雪和雪)、灰尘和风沙的渗入。防止腐蚀，外部结冰也不会影响外部机械运行。

B-3.11 类型 4——防水防尘

不受天气影响的外壳用来保护设备不受特定天气灾害的影响。适用于室内和室外。一定程度上防止水(雨水、雨夹雪、雪、飞溅水滴和软管导向水)、灰尘的渗入以及外部结冰对外壳造成的损害。类型 4 适用于装载区和水泵房，不适用于电气分类领域。

B-3.12 类型 4X——防水防尘、防腐蚀

不受天气影响的外壳用来保护设备不受特定天气灾害的影响。适用于室内和室外。一定程度上防止水(雨水、雨夹雪、雪、飞溅水滴和软管导向水)、灰尘的渗入。保护设备不受腐蚀与外部结冰的危害。

B-3.13 类型 5——防水防尘

该室内外壳能在一定程度上防止灰尘、污垢和非腐蚀液体(下滴和飞溅的液体)。

B-3.14 类型 6——潜水式

当室内或室外的设备会要求偶尔暂时浸入一定深度的水中时(水深 6ft 浸入 30min)，该类型外壳可以在一定程度上防止水进入设备。该外壳不适用于内部冷凝、结冰或者腐蚀性环境。类型 6 适用于暂时性浸水的设备。这种类型的外壳的设计需要考虑特定的压力和潜水时间，并且防尘、防雨夹雪。

B-3.15 类型 6P——延长潜水式

该类型外壳可用在室内或室外。当设备受直接水压力(软管导向水)冲刷或是在浸入一定深度水中时间较长时，外壳可以保护设备防止进水，并保护其不受腐蚀与外部结冰的危害。

B-3.16 类型7——(A、B、C或D)危险位置，一级空气隔绝

美国电气规程(NEC)第一等级第一类A、B、C或D组-室内危险位置-空气断路设备——类型7外壳适用于室内，用于上述规定的大气环境或位置。表示危险位置处气体或蒸汽环境的字母A、B、C或D以"类型7"的下标形式出现构成NEMA的完整名称，分别与NEC定义的A、B、C或D组对应。这些外壳的设计要符合美国保险商实验室公司出版的"危险场所用工业控制设备"UL698的要求，并且要做标记来表示分级和组别。

B-3.17 类型8——(A、B、C或D)危险位置，一级浸油

美国电气规程(NEC)第一等级第一类A、B、C或D组-室内危险位置-浸油设备——类型8外壳适用于室内，用于上述规定的大气环境或位置。表示危险位置处气体或蒸汽环境的字母A、B、C或D以"类型8"的下标形式出现构成NEMA的完整名称，分别与NEC定义的A、B、C或D组对应。这些外壳的设计要符合美国保险商实验室公司出版的UL698"危险场所所用工业控制设备"的要求，并且要做标记来表示分级和组别。

B-3.18 类型9——(E、F或G)危险位置，二级

美国电气规程(NEC)第二等级第一类E、F或G组-室内危险位置-空气断路设备——类型9外壳适用于第二等级第一类E、F或G组规定的室内大气环境。表示危险位置处粉尘环境的字母E、F或G以"类型9"的下标形式出现构成NEMA的完整名称，分别与NEC定义的E、F或G组对应。该类外壳可以防止爆炸性危险粉尘进入设备。如果使用垫片，应该机械连接，而且使用不燃、不老化和防虫材质制作。这些外壳的设计要符合美国保险商实验室公司出版的UL698"危险场所所用工业控制设备"的要求，并且要做标记来表示分级和组别。

B-3.19 类型10——矿山安全和卫生管理安全防爆

外壳设计符合美国矿山安全和卫生管理部门的要求。用于充满天然气或甲烷的矿山环境，不管有无煤粉。更多信息见公报541和信息通报8227。

B-3.20 类型11——室内防腐蚀、防水和防油

类型11外壳防腐蚀，主要在室内用于保护设备免受水、渗流和外部腐蚀性液体冷凝的侵蚀。而且，防止油浸情况下烟气或气体对设备的腐蚀。适用于化工厂、电镀间和污水处理厂等。

B-3.21 类型12——工业用途

室内外壳设计无分液器，应用在工厂中，用于排除外来物质，如灰尘、污

垢、绵柔纤维、飞絮、水滴(下落或飞溅水滴)进入设备。

B-3.22 类型12K——工业用途，有分液器

室内外壳设计有分液器，应用在工厂中，用于排除外来物体，包括灰尘、污垢、绵柔纤维、飞絮、水滴(下落或飞溅水滴)进入设备。

B-3.23 类型13——室内防油防灰

室内外壳设计，应用在工厂中，用于排除外来物质，包括灰尘、污垢、绵柔纤维、飞絮、水滴(下落或飞溅水滴)进入设备，一定程度上保护设备不受油滴(喷射、飞溅、渗透)和非腐蚀冷凝剂的影响。主要用于房屋指示装置，比如限位开关、脚踏开关、按钮、选择开关和指示灯等。

危险环境/NEMA 分类	类型7				类型8			
	A	B	C	D	A	B	C	D
乙炔	X				X			
氢气		X				X		
乙醚、乙烯、环丙烷等			X				X	
汽油、己烷、石脑油等				X				X

NEMA 类型7(室内)和类型8(室外)。
碳氢化合物环境使用。
参考 NEMA 出版物250。

附录 B-4 水力数据

B-4.1 流量系数

出口类型	流量系数
喷嘴，水枪枪身，或者类似的	0.97
喷嘴，移动式消防炮或监测	0.99
喷嘴，环	0.75
开口管，平滑开口	0.80
开口管，锥形开口	0.70
洒水喷头(标准半英寸孔)	0.75
标准孔板(锐角边)	0.62
消火栓接口，光滑出口，充分流动	0.90
消火栓接口，直角、锥形枪头	0.80
消火栓接口，直角出口，投射入枪管	0.70

附录 B-5　选择转换因数

B-5.1　公制前缀、符号、乘数

前缀	符号	乘数	文字表述
exa	E	$10^{18} = 1000000000000000000$	
peta	P	$10^{15} = 1000000000000000$	
tera	T	$10^{12} = 1000000000000$	太
giga	G	$10^{9} = 1000000000$	吉
mega	M	$10^{6} = 1000000$	兆
kilo	k	$10^{3} = 1000$	千
heto	h	$10^{2} = 100$	百
deca	da	$10^{1} = 10$	十
deci	d	$10^{-1} = 0.1$	分
centi	c	$10^{-2} = 0.01$	厘
milli	m	$10^{-3} = 0.001$	毫
micro	μ	$10^{-6} = 0.000001$	微
nana	n	$10^{-9} = 0.000000001$	纳
pico	p	$10^{-12} = 0.000000000001$	飞
femto	f	$10^{-15} = 0.000000000000001$	
atto	a	$10^{-18} = 0.000000000000000001$	

前缀应该直接连接到 SI 基本单位，如公斤、毫秒、百万公里等。同样，缩写直接附加到国际标准单位的缩写，如厘米、毫克等。不要使用两个或两个更多的国际标准单位。同时，虽然质量的正常基本单位是千克，但前缀是被添加到克(g)而不是千克(kg)。

B-5.2　温度换算

℉ = (℃×1.8)+32

℃ = (℉-32)/1.8

°R = ℉+459.67

K = ℃+273.15

水的冰点：0℃；华氏度为 32℉。

水的沸点：100℃；华氏度为 212℉。

B-5.3 选择转换因数

单位	转换系数	单位
acre	43560	ft^2
acre	4047	m^2
acreft	43560	ft^3
acreft	1233	m^3
acreft	325850	gal(美国)
atm	29.92	inHg
atm	76.0	cmHg
atm	33.90	ftH$_2$O
atm	14.69595	lb/in^2
atm	101.325	kPa
atm	1.01325	bar
bbl	5.614583	ft^3
bbl	0.1589873	m^3
bbl	42	gal(美国)
bbl	158.9873	L
bar	100	kPa
bar	10^6	dyn/cm^2
bar	10197	kg/m^2
bar	14.5	lb/in^2
bar	0.9869233	atm
Btu	777.98	lbf
Btu	1054.8	J
Btu	7.565	kgf·m
Btu/ft^2	11.36	J/m^2
Btu/(ft^2·h)	3.152	W/m^2(K 系数)
Btu/(ft^2·h·°F)	5.674	W/(m^2·K)
Btu/(ft^2·h·°F·in)	0.144	W/(m·K)
Btu/lb	2.326	kJ/kg
Btu/lb(°F)	4.1868	kJ/kg(℃)
Btu/ft^3	37.25895	kJ/m^3
Btu/gal	278.7136	kJ/m^3

续表

单位	转换系数	单位
Btu/h	0.2931	W
Btu/min	0.01757	kW
Btu/min	12.96	lbf/s
Btu/min	0.02356	hp
cm	0.3937	in
cmHg	0.01316	atm
cmHg	0.4461	ftH$_2$O
cmHg	27.85	lb/ft^2
cmHg	0.1934	lb/in^2
m^3	0.06102	in^3
ft^3	0.028316847	m^3
ft^3	28.31625	L
ft^3	7.48052	gal
ft^3	1728	in^3
ft^3	0.02832	m^3
ft^3/lb	0.06242796	m^3/kg
ft^3/min	472.0	cm^3/s
ft^3/min	0.472	L/s
ft^3/min	0.1247	gal/s
ft^3/s	448.3	gal/min
in^3	16.39	cm^3
in^3	0.01639	L
m^3	264.1721	gal
m^3	35.31467	ft^3
m^3	6.289811	bbl
yd^3	0.76456	m^3
yd^3	27	ft^3
yd^3	202.0	gal
ft	30.48	cm
ft	0.3048	m
ft	304.8	mm

续表

单位	转换系数	单位
ftH$_2$O	0.03048	kgf/cm^2
ftH$_2$O	2989.07	Pa
ftH$_2$O	0.0294998	atm
ftH$_2$O	0.0298907	bar
lbf	1.356	J
ft/s	30.48	cm/s
gal	3.78533	L
gal	0.13368	ft^3
gal	231	in^3
gal	3785.434	cm^3
galH$_2$O	8.3453	lbH$_2$O
gal/min	0.002228	ft^3/s
gal/min	8.0208	ft^3/h
gal/min	0.0630902	L/s
hp	745.7	W
in	25.4	mm
in	2.54	cm
in	0.0254	m
inHg	3.389	kPa
inHg	0.03389	atm
inHg	1.133	ftH$_2$O
inHg	0.4912	lb/ft^2
inH$_2$O	0.002458	atm
inH$_2$O	0.7355	inHg
inH$_2$O	5.202	lb/ft^2
inH$_2$O	0.03613	lb/in^2
inH$_2$O	248.8	Pa
J	0.000947817	Btu
J	0.238846	cal
J/℃	0.000526565	Btu/℉
kcal	4.184	kJ

续表

单位	转换系数	单位
kg	2.20462	lb
kgf/cm^2	14.22	lb/in^2
kgf/cm^2	9.807	MPa
km	0.6214	mile
kW	1.341	hp
kW	3412.12	Btu/h
kW	1000	J/s
kW·h	3412.14	Btu
kW·h	2.655×10^6	lbf
kW·h	3.6×10^6	J
kg·cm^2	97.0665	kPa
L	0.2642	gal(美国)
L	61.02	in^3
L	0.03531	ft^3
L/s	15.85032	gal/min
L/s	951.0194	gal/h
L/s	2.11888	ft^3/min
lx	1.0	lm/m^2
lx	0.0929	fc
m	3.281	ft
m	39.37	in
m	1.094	yd
m/min	0.05468	ft/s
mile	1.609344	km
mile	5280	ft
mile/h	88	ft/min
mile/h	1.467	ft/s
mile/h	1.609344	km/h
mbar	100	Pa
mm	0.03937	in
mmHg	0.1333	kPa
Mft^3/d	28300	m^3/d

续表

单位	转换系数	单位
oz(液体)	0.2957	L
Pa	0.000145038	lb/in²
lb	0.4535924	kg
lb/in²	2.307	ftH$_2$O
lb/in²	0.06804	atm
lb/in²	2.036	inHg
lb/in²	6.894757	kPa
lb/in²	6895	Pa
lb/in²	0.0689	bar
lb/ft²	47.88	Pa
lb/ft³	16.01846	kg/m³
qt	0.9463	L
slugs	32.174	lb
cm²	0.00107639	ft²
cm²	0.15499969	in²
ft²	0.929	m²
in²	645.2	mm²
m²	1550	in²
m²	10.76387	ft²
m²	1.196	yd²
yd²	0.8361	m²
yd²	1296	in²
W	3.41304	Btu/h
W	0.7378	lbf/s
W	1.341×10^{-3}	hp
yd	3.0	ft
yd	0.9144	m

B-5.4 各种常量

1gal 的淡水 = 8.33lb = 3.8kg
1ft³ 的淡水 = 62.4lb = 28.3kg
绝对零度 = −273.15℃；−459.69℉

专用缩略语

1oo2	二取一
2oo2	二取二
2oo3	三取二
ABS	美国航运局
AC	交流电
AFFF	水成膜泡沫
AFHA	电弧闪光危害分析
AIA	美国保险协会
AIChE	美国化学工程师协会
AIT	自燃温度
ALARP	最低合理可行
ANSI	美国国家标准协会
API	美国石油学会
ASA	美国声学学会
ASCE	美国土木工程师学会
ASME	美国机械工程师学会
ASSE	美国安全工程师学会
ASTM	美国材料试验学会
ATSDR	毒物疾病登记部
BACT	最佳可行控制技术
BEAST	建立评价和筛选工具
BLEVE	沸液液体蒸气爆炸
BMS	燃烧器管理系统
BOM	矿务局
BOP	防喷器
BOSS	管路系统爆裂
BPCS	基本过程控制系统
BPD	每日桶数
BSEE	安全和环境执法局

BS & W	底部沉积物和水
BTA	蝴蝶结分析
Btu	英热量单位
℃	摄氏度
CAD	计算机辅助设计
CCPS	美国化工过程安全中心
CDS	封闭式排水系统
CFM	立方英尺每分钟
CFATS	化学工厂反恐标准
CFR	美国联邦法规
CHA	化学危害分析
CHAZOP	仪控系统危害和可操作性研究
CO_2	二氧化碳
CPI	化学过程工业
CSB	化工安全与风险调查委员会
CVD	可燃蒸气扩散
DCS	集散式(分布)控制系统
DIERS	应急救援系统设计研究所
DHS	国土安全局
EHAZOP	电气危害与可操作性分析
EOC	应急指挥中心
EOR	提高采收率
EPA	美国环境保护局
ESD	紧急停车
ESDV	紧急关闭阀
ESPs	电潜泵
EU	欧盟
FAR	死亡事故率
FM	美国工厂互保研究中心
FMEA	失效模式与效应分析
FMECA	失效模式、影响与危害性分析
HAZOP	危险与可操作性分析
HIPS	高完整性保护系统
HMIS	有害物质信息系统
HRA	人的可靠性分析

H_2S	硫化氢
HVAC	供热通风与空气调节
IEEE	美国电气电子工程师协会
ILP	独立保护层
IMO	国际海事组织
IR	红外线
IS	本质安全
ISA	美国仪器协会
LEL	爆炸下限
LNG	液化天然气
LPG	液化石油气
MODU	移动式海上钻井装置
MMS	矿产管理局
MPS	手动报警按钮
MSDS	化学品安全说明书
MSHA	美国矿山安全健康局
NACE	美国腐蚀工程师协会
NFPA	美国消防协会
NIOSH	美国职业安全健康
NRC	美国国家应急中心
OE	卓越运营
OSHA	职业安全与健康管理局
OWS	含油污水
PAH	压力高报警
PAL	压力低报警
PC	个人电脑
PCV	压力控制阀
PDQs	钻井、生产和住所平台
PFD	工艺流程图
PHA	预先危险性与过程风险分析
PI	压力表
PIB	过程界面创建
PIPITC	石油与化学工业技术合作社
P & A	堵塞报废
P & ID	管路仪表图

PLC	可编程序控制器
PLL	潜在生命损失值
PML	最大可能损失
POB	在船总人数
ppm	百万分之一
PS	压力排水
PSH	高压开关
psi	磅每平方英寸
PSM	过程安全管理
QRA	定量风险评价
RPM	每分钟转数
RRF	风险降低因子
RV	安全阀
SEMS	安全与环境管理体系
SIL	安全性能等级
SIP	避难所
SPM	单点系泊
SSP	现场安保方案
SVA	安全脆弱性分析
TMR	三重冗余
TNT	三硝基甲苯
TSR	临时安全避难所
UEL	爆炸上限
ULCC	超巨型油轮
UPS	不间断电源
USCG	美国海岸警卫队
UVCE	不可控蒸汽云爆炸
VCE	蒸气云爆炸
WIA	假设分析

术　　语

事故(Accident)：意外情况。

报警器(Alarm)：表明异常或非标准工况出现时能听到或看见的信号。

最低合理可行原则(ALARP)：工业生产不可能完全没有风险，防范措施也不可能面面俱到，但用于外加预防或保护性措施的花费和实现风险降低之间存在明显的不均衡性。

美国石油学会燃油 API 度(API Gravity)：根据美国石油学会(API)推荐的方法，原油相对密度采用度数来表达。美国石油学会燃油 API 度是用 141.5 除以 15.5℃时原油的相对密度再减去 131.5 得到的结果。API 度越高，原油就越轻。API 度越高，认为原油越有价值，因为用更少的工艺就可以从中提炼出更有价值的成分。

电弧闪光危害分析(AFHA)：一项调查个体暴露于电弧下的潜在风险的研究。用来防止人体意外受伤、财产损失和营业中断，并且提供最安全工作规范、弧闪范围和合适的防护措施。

自燃温度(AIT)：可燃性气体或气液混合物自燃(自身热源或接触热源，无火花或明火点燃)的最低温度。直链碳烃化合物链越长 AIT 越低。

可行性(Availability)：保护系统运行的可能性或平均时间。

桶(BBL)：石油行业原油生产中石油的标准度量单位。一桶石油等于 42 美国加仑石油。

基本过程控制系统(BPCS)：用以监测和操作设备或系统以达到预期功能的电力、水力、气动或可编程的仪器和机制，例如流量控制、温度调节等，这些通常需要人进行观测。

爆炸(Blast)：爆炸点周围空气密度、压力(不论是正的还是负的)和速度的瞬变。不连续的变化称为冲击波。连续的变化称为压力波。

沸腾液体膨胀蒸汽爆炸(BLEVE)：当液体所处压力大于大气压，温度高于其常压沸点时，容器中液体近乎瞬间蒸发与释放的相应能量。

蝴蝶结分析(BTA)：一种定性的过程危害分析。该种方法是三种传统安全技术(故障树分析、因果图分析和事件树分析)的改编。用于确定和评估现有保障措施是否适当。

排气(Blowdown)：液体或冷凝蒸汽从排水阀、热控放气门和压力安全阀自动排放的处理。

井喷(Blow-out)：由于地层压力超过钻井液压力，造成钻井口气、油或其他井产流体不受控制的现象。它通常发生在未知(勘探)油藏的钻井过程中。

防喷器(BOP)：快速封闭油气使其不发生爆裂的机械。包括活塞和剪切式闸板，由液压驱动并安装在钻井上部。如果压力不受钻井系统控制(即钻井泥浆注入)井喷时就会启动。

沸溢(Boilover)：碳氢化合物储罐内沸腾液体的喷发。它通常可以这样描述：敞口储罐中一定量的油品经过长时间的安静燃烧，由于储罐底部水的加热汽化导致火势的突然增大，并伴随有燃烧油品从罐内溢出。

蝴蝶结分析(Bow-Tie Analysis)：可以在"蝴蝶结"的任意一端描述事故和后果的定性风险分析。屏障或安全措施会显示在两端之间。它采用通俗易懂的方式对风险进行描述，使得所有级别的操作者和管理者都可以理解。

头脑风暴法(Brainstorming)：是一种群组解决问题的技术，群组中的所有成员根据他们的学识和经验自发的贡献想法。

仪控系统危险与可操作性分析(CHAZOP)：一种计算机安全性和可操作性分析。一种对控制和安全系统的结构化定性分析，使子系统失效对工厂或操作工做出正确操作的影响降至最小。

化工危害分析(CHA)：一种对化学危害进行条理分析和量化的方法。

化工安全和风险评定委员会(CSB)：一个针对化工事故进行调查并确定事故根源以防止类似事件发生的美国特许独立机构。

采油树(Christmas Tree)：安装在井套管头用于控制管道压力和流动的阀门、仪表和气门的组合装置。

分类区(Classified Area)：根据国家公认的电气规范，例如美国电气规范条款500或APIRP500，任何区域都要进行电力分类(例如电力设施的种类限制)，以防止电气设施点燃可燃性蒸汽。

清洁灭火剂(Clean Agent)：使用非导电的、挥发性的灭火制剂或蒸发后无残留的气体灭火剂。

燃烧(Combustion)：氧化剂(通常是空气中的氧)和被氧化物质(即燃料)充分产生辐射能量或热量(即光与热的演变)的快速化学反应。

可燃物(Combustible)：通俗地讲就是可以燃烧的物质。虽然可燃物和易燃物之间没有明确的差别，但其可燃程度较低。(NFPA 30 定义：基于闪点温度和蒸气压区分可燃液体和易燃液体。)

可燃液体(Combustible Liquid)：如 NFPA 30 所定义的，在特定条件下液体有一个等于或大于 37.8℃(100℉)的确定闪点。当可燃液体的环境温度高于它的闪点，它本质上就变成了易燃液体。

冷凝物(Condensate)：与天然气分离的液态碳氢化合物通常通过冷却过程浓缩形成液体。这通常包括 C_3、C_4、C_5，或者更重的组分。

后果(Consequence)：一个事件序列的直接不良后果通常包括火灾、爆炸，释放的有毒或有害物质。后果描述可能包括根据相关因素评估事故的影响，如健康影响、建筑物破坏、环境破坏、业务中断、公司股票贬值和公众不良反应或对公司声誉造成的负面影响。

原油或石油(Crude Oil or Petroleum)：石油实际上是从地下提取的。原油范围从很轻(如高浓度汽油)到很重(如高浓度残余油)。含硫原油具有高含硫量。低硫原油含硫量低，因为它需要进行更少的处理，因此更有价值。一般来说，原油是没有在炼油厂加工的碳氢化合物的混合物，闪点低于 65.5℃(150°F)。

爆燃(Deflagration)：一种物质化学反应的传播，其反应前沿迅速进入到未反应的物质中，但是推进速度小于这种物质的声波速度。

雨淋(Deluge)：立即释放一种物质，通常指一种用于防火的水喷淋释放。

减压(Depressurization)：将容器与管道系统内多余气体或物质释放到有效的处理系统(如火炬)。

爆炸(Detonation)：一种物质化学反应的传播，在未反应物质中其反应前沿进入到未反应物质中的推进速度大于其声波速度。

馏分油(Distillate)：一些石油燃料的通用术语，这些石油燃料比汽油重并且比残余燃料轻，如燃料油、柴油和喷气燃料。

分布(集散)控制系统(DCS)：基于微处理器，一个用于管理系统、过程或设施的通用调节系统。

分流器(Diverter)：海底取油立管顶部喇叭口短节的一部分，在防喷器组设置的地方之前，在压力下控制可能进入井筒的气体和其他流体。当钻井通过浅层地下天然气区域使气体改到进入高压区时会使用它。

电气危害与可操作性分析(EHAZOP)：一个电气危害和可操作性分析。评估和减少由于电气设备无效与故障存在的潜在危险的一种电力系统结构化定性研究。

紧急情况(Emergency)：一种需要立即采取行动的危险状态。

紧急隔离阀(EIV)：当发生火灾、破裂或失去控制的情况时，用于停止释放易燃或可燃液体、可燃气体或潜在有毒物质的阀门。紧急隔离阀可以手动控制或电动(气压、液压或电气驱动)控制。根据设备设计，紧急隔离阀可以通过 ESD 系统，近程或远程启动按钮驱动。

紧急停车(Emergency Shutdown)：一种迅速停止流程操作和隔绝传入与传出联系的方法或减少意外事件持续或发生可能性的流程。

人类工程学(Ergonomics)：关于人类生理和心理功能与限制的工作设计要求

的研究。

高级行动(Executive Action)：启动安全装置关键指令或信号的控制过程。

爆炸(Explosion)：势能(化学能或机械能)突然转换为动能，在压力下伴随着气体的生成与释放或毒气的释放。

防爆(Explosionproof)：一个通用术语，描述一个电气设备的设计可使外壳内的可燃气体爆炸不会点燃外壳以外的可燃气体。

非固有安全(Extrinsically Safe)：用于描述通过增加仪表、控制、报警、联动装置、设备冗余、安全程序等，为了工程设计、施工、运行、维护、检查等与组件、系统、过程或设施，建立的安全。

故障保护(Fail Safe)：当系统组件、子系统、系统或其进料发生故障时，系统状态将恢复到预设安全状态或影响最小的临界状态。

不稳定(Fail Steady)：当驱动能源衰退时组件停留在其上一个位置的一种状态。也被称为原地失败。

危险故障(Fail to Danger)：当系统组件、子系统、系统或其进料发生故障时，系统状态将恢复到危险状态或影响最大的临界状态。

失效模式(Failure Mode)：当启动或控制设备与系统的电源发生故障时，设备或系统的操作恢复到指定的状态。失效模式通常被指定为故障时自动打开(FO)，故障时关闭(FC)，或故障时稳定(FS)，这将形成一个故障保护或危险故障布置。

故障模式及影响分析(FMEA)：一种系统的表格方法，用于评估和记录已知类型组件故障的原因和影响。

故障树(Fault Tree)：一种逻辑模型，形象地描绘了事故的组合，可以明确主要故障或事件的重要性。

火(Fire)：在燃烧过程中可燃蒸汽或气体结合氧化剂体现光、热和火焰的演变。

火球(Fireball)：大气燃烧形成的燃气云，其主要以辐射的形式释放热量。燃料的核心释放纯燃料，而外层点火首先形成的是一种易燃燃料与空气的混合物。当热气体的浮力开始占主导地位时，燃烧云上升并且在形状上变得更像球形。

防火的(Fireproof)：对火具有抵抗力。基本上没有什么绝对是防火的，但可能会在石油、化工或相关行业发生的某种程度的火灾风险中，一些材料或建筑具有抵抗破坏或火灾渗透的能力。

防火材料(Fireproofing)：一个常见的工业术语，表示具有耐火性的材料或构造方法能够暴露于火中并维持规定的时间。如果长时间暴露于高温下，基本上没有这样防火的材料。

阻燃剂（Fire Retardant）：通常表示比耐火性更低程度的耐火术语，它经常用于指可燃烧但已经经过处理或具有表面涂层以防止或延迟点燃阻止火蔓延的材料或结构。

耐火性（Fire Resistive）：材料或结构能够抵抗可能遭受的任何火灾影响的性质。

火焰（Flame）：火发光的气体部分。

阻火器（Flame Arrestor）：用来防止火焰传播到容器或管道系统中的保护装置。

阻燃织物（Flame Resistant Fabric）：移除外部点火源之后可以自动灭火的材料。由于纤维的固有性质或阻燃剂的存在，材料具有阻燃性。不同的纱线性能和织物结构也有助于增加阻燃性。

易燃性（Flammable）：在一般意义上是指易于点燃并快速燃烧的任何材料。它与术语易燃（Inflammable）是同义词，通常认为 Inflammable 是过时的，因为其前缀可能被错误地误解为不易燃（例如 Incomplete 是不完全）。

燃烧极限（Flammable Limits）：在点燃时会传播火焰（闪光）的可燃蒸气或气体/空气混合物的最小和最大浓度。目前公认的测定燃烧极限的测试方法是 ASTM E 681。注意：可燃下限（LFL）和可燃上限（UFL）通常与爆炸下限（LEL）和爆炸上限（UEL）互换使用。

易燃液体（Flammable Liquid）：如由 NFPA 30 定义的，闪点低于 37.8℃（100℉）并且在特定条件下测定的在 37.8℃（100℉）下具有不超过 2068mmHg［40psi（绝）］的蒸气压的液体。

闪燃（Flash Fire）：可燃气体或蒸汽和空气混合物的燃烧，通过该混合物火焰以可忽略或不产生破坏性的方式传播。

闪点（FP）：在特定条件下，施加点火源时液体释放足够的蒸气以在液体表面之上或容器内与空气形成可燃混合物的最低温度。

泡沫（Foam）：由化学方法形成的空气填充气泡的流动聚集体，其将漂浮在可燃液体的表面上或在固体表面上流动。泡沫用于覆盖和熄灭火焰或防止材料燃烧。

泡沫原液（Foam Concentrate）：灭火表面活性剂材料，用于将可燃液体表面上的蒸气密封，一旦其成比例地注入水中可以通过抽吸形成快速应用到危险物的气泡组件。

泡沫混合液（Foam Solution）：灭火泡沫液按照泡沫液的要求规范以合适的比例与水混合配制成的泡沫溶液。

安全自锁装置（Foolproof）：清晰简单可靠以致不会出现任何错误、误用或失败的装置。

保险丝(Fusible Link)：由明火热效应激活的机械释放装置。它通常包括低熔点焊料相连的两块金属。保险丝制造成多种增量的温度等级，并且承受不同标准的最大张力。当安装后达到设定温度时，焊料熔化并且两块金属分离，从而达到所期望的反应。

危险分析(Hazard Analysis)：可能导致意外事件的化学或物理特性、工艺条件和操作条件的系统识别。

危险区、电(Hazardous Area，Electrical)：一种用于爆炸性气体/空气混合物领域的美国分级，或可能会大量出现在需要特殊预防措施的建筑物和电气设备的使用上。

HAZOP：危险与可操作性分析的缩写，这是一个定性的过程风险分析工具，用于当流程没有实现预期目标或导致意想不到的后果时识别危险和评估合适的保护措施是否到位。

热通量(Heat Flux)：垂直于热流方向单位面积的传热率。它是通过辐射、传导和对流的总热量。

HIPS：高完整性保护系统的英文缩写。它是一套组件，如传感器、逻辑求解器和末级控制元件(如阀门)，当违反预定的条件时，将过程恢复到安全状态。有时也称为 HIPPS，高完整性压力保护系统。

人为因素(Human Factors)：一门涉及与人类能力和局限性相匹配的机械设计、操作和工作环境的学科。

碳氢化合物(Hydrocarbons)：一种只包含氢和碳的有机化合物。在常温下，最简单的碳氢化合物是气体，但随着相对分子质量的增加它们变为液态，最后变成固态。它们构成了石油、天然气的主要成分。

点火(Ignition)：通过能量输入开始燃烧的过程。当一种物质的温度上升到可以自发的与氧化剂发生反应并且出现燃烧时，点火就发生了。

事件(Incident)：自然或人为的一个事件或一系列事件，导致不良的后果并且需要应急保护生命和财产。

独立保护层(IPL)：将严重事件风险水平降低 100 倍的保护措施，具有高度的有效性(大于 0.99)或特异性、独立可靠性和可审核性。

惰性化(Inerting)：消除氧化剂(通常是空气或氧气)防止燃烧发生的过程，通常通过换气来完成。

易燃物(Inflammable)：同 Flammable 具有相同的意思，但前缀在许多单词表示否定，而且可能引起混淆，因此在可燃易燃的使用上 Flammable 是首选。

固有安全(Inherently Safe)：使过程、系统与设备没有风险或具有极低风险的本质特征。通常，通过消除风险来完成而不是进行设计。

联锁装置(Interlock)：为避免危险状况而安装的可监测极限、越限情况或流程错误，可关闭故障或相关设备，可预防错误流程的单个或成套装置。

本质安全（IS）：规定的测试条件下，在电路或设备中任何火花或热效应都无法引起空气中易燃或可燃材料混合物的点火。

膨胀型（Intumescent）：一种防火材料（如环氧涂层、密封化合物或油漆），当遇到火时，材料体积发泡或膨胀几倍，同时形成一个绝缘热层的外部覆盖以抵御高温火灾。

地方应急计划委员会（LEPC）：由超级基金修正案与重新授权法案（SARA）授权负责规划应对紧急事件的团体。他们通常包括工业人员、紧急救援人员和当地社区人员。

液化天然气（LNG）：常压下深冷至 $-162℃$（$-260℉$），由气态变成液态的天然气。

液化石油气（LPG）：比汽油轻的烃派系，如乙烷、丙烷、丁烷，在压缩或制冷下以液态的方式存在，通常也称为"瓶装"气。

爆炸下限（LEL）：在空气较低处可燃气体或蒸气接触点火源不会发生火焰蔓延的最低浓度。

石脑油（Naptha）：直馏汽油馏出液，沸点低于煤油。石脑油通常不适合作为高级汽油的一个组成部分进行混合，因此在油气生产过程或化工生产过程中将它们作为催化重整的原料使用。

天然气（Natural Gas）：天然蕴藏于地下以气相或溶解状态的原油形式存在的碳氢化合物和少量各种非烃化合物（如二氧化碳、氮气、硫化氢和氮）的混合物。

液化天然气（NGL）：在产物分离器、场设备与气体生产设备表面液化并与干燥天然气分离的这部分天然气。液化天然气包括乙烷、丙烷、丁烷、天然汽油和凝析油，但不仅限于这些。

卓越运营（OE）：一种针对关键业绩指标进行可持续改进强调各种原则、系统和工具应用的领导能力。这个过程包括关注客户需求，保持员工的积极性，工作场所活动的可持续改进。

超压（Overpressure）：相对于环境压力由爆炸冲击造成的任何压力，有正有负。

工艺流程图（PFD）：工艺流程图的缩写。通过设备工程图描述过程，不显示仪表及次要隔离阀。用于显示过程中不同点的流量和条件。

P&ID：管道和仪表图的缩写。描绘工艺管道和设备原理布置及其相关控制监测仪器设备的设施工程图。

开车前安全检查（PSSR）：在操作设备之前进行审核检查，确保已经执行充分的工艺安全管理活动。检查应验证建筑和设备是否令人满意，程序可行并合适否，是否已开展PHA并采纳意见，员工是否已培训。

需求失效概率(有时称为不可用性)Probability of Failure on Demand(sometimes called unavailability)：其值表示一个系统无法应对需求的概率。需求失效概率等于1减去可用性。

工艺(Process)：导致某一特定事件的活动或操作。

过程危害分析(PHA)：是一种条理有序的检查，用于识别和评估工业设施和操作中的危害，以实现其安全管理。检查通常采用定性技术来识别和获取由于确定的后果和风险而造成危害的严重性。为风险提供的结论和建议被认为是不能接受的水平。也可以采用定量方法来加深对已经确定的后果及风险的理解。

过程安全管理(PSM)：一套全面的计划、政策、程序、实践、行政、工程和操作控制，旨在确保重大事故的防护可用且有效。

可编程逻辑控制器(PLC)：一种数字电子控制器，其使用基于计算机的可编程存储器，通过数字或模拟输入和输出实现操作指令。

蒸气压(RVP)：部分液体汽化产生的压力，标准条件下，在标准化设备中测量封闭空气和水蒸气。尽管通常以RVP表示，单位为lb，但在100°F时结果以psi给出。RVP与液体的真实蒸气压不同，但提供了液体挥发性的相对指数。

可靠性(Reliability)：组件或系统在规定条件、规定时间内，执行其定义的逻辑功能的概率。

风险(Risk)：事故的预期可能性或概率(如事件数/年)和后果或严重性(影响/事件)，即 $R=f\{P, C\}$。

风险分析(Risk Analysis)：通过建立潜在故障模式来识别和量化风险的过程，提供在特定时间段内事件的可能性数值估计及估计后果的大小。

风险评估(Risk Assessment)：使用风险分析后果做出业务决策。

根本原因(Root Cause)：事故的最基本原因，可以合理确定哪些处理有控制权从而进行解决，并且可以提出防止再次发生的有效建议。有时它也被称为允许因果关系发生或存在的管理系统的缺失、疏忽或缺陷。

安全(Safety)：一个通用术语，表示危害的可接受风险水平，相对自由度以及低可能性。

保障(Safeguard)：预防措施或规定。通常用于设计干扰事故传播或防止、减少事故后果的设备或程序。

安全完整性等级(SIL)：可能影响系统性能的固有影响、操作故障和外部条件的冗余度及独立性。

安全仪表系统(Safety Instrumented System)：由传感器、逻辑解算器和最终元件组成的系统，用于在违反预定条件时使过程进入安全状态。其他常用术语包括紧急停车系统(EDS, ESS)，安全停车系统(SSD)和安全联锁系统。

避难所(SIP)：个体在附近进行自我保护，避免受到伤害(如在一个足够安全的结构或建筑内)而不是逃脱火灾危险、有毒蒸汽、辐射等(因为逃生通道不可用或需耗费时间到达)的一种保护措施。当可用氧气供应不足或不能与污染物隔离时,不能就地使用避难所。

单点故障(SPF):系统中的一个位置,因为没有备份或替代措施来完成此项任务,如果发生故障,将导致整个系统失败。

烟雾(Smoke):由于碳小颗粒的存在,碳质材料燃烧的气体产物变得可见;由于燃烧过程中空气供应不足,会产生液体和固体的小颗粒等副产物。

鼻烟蒸汽(Snuffing Steam):过程工业中用于抑制和防止火灾条件的加压蒸汽(水蒸气)。

喷头(Sprinkler):在特定特征模式和密度下提供水分布的水喷淋喷嘴装置,用于冷却暴露、抑制火灾、使空气以水汽形式分散。

三模冗余(TMR):一个采用 3 选 2(2oo3)的投票方案来确定适当的输出动作的系统。它基于并行运行的三个独立操作系统的应用。

蒸气云爆炸(Vapor Cloud Explosion):由可燃性蒸汽、气体或雾点燃引起的爆炸,其中火焰速度加速到足够高的速度以产生显著的超压。

蒸气压(VP):通过 ASTM D323 测定挥发性液体施加的压力,ASTM D323 是测试石油产品蒸气压的标准方法(里德法)。

投票逻辑 1oo1、1oo2、2oo2、2oo3(Voting Logic 1oo1,1oo2,2oo2,2oo3):一选一,二选一等,表示必须同意执行动作(如关闭)的输入数量的简写。例如,在 2oo3 故障保护开关配置中,三个开关中的两个必须打开以关闭开关。

假设分析(WIA):安全审查方法,在考虑可能存在意外事件的情况下,该系统或组件中经验丰富且知识渊博的团队进行假设调查问题(即集体研讨或采用对照表方式),提供减轻危害的建议。